RBS 建筑结构设计技术研究系列丛书

有限单元法 Python 编程

FINITE ELEMENT METHOD PYTHON PROGRAMMING

崔济东 沈雪龙 吴金诚 赵 颖 编著

中国建筑工业出版社

图书在版编目（CIP）数据

有限单元法 Python 编程 = FINITE ELEMENT METHOD PYTHON PROGRAMMING / 崔济东等编著. -- 北京：中国建筑工业出版社, 2024. 9. -- (RBS 建筑结构设计技术研究系列丛书). -- ISBN 978-7-112-30267-3

Ⅰ. TP311.561

中国国家版本馆 CIP 数据核字第 2024RQ8348 号

全书采用原理讲解、编程实现、算例分析的形式进行讲解，理论推导详细，并提供具体代码实现和注释，便于读者对照学习。章节内容安排循序渐进，由易到难，从基础的单元专题到综合应用专题，逐步推进，降低学习难度。本书涵盖了目前工程中最常用的单元，包含结构杆件单元、平面及实体单元，内容丰富。书中算例全部采用 Python 语言进行编程实现，Python 语言具有简洁、易读、灵活、易维护和模块化的特性，同时有丰富的第三方工具库，与其他编程语言相比，具有独特的优势，是目前最为流行的一门语言。全书分为五个部分共 16 章，第一部分为"弹性力学与有限单元法基础"，第二部分为"杆系有限元编程"，第三部分为"平面及实体有限元编程"，第四部分为"综合应用专题"，第五部分为"Python 编程基础"。

责任编辑：刘瑞霞　梁瀛元
责任校对：芦欣甜

RBS 建筑结构设计技术研究系列丛书

有限单元法 Python 编程
FINITE ELEMENT METHOD PYTHON PROGRAMMING
崔济东　沈雪龙　吴金诚　赵　颖　编著

*

中国建筑工业出版社出版、发行（北京海淀三里河路 9 号）
各地新华书店、建筑书店经销
国排高科（北京）人工智能科技有限公司制版
北京同文印刷有限责任公司印刷

*

开本：787 毫米 ×1092 毫米　1/16　印张：14¾　字数：339 千字
2024 年 10 月第一版　　2024 年 10 月第一次印刷
定价：68.00 元
ISBN 978-7-112-30267-3
（43521）

版权所有　翻印必究
如有内容及印装质量问题，请与本社读者服务中心联系
电话：（010）58337283　　QQ：2885381756
（地址：北京海淀三里河路 9 号中国建筑工业出版社 604 室　邮政编码：100037）

丛书序言

广州容柏生建筑结构设计事务所（普通合伙）（简称 RBS）是国内率先成立的规模最大的单专业甲级结构设计事务所。自 2003 年成立以来，RBS 秉承"创造结构精品是我们的目标"的企业宗旨，以及"追求卓越、专业专注、创新发展"的企业精神，致力于提供结构设计、咨询顾问、技术管理、软件开发、专项研发等多方面的专业服务，积累了丰富的工程经验，特别是在超高层、大跨及空间结构设计与咨询方面取得了丰硕的研究成果，在业内获得了良好的声誉。

在为广大客户提供专业技术服务的同时，RBS 尚以"传播技术、承启思想"为己任，通过"柏济公益基金"（RBSf）、"传·承"系列访谈节目、"结构思享汇"沙龙等多种形式，致力于建筑行业的技术分享以及人文传承。RBS 每年度均设有技术研发基金，鼓励员工在技术及理论研究上积极创新，支持成立研究小组，推动技术的进步。"RBS 建筑结构设计技术研究系列丛书"是 RBS 技术分享的重要组成部分，主要通过公开出版书籍的形式与广大工程师分享 RBS 在建筑结构设计相关领域方面的积累，其内容涵盖结构基础理论、结构设计概念、结构计算分析、结构专项研究、结构计算机编程、结构参数化设计、复杂工程案例等多个方面。

希望"RBS 建筑结构设计技术研究系列丛书"的出版，能与广大工程师朋友交流结构工程的理论知识，分享业内新技术的应用，共同提高工程师的综合能力。RBS 愿与广大同行、客户朋友一起，立足专业、创造精品，为建筑结构领域的发展贡献一份力量！

智周万物，道济天下。

李盛勇

RBS 执行合伙人、总经理

2021 年 11 月

前　言

在现代工程分析和设计中，有限单元法（Finite Element Method，FEM）已经成为一种不可或缺的工具，它为解决复杂的工程问题提供了强大的计算能力和灵活的分析手段。有限单元法本质上是一种数值分析方法，学习有限单元法最好的方法之一是编程实践。通过编程实践，可以使学习者更直观地理解有限单元法的原理，帮助学习者将理论知识转化为实际操作，提高解决实际问题的能力。Python 语言是一门高级编程语言，也是目前最为流行的一门开源程序语言，被广泛用于 Web 开发、科学计算、人工智能、自然语言处理等领域。Python 语言具有简洁、易读、灵活、易维护和模块化的特性，同时有丰富的第三方工具库，与其他编程语言相比，具有独特的优势，即使是没有编程基础的初学者也可以在短时间内掌握其基本的编程技能，并迅速应用到实际项目中。这些优势不仅能帮助读者更快地掌握有限元法的基本原理，还能为他们的职业发展提供更多机会和可能性。基于这些背景，本书采用 Python 语言进行有限单元法的编程，以满足更多读者的需求。

■ 读者对象

本书主要面向有限单元法的初学者，适用对象包括：土木工程和工程力学专业的本科生或研究生，从事结构、桥梁设计的工程师及相关设计人员，从事仿真分析、CAE 软件开发的初入门人员，也可作为对有限单元法感兴趣的相关人员的参考书目。

■ 本书特点

本书具有以下主要特点：

（1）内容系统且循序渐进：全书采用原理讲解、编程实现、算例分析的形式进行讲解。理论推导详细，并提供详细的代码实现和注释，便于读者对照学习。章节内容安排循序渐进，由易到难，从基础的单元专题到综合应用专题，逐步推进，降低学习难度。

（2）单元类型丰富：本书给出了目前工程中最常用的结构杆系单元、平面及实体单元的基本列式推导及 Python 编程过程，并对代码进行了详细讲解。具体单元类型包括 **2D Truss** 单元、**2D Euler** 梁单元、**2D** 剪切梁单元、**2D Timoshenko** 梁单元、**2D** 矩形平面应力单元、

2D 三角形平面应力单元、3D 六面体单元、3D 四面体单元。

（3）多领域应用：本书除了讲解基本单元理论，还包含综合应用专题，介绍有限单元法在模态分析、屈曲分析、结构动力学和结构拓扑优化等领域的应用。这些知识和技能对于从事工程设计、分析和研究的人员具有重要的参考价值。

（4）编程基础介绍详尽：本书详细介绍了 Python 编程的基础知识、开发环境的配置以及常用库（如 NumPy 和 Matplotlib）的使用方法。这部分内容对于编程初学者尤为重要，可以帮助他们快速上手 Python，为后续的学习和应用打下坚实基础。

■ 主要内容

本书分为五个部分，共 16 章：

第一部分为"弹性力学与有限单元法基础"，包括第 1 章。本部分介绍弹性力学的基本公式及弹性有限元分析的一般步骤。

第二部分为"杆系有限元编程"，包括第 2~5 章。这一部分重点介绍桁架单元、欧拉-伯努利梁单元、剪切修正梁单元和 Timoshenko 梁单元的基本理论和 Python 编程实现。

第三部分为"平面及实体有限元编程"，包括第 6~11 章。这一部分涵盖了目前工程中最常见的二维和三维有限单元的基本理论与编程实现，包括 4 节点矩形单元（Q4）、8 节点矩形单元（Q8）、3 节点三角形单元（CST）、6 节点三角形单元（LST）、8 节点六面体单元（C3D8）和四面体单元（TET4）。

第四部分为"综合应用专题"，包括第 12~15 章。这一部分为前面有限单元法基础理论的延伸，包含模态分析、屈曲分析、平面框架弹性动力时程分析和结构拓扑优化（渐进结构优化算法 ESO）专题，通过这个专题的学习，读者可以理解有限单元法在具体场景中的应用。

第五部分为"Python 编程基础"，包括第 16 章。本部分详细介绍了 Python 语言的编程基础、开发环境配置及本书用到的常用库（如 NumPy、Matplotlib 等）的使用方法，为初学者提供了快速入门的指南。

■ 交流反馈

为方便读者阅读本书，在作者的网站（www.jdcui.com）上专门为本书开设了相关页面（http://www.jdcui.com/?page_id=24404）。欢迎读者在学习过程中到该网站上交流，本书的勘误和相关更新也会及时上传到该网站上，希望该网站能给大家提供有益的帮助。

■ 致谢

特别感谢广州容柏生建筑结构设计事务所（RBS）**李盛勇**总经理、华南理工大学建筑设计研究院有限公司**江毅**副院长、副总工程师及华南理工大学建筑设计研究院有限公司**郭远翔**副总工程师对本书编写的支持与肯定。

感谢与我一同为出书而努力的伙伴沈雪龙、吴金诚、赵颖，没有你们的辛勤付出，该书无法顺利完成，这是继《PERFORM-3D 原理与实例》《有限单元法——编程与软件应用》《结构地震反应分析编程与软件应用》后，我们编写的第四本著作，愿我们继续一同前行，做更多有趣的事情。

感谢 www.jdcui.com 支持者的支持，希望读者与我联系，一同交流，共同进步。

本书成稿后，中国建筑工业出版社编辑刘瑞霞等同志以高效的工作为本书正式版做了细致的校审工作，在此一并表示感谢。

■ 批评指正

有限单元法博大精深，限于作者水平，书中难免存在不足、疏漏甚至错误之处，恳请广大读者批评指正！欢迎通过电子邮件（jidong_cui@163.com）进行交流讨论。

崔济东

2024 年 9 月

于广州容柏生建筑结构设计事务所

目 录

◆ 第一部分　弹性力学与有限单元法基础 ◆

第 1 章　弹性力学基本公式及有限元分析的一般步骤 ·················· 3
  1.1　弹性力学基本公式 ··· 3
  1.2　有限元分析的一般步骤 ·· 6

◆ 第二部分　杆系有限元编程 ◆

第 2 章　2D Truss 单元 ··· 15
  2.1　桁架单元介绍 ·· 15
  2.2　基本列式 ··· 15
  2.3　问题描述 ··· 18
  2.4　Python 代码与注释 ·· 19
  2.5　小结 ··· 22

第 3 章　2D 欧拉-伯努利梁单元 ··· 23
  3.1　2D 欧拉-伯努利梁单元介绍 ·· 23
  3.2　基本列式 ··· 23
  3.3　问题描述 ··· 28
  3.4　Python 代码与注释 ·· 28
  3.5　小结 ··· 32

第 4 章　2D 剪切修正梁单元 ·· 33
  4.1　剪切修正梁单元介绍 ·· 33
  4.2　基本列式 ··· 33
  4.3　问题描述 ··· 37

	4.4 Python 代码与注释	37
	4.5 小结	42

第 5 章 2D Timoshenko 梁单元 43

	5.1 Timoshenko 梁单元介绍	43
	5.2 基本列式	43
	5.3 问题描述	46
	5.4 Python 代码与注释	47
	5.5 小结	51

第三部分 平面及实体有限元编程

第 6 章 2D 4 节点矩形单元（Q4）............ 55

	6.1 Q4 单元介绍	55
	6.2 基本列式	55
	6.3 算例一问题描述	60
	6.4 Python 代码与注释	60
	6.5 算例二问题描述	65
	6.6 Python 代码与注释	66
	6.7 小结	72

第 7 章 2D 8 节点矩形单元（Q8）............ 73

	7.1 Q8 单元介绍	73
	7.2 基本列式	73
	7.3 算例一问题描述	76
	7.4 Python 代码与注释	77
	7.5 算例二问题描述	83
	7.6 Python 代码与注释	83
	7.7 小结	91

第 8 章 2D 3 节点三角形单元（CST）............ 93

	8.1 CST 单元介绍	93
	8.2 基本列式	93
	8.3 算例一问题描述	96
	8.4 Python 代码与注释	96

8.5 算例二问题描述 ………………………………………………… 101
8.6 Python 代码与注释 ……………………………………………… 101
8.7 小结 ……………………………………………………………… 106

第 9 章 2D 6 节点三角形单元（LST） …………………………………… 107

9.1 LST 单元介绍 …………………………………………………… 107
9.2 基本列式 ………………………………………………………… 107
9.3 算例一问题描述 ………………………………………………… 110
9.4 Python 代码与注释 ……………………………………………… 110
9.5 算例二问题描述 ………………………………………………… 115
9.6 Python 代码与注释 ……………………………………………… 116
9.7 小结 ……………………………………………………………… 122

第 10 章 3D 8 节点六面体单元（C3D8） ………………………………… 123

10.1 C3D8 单元介绍 ………………………………………………… 123
10.2 基本列式 ………………………………………………………… 123
10.3 问题描述 ………………………………………………………… 128
10.4 Python 代码与注释 ……………………………………………… 129
10.5 小结 ……………………………………………………………… 137

第 11 章 3D 四面体单元（TET4） ………………………………………… 139

11.1 TET4 单元介绍 ………………………………………………… 139
11.2 基本列式 ………………………………………………………… 139
11.3 问题描述 ………………………………………………………… 143
11.4 Python 代码与注释 ……………………………………………… 143
11.5 小结 ……………………………………………………………… 149

◆ 第四部分　综合应用专题 ◆

第 12 章 模态分析 …………………………………………………………… 153

12.1 模态分析原理 …………………………………………………… 153
12.2 算例概况 ………………………………………………………… 154
12.3 Python 代码与注释 ……………………………………………… 155
12.4 SAP2000 分析结果对比 ………………………………………… 158

第 13 章 屈曲分析 ··· 161
13.1 稳定问题分类 ·· 161
13.2 原理分析 ·· 161
13.3 算例概况 ·· 163
13.4 Python 代码与注释 ·· 164
13.5 SAP2000 分析结果对比 ·· 168

第 14 章 平面框架弹性动力时程分析 ··· 171
14.1 动力学方程 ·· 171
14.2 算例概况 ·· 173
14.3 Python 代码与注释 ·· 173
14.4 SAP2000 分析结果对比 ·· 177

第 15 章 拓扑优化:渐进结构优化算法(ESO) ·· 179
15.1 结构拓扑优化简介 ·· 179
15.2 渐进结构优化算法(ESO)原理 ··· 179
15.3 Python 编程算例 ··· 180

第五部分 Python 编程基础

第 16 章 Python 编程基础 ··· 193
16.1 前言 ·· 193
16.2 开发环境配置 ·· 193
16.3 Python 语法基础 ··· 205
16.4 NumPy 基础 ·· 212
16.5 Matplotlib 基础 ·· 217
16.6 本章小结 ·· 222

参考文献 ·· 223

第一部分

弹性力学与有限单元法基础

- 第1章 弹性力学基本公式及有限元分析的一般步骤

Python

有限单元法 Python 编程

第 1 章

弹性力学基本公式及有限元分析的一般步骤

有限单元法作为一种通用的数值分析方法，有一套完整的理论基础和分析步骤，由于本书主要讨论小变形弹性有限元问题，因此本章先给出主要的弹性力学基本公式，接着对有限单元法分析的一般步骤进行介绍，至于每一步的具体操作，将在后续章节中针对特定的单元做具体讲解。本书仅介绍应用最为广泛的以节点位移为基本未知量的"位移型"有限元，讨论范围也仅限于最基本的小变形线弹性问题。

1.1 弹性力学基本公式

1.1.1 基本变量

物体内一点的变形由它的三个位移分量来表示：
$$\{u\} = [u \quad v \quad w]^T \tag{1.1-1}$$
物体所受的体积力可用列向量表示：
$$\{f_v\} = [f_{vx} \quad f_{vy} \quad f_{vz}]^T \tag{1.1-2}$$
物体所受的表面力可用列向量表示：
$$\{f_s\} = [f_{sx} \quad f_{sy} \quad f_{sz}]^T \tag{1.1-3}$$
外力边界面外法向量可用它的三个方向余弦来表示：
$$\{n\} = [n_x \quad n_y \quad n_z]^T \tag{1.1-4}$$
物体所受的点荷载可用它的三个分量来表示：
$$\{P\} = [P_x \quad P_y \quad P_z]^T \tag{1.1-5}$$
物体内一点的应力可用列向量表示：
$$\{\sigma\} = [\sigma_x \quad \sigma_y \quad \sigma_z \quad \tau_{yz} \quad \tau_{zx} \quad \tau_{xy}]^T \tag{1.1-6}$$
物体内一点的应变可用列向量表示：
$$\{\varepsilon\} = [\varepsilon_x \quad \varepsilon_y \quad \varepsilon_z \quad \gamma_{yz} \quad \gamma_{zx} \quad \gamma_{xy}]^T \tag{1.1-7}$$

1.1.2 平衡方程

3D 弹性问题单元内任意一点的应力平衡方程表示为：

$$\begin{cases} \dfrac{\partial \sigma_x}{\partial x} + \dfrac{\partial \tau_{yx}}{\partial y} + \dfrac{\partial \tau_{zx}}{\partial z} + f_{vx} = 0 \\ \dfrac{\partial \tau_{xy}}{\partial x} + \dfrac{\partial \sigma_y}{\partial y} + \dfrac{\partial \tau_{zy}}{\partial z} + f_{vy} = 0 \\ \dfrac{\partial \tau_{xz}}{\partial x} + \dfrac{\partial \tau_{yz}}{\partial y} + \dfrac{\partial \sigma_z}{\partial z} + f_{vz} = 0 \end{cases} \qquad (1.1\text{-}8)$$

1.1.3 外力边界条件

3D 弹性问题，在外力施加的边界上，应力需满足以下边界条件：

$$\begin{cases} \sigma_x n_x + \tau_{yx} n_y + \tau_{zx} n_z = f_{sx} \\ \tau_{xy} n_x + \sigma_y n_y + \tau_{zy} n_z = f_{sy} \\ \tau_{xz} n_x + \tau_{yz} n_y + \sigma_z n_z = f_{sz} \end{cases} \qquad (1.1\text{-}9)$$

1.1.4 几何方程

几何方程描述的是应变-位移之间的关系，在小变形情况下，应变-位移关系可以用以下公式描述：

$$\begin{cases} \varepsilon_x = \dfrac{\partial u}{\partial x} \\ \varepsilon_y = \dfrac{\partial v}{\partial y} \\ \varepsilon_z = \dfrac{\partial w}{\partial z} \\ \gamma_{yz} = \dfrac{\partial v}{\partial z} + \dfrac{\partial w}{\partial y} \\ \gamma_{zx} = \dfrac{\partial w}{\partial x} + \dfrac{\partial u}{\partial z} \\ \gamma_{xy} = \dfrac{\partial u}{\partial y} + \dfrac{\partial v}{\partial x} \end{cases} \qquad (1.1\text{-}10)$$

1.1.5 物理方程

物理方程描述的是应力-应变之间的关系，对于线弹性材料，应力-应变关系服从广义胡克定律，对于各向同性材料，仅需要两个参数描述胡克定律，即弹性模量E和泊松比μ。

（1）对于 3D 线弹性问题，广义胡克定律可用以下公式表示：

$$\begin{cases} \varepsilon_x = \dfrac{\sigma_x}{E} - \mu\dfrac{\sigma_y}{E} - \mu\dfrac{\sigma_z}{E} \\ \varepsilon_y = -\mu\dfrac{\sigma_x}{E} + \dfrac{\sigma_y}{E} - \mu\dfrac{\sigma_z}{E} \\ \varepsilon_z = -\mu\dfrac{\sigma_x}{E} - \mu\dfrac{\sigma_y}{E} + \dfrac{\sigma_z}{E} \\ \gamma_{yz} = \dfrac{\partial \tau_{yz}}{G} \\ \gamma_{zx} = \dfrac{\partial \tau_{zx}}{G} \\ \gamma_{xy} = \dfrac{\partial \tau_{xy}}{G} \end{cases} \qquad (1.1\text{-}11)$$

公式中G为剪切模量：

$$G = \frac{E}{2(1+\mu)} \tag{1.1-12}$$

写成逆矩阵的形式有：

$$\{\sigma\} = [D]\{\varepsilon\} \tag{1.1-13}$$

其中：

$$[D] = \frac{E(1-\mu)}{(1+\mu)(1-2\mu)} \begin{bmatrix} 1 & \frac{\mu}{1-\mu} & \frac{\mu}{1-\mu} & 0 & 0 & 0 \\ \frac{\mu}{1-\mu} & 1 & \frac{\mu}{1-\mu} & 0 & 0 & 0 \\ \frac{\mu}{1-\mu} & \frac{\mu}{1-\mu} & 1 & 0 & 0 & 0 \\ 0 & 0 & 0 & \frac{1-2\mu}{2(1-\mu)} & 0 & 0 \\ 0 & 0 & 0 & 0 & \frac{1-2\mu}{2(1-\mu)} & 0 \\ 0 & 0 & 0 & 0 & 0 & \frac{1-2\mu}{2(1-\mu)} \end{bmatrix} \tag{1.1-14}$$

（2）对于 2D 平面线弹性问题

平面问题分为平面应力问题和平面应变问题，其中平面应力问题假定垂直于平面方向（设为z向）的正应力$\sigma_z = 0$，且剪应力$\tau_{zx} = \tau_{xz} = 0$，$\tau_{zy} = \tau_{yz} = 0$，仅考虑单元平面内（设为$xy$平面）的三个平面应力分量$\sigma_x$、$\sigma_y$和$\tau_{xy} = \tau_{yx}$；

平面应变问题假定垂直于平面方向（设为z向）的应变$\varepsilon_z = 0$，且剪应力$\tau_{zx} = \tau_{xz} = 0$，$\tau_{zy} = \tau_{yz} = 0$，相应的切应变也为零，仅考虑单元平面内（设为$xy$平面）的三个平面应变分量$\varepsilon_x$、$\varepsilon_y$和$\gamma_{xy} = \gamma_{yx}$。

对于平面应力问题，胡克定律可表示为：

$$\begin{cases} \varepsilon_x = \frac{1}{E}(\sigma_x - \mu\sigma_y) \\ \varepsilon_y = \frac{1}{E}(\sigma_y - \mu\sigma_x) \\ \gamma_{xy} = \frac{2(1+\mu)}{E}\tau_{xy} \end{cases} \tag{1.1-15}$$

写成逆矩阵的形式：

$$\begin{Bmatrix} \sigma_x \\ \sigma_y \\ \tau_{xy} \end{Bmatrix} = \{\sigma\} = [D]\{\varepsilon\} = [D] \begin{Bmatrix} \varepsilon_x \\ \varepsilon_y \\ \gamma_{xy} \end{Bmatrix} = \frac{E}{1-\mu^2} \begin{bmatrix} 1 & \mu & 0 \\ \mu & 1 & 0 \\ 0 & 0 & \frac{1-\mu}{2} \end{bmatrix} \begin{Bmatrix} \varepsilon_x \\ \varepsilon_y \\ \gamma_{xy} \end{Bmatrix} \tag{1.1-16}$$

对于平面应变问题，其应力-应变关系可直接从公式(1.1-14)得到：

$$\begin{Bmatrix} \sigma_x \\ \sigma_y \\ \tau_{xy} \end{Bmatrix} = \{\sigma\} = [D]\{\varepsilon\} = \frac{E(1-\mu)}{(1+\mu)(1-2\mu)} \begin{bmatrix} 1 & \frac{\mu}{1-\mu} & 0 \\ \frac{\mu}{1-\mu} & 1 & 0 \\ 0 & 0 & \frac{1-2\mu}{2(1-\mu)} \end{bmatrix} \begin{Bmatrix} \varepsilon_x \\ \varepsilon_y \\ \gamma_{xy} \end{Bmatrix} \tag{1.1-17}$$

1.2 有限元分析的一般步骤

1.2.1 问题分析

面对一个实际问题，在进行有限元分析之前，首先要做的是将要分析的结构或物体抽象为分析模型，确定采用何种单元进行模拟。

严格说来，任何一个物体都有长、宽、高三个维度，因此任何一个实际的弹性力学问题都是空间问题，都需要用 3D 实体单元来模拟。但对于一个实际问题，根据所考察的弹性体的受力特性、边界条件，以及分析的主要目的，可以将问题进行不同层次的简化。如建筑结构中的楼板和剪力墙，其长度和宽度远大于其厚度，在实际结构中其平面内受力特性及平面外弯曲特性为主要的受力特性，若忽略其厚度方向的应力时，可考虑采用板壳单元来模拟；又如结构中的梁和柱构件，其长度远大于其截面宽度和高度，在实际结构中沿长度方向的压弯特性为主要受力特性，因此可考虑采用框架单元来模拟；当结构各方向尺度相当，各方向应力均无法忽略或关注结构局部细节受力特性时，可考虑采用实体单元进行精细化模拟分析。

每一类单元（框架、板壳、实体等），根据其节点数量、位移插值函数的不同，各自又可细分为多种单元。比如梁单元通常包含 Euler 梁单元和 Timoshenko 梁单元两大类；板壳单元通常包括 Kirchhoff 型板壳单元和 Mindlin 型板壳单元两大类；而四面体单元又可分为 4 节点四面体单元和 10 节点四面体单元，六面体单元又可分为 8 节点六面体单元和 20 节点六面体单元，等等。

如图 1.2-1 所示，假定图中是一片墙，其厚度远小于墙体宽度和高度，且墙只在顶部承受墙身平面内的线荷载作用。针对该问题进行分析，由于该片墙仅受平面内荷载作用，且厚度较小，若忽略厚度方向的应力，则可以考虑采用 2D 平面应力单元进行模拟。这样就可进行有限元分析的下一步工作了。

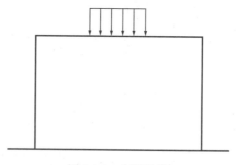

图 1.2-1 实际问题

1.2.2 结构离散化

确定了单元类型之后，就可以根据问题的几何特点和分析的精度要求等因素对结构进行离散，将一个表示结构或连续体的求解域离散为若干（有限）个子域（单元），并通过子域边界上的结点相互联结成为组合体,这一过程称为结构离散化,也即划分网格。网格划分后,在每个单元内部,仍然满足原结构所满足的几何方程、物理方程和平衡方程,在不同单元之间,其节点位移是连续的,各离散单元通过单元节点相互联结成一个组合体。结构离散化的实质是用单元的集合体来近似代替原来要分析的结构或物体。此外,网格划分的同时,需要为每个单元和每个节点编号,以备后用。

如图 1.2-2 的例子,采用 3 节点三角形平面应力单元进行结构离散化,单元每个节点有 2 个自由度,每个单元共有 6 个自由度,且在结构受力部位,将网格加密,所有三角形单元通过节点相联结。

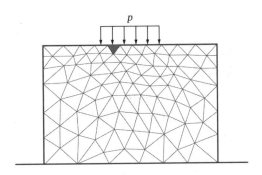

图 1.2-2　有限元离散

1.2.3　单元特性分析

结构离散化后,接下来的工作就是对离散化后的单元进行单元特性分析,建立单元的刚度矩阵及等效荷载列阵,这涉及一系列标准化的步骤。以图 1.2-2 中阴影三角形单元为例,将其取出,如图 1.2-3 所示。

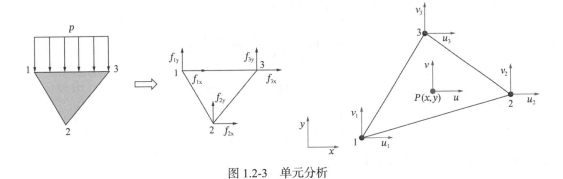

图 1.2-3　单元分析

1.2.3.1　假定单元的位移场

假定单元的位移模式,建立位移形函数,将单元内任意一点的位移表示为该单元节点位移的函数:

$$\{u\} = [N]\{a\}^e \tag{1.2-1}$$

式中$\{u\}$为单元中任意一点的位移向量,$[N]$为形函数矩阵,其元素为坐标的函数,$\{a\}^e$

为单元的节点位移向量。

1.2.3.2 几何方程及应变矩阵

利用应变和位移之间的关系（即几何方程，参见 1.1.4 节），将单元内任一点的应变$\{\varepsilon\}$表示为单元节点位移$\{a\}^e$的函数，建立如下矩阵方程：

$$\{\varepsilon\} = [B]\{a\}^e \tag{1.2-2}$$

式中$\{\varepsilon\}$为单元内任意一点的应变向量，$[B]$为应变矩阵，$\{a\}^e$为单元的节点位移向量，对于本例采用的三角形单元，$\{a\}^e$是6×1的列向量。

1.2.3.3 物理方程及应力矩阵

利用弹性力学应力和应变之间的关系（即物理方程，参见 1.1.5 节），结合应变矩阵$[B]$，将单元内任一点的应力$\{\sigma\}$表示为单元节点位移$\{a\}^e$的函数：

$$\{\sigma\} = [D][B]\{a\}^e = [S]\{a\}^e \tag{1.2-3}$$

式中$[S] = [D][B]$称为应力矩阵，$[D]$为弹性矩阵，由材料常数决定，弹性矩阵为对称矩阵，弹性矩阵的具体表达式参见 1.1.5 节。

1.2.3.4 单元列式

对于位移元，通常可利用虚功原理或最小势能原理建立单元的刚度方程，以最小势能原理为例对单元的刚度方程进行推导。单元的势能Π^e定义为单元的总应变能U^e与外力功势能W^e之和：

$$\Pi^e = U^e + W^e \tag{1.2-4}$$

单元的应变能U^e可表示为：

$$\begin{aligned}
U^e &= \frac{1}{2}\int_V \{\sigma\}^{\mathrm{T}}\{\varepsilon\}\mathrm{d}V \\
&= \frac{1}{2}\int_V \{a\}^{e\mathrm{T}}[B]^{\mathrm{T}}[D][B]\{a\}^e \mathrm{d}V \\
&= \{a\}^{e\mathrm{T}}\frac{1}{2}\int_V [B]^{\mathrm{T}}[D][B]\mathrm{d}V \{a\}^e \\
&= \frac{1}{2}\{a\}^{e\mathrm{T}}[k]^e\{a\}^e
\end{aligned} \tag{1.2-5}$$

单元的外力功势能W^e可表示为：

$$\begin{aligned}
W^e &= -\int_V \{u\}^{\mathrm{T}}\{f_v\}\mathrm{d}V - \int_S \{u\}^{\mathrm{T}}\{f_s\}\mathrm{d}S - \sum_i a_i P_i \\
&= -\{a\}^{e\mathrm{T}}\int_V [N]^{\mathrm{T}}\{f_v\}\mathrm{d}V - \{a\}^{e\mathrm{T}}\int_S [N]^{\mathrm{T}}\{f_s\}\mathrm{d}S - \{a\}^{e\mathrm{T}}\{P\} \\
&= -\{a\}^{e\mathrm{T}}\left(\int_V [N]^{\mathrm{T}}\{f_v\}\mathrm{d}V + \int_S [N]^{\mathrm{T}}\{f_s\}\mathrm{d}S + \{P\}\right)
\end{aligned} \tag{1.2-6}$$

由最小势能原理，将势能Π^e对$\{a\}^e$取极小值，可得单元的刚度方程为：

$$[k]^e\{a\}^e = \{f\}^e \tag{1.2-7}$$

$$[k]^e = \int_V [B]^T[D][B]\,dV \tag{1.2-8}$$

$$\{f\}^e = \int_V [N]^T\{f_v\}\,dV + \int_S [N]^T\{f_s\}\,dS + \{P\} \tag{1.2-9}$$

式中$[k]^e = \int_V [B]^T[D][B]\,dV$为单元的刚度矩阵，单元刚度矩阵$[k]^e$与单元体材料和单元类型有关，且涉及积分的过程，具体单元的刚度矩阵推导过程详见本书后续章节；$\{f\}^e$为单元的等效节点荷载列阵，单元等效节点荷载$\{f\}^e$是由施加在单元的体力$\{f_v\}$、面力$\{f_s\}$、节点力$\{P\}$经等效换算得到的施加在单元节点上的荷载。由于有限单元法平衡方程的建立是以节点力和节点位移为基础变量，因此需要将每个单元受到的荷载作用等效至单元节点上，再组装成整体等效节点荷载列阵。单元的等效节点荷载与单元的形函数有关，不同单元的等效节点荷载的计算后续章节均有涉及。

由上述推导可见，将单元的应变能U^e对$\{a\}^e$取极小值，可得到单元刚度方程(1.2-7)的左边项$[k]^e\{a\}^e$，将单元的外力功势能W^e对$\{a\}^e$取极小值并取负，可得到单元刚度方程(1.2-7)的右边项$\{f\}^e$，即等效节点荷载向量。此外，将公式(1.2-9)代入公式(1.2-6)可得公式(1.2-10)。

$$W^e = -\{a\}^{eT}\left(\int_V [N]^T\{f_v\}\,dV + \int_S [N]^T\{f_s\}\,dS + \{P\}\right) = -\{a\}^{eT}\{f\}^e \tag{1.2-10}$$

由公式(1.2-10)可知，根据最小势能原理将外力功势能对节点位移取最小值，求得的等效节点力$\{f\}^e$在节点位移上做的功势能与原荷载做的功势能相等。在思考位移元、推导位移元列式的时候，记住上面这些要点有助于加深对单元列式及位移元的理解。

1.2.4 结构整体平衡方程

根据上节得到每个单元的刚度矩阵和等效节点荷载后，需要组装成结构整体刚度矩阵和整体节点荷载列阵。结构整体刚度矩阵的组装可采用"对号入座"方法来实现，此处以图 1.2-4 所示结构中相邻两个单元的刚度矩阵组装为例进行讲解。

此前讲到，网格划分的同时，已经为每个单元和每个节点编号，以备后用。假定划分网格并对节点和单元编号后，共有 150 个单元，编号从 1 到 150，共有 80 个节点，编号从 1 到 80，且编号为⑧的单元与编号为⑨的单元相邻，编号为(19)的节点与编号为(20)的节点是两个单元的共有节点，编号$1_⑧$、$2_⑧$、$3_⑧$为单元⑧的节点编号，编号$1_⑨$、$2_⑨$、$3_⑨$为单元⑨的节点编号，如图1.2-4所示。

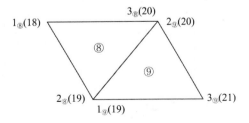

图 1.2-4　单元节点编号与节点整体编号

求得单元⑧的刚度矩阵为：

$$[k]^{⑧} = \begin{bmatrix} k_{11}^{⑧} & k_{12}^{⑧} & k_{13}^{⑧} & k_{14}^{⑧} & k_{15}^{⑧} & k_{16}^{⑧} \\ k_{21}^{⑧} & k_{22}^{⑧} & k_{23}^{⑧} & k_{24}^{⑧} & k_{25}^{⑧} & k_{26}^{⑧} \\ k_{31}^{⑧} & k_{32}^{⑧} & k_{33}^{⑧} & k_{34}^{⑧} & k_{35}^{⑧} & k_{36}^{⑧} \\ k_{41}^{⑧} & k_{42}^{⑧} & k_{43}^{⑧} & k_{44}^{⑧} & k_{45}^{⑧} & k_{46}^{⑧} \\ k_{51}^{⑧} & k_{52}^{⑧} & k_{53}^{⑧} & k_{54}^{⑧} & k_{55}^{⑧} & k_{56}^{⑧} \\ k_{61}^{⑧} & k_{62}^{⑧} & k_{63}^{⑧} & k_{64}^{⑧} & k_{65}^{⑧} & k_{66}^{⑧} \end{bmatrix} \quad (1.2\text{-}11)$$

令

$$[K]_{160\times160}^{⑧} = \begin{bmatrix} \cdots & \cdots & \cdots & \cdots & \cdots & \cdots & \cdots & \cdots & \cdots \\ \cdots & K_{35\text{-}35}=k_{11}^{⑧} & K_{35\text{-}36}=k_{12}^{⑧} & K_{35\text{-}37}=k_{13}^{⑧} & K_{35\text{-}38}=k_{14}^{⑧} & K_{35\text{-}39}=k_{15}^{⑧} & K_{35\text{-}40}=k_{16}^{⑧} & 0 & 0 & \cdots \\ \cdots & K_{36\text{-}35}=k_{21}^{⑧} & K_{36\text{-}36}=k_{22}^{⑧} & K_{36\text{-}37}=k_{23}^{⑧} & K_{36\text{-}38}=k_{24}^{⑧} & K_{36\text{-}39}=k_{25}^{⑧} & K_{36\text{-}40}=k_{26}^{⑧} & 0 & 0 & \cdots \\ \cdots & K_{37\text{-}35}=k_{31}^{⑧} & K_{37\text{-}36}=k_{32}^{⑧} & K_{37\text{-}37}=k_{33}^{⑧} & K_{37\text{-}38}=k_{34}^{⑧} & K_{37\text{-}37}=k_{33}^{⑧} & K_{37\text{-}40}=k_{36}^{⑧} & 0 & 0 & \cdots \\ \cdots & K_{38\text{-}35}=k_{41}^{⑧} & K_{38\text{-}36}=k_{42}^{⑧} & K_{38\text{-}37}=k_{43}^{⑧} & K_{38\text{-}38}=k_{44}^{⑧} & K_{38\text{-}39}=k_{45}^{⑧} & K_{38\text{-}40}=k_{46}^{⑧} & 0 & 0 & \cdots \\ \cdots & K_{39\text{-}35}=k_{54}^{⑧} & K_{39\text{-}36}=k_{52}^{⑧} & K_{39\text{-}37}=k_{53}^{⑧} & K_{39\text{-}38}=k_{54}^{⑧} & K_{39\text{-}39}=k_{55}^{⑧} & K_{39\text{-}40}=k_{56}^{⑧} & 0 & 0 & \cdots \\ \cdots & K_{40\text{-}35}=k_{61}^{⑧} & K_{40\text{-}36}=k_{62}^{⑧} & K_{40\text{-}37}=k_{63}^{⑧} & K_{40\text{-}38}=k_{64}^{⑧} & K_{40\text{-}39}=k_{65}^{⑧} & K_{40\text{-}40}=k_{66}^{⑧} & 0 & 0 & \cdots \\ \cdots & 0 & 0 & 0 & 0 & 0 & 0 & 0 & 0 & \cdots \\ \cdots & 0 & 0 & 0 & 0 & 0 & 0 & 0 & 0 & \cdots \\ \cdots & \cdots & \cdots & \cdots & \cdots & \cdots & \cdots & \cdots & \cdots & \cdots \end{bmatrix} \quad (1.2\text{-}12)$$

其中下标"35-35"对应整体结构刚度矩阵的 35 行 35 列，对应的是节点 18 的第一个自由度，即 $35 = 18 \times 2 - 1$，余同。

求得单元⑨的刚度矩阵为：

$$[k]^{⑨} = \begin{bmatrix} k_{11}^{⑨} & k_{12}^{⑨} & k_{13}^{⑨} & k_{14}^{⑨} & k_{15}^{⑨} & k_{16}^{⑨} \\ k_{21}^{⑨} & k_{22}^{⑨} & k_{23}^{⑨} & k_{24}^{⑨} & k_{25}^{⑨} & k_{26}^{⑨} \\ k_{31}^{⑨} & k_{32}^{⑨} & k_{33}^{⑨} & k_{34}^{⑨} & k_{35}^{⑨} & k_{36}^{⑨} \\ k_{41}^{⑨} & k_{42}^{⑨} & k_{43}^{⑨} & k_{44}^{⑨} & k_{45}^{⑨} & k_{46}^{⑨} \\ k_{51}^{⑨} & k_{52}^{⑨} & k_{53}^{⑨} & k_{54}^{⑨} & k_{55}^{⑨} & k_{56}^{⑨} \\ k_{61}^{⑨} & k_{62}^{⑨} & k_{63}^{⑨} & k_{64}^{⑨} & k_{65}^{⑨} & k_{66}^{⑨} \end{bmatrix} \quad (1.2\text{-}13)$$

令

$$[K]_{160\times160}^{⑨} = \begin{bmatrix} \cdots & \cdots & \cdots & \cdots & \cdots & \cdots & \cdots \\ \cdots & 0 & 0 & 0 & 0 & 0 & \\ \cdots & 0 & 0 & 0 & 0 & 0 & \\ \cdots & 0 & 0 & K_{37\text{-}37}=k_{11}^{⑨} & K_{37\text{-}38}=k_{12}^{⑨} & K_{37\text{-}39}=k_{13}^{⑨} & \\ \cdots & 0 & 0 & K_{38\text{-}37}=k_{21}^{⑨} & K_{38\text{-}38}=k_{22}^{⑨} & K_{38\text{-}39}=k_{23}^{⑨} & \\ \cdots & 0 & 0 & K_{39\text{-}37}=k_{31}^{⑨} & K_{39\text{-}38}=k_{32}^{⑨} & K_{39\text{-}39}=k_{33}^{⑨} & \\ \cdots & 0 & 0 & K_{40\text{-}37}=k_{41}^{⑨} & K_{40\text{-}38}=k_{42}^{⑨} & K_{40\text{-}39}=k_{43}^{⑨} & \\ \cdots & 0 & 0 & K_{41\text{-}37}=k_{51}^{⑨} & K_{41\text{-}38}=k_{52}^{⑨} & K_{41\text{-}39}=k_{53}^{⑨} & \\ \cdots & 0 & 0 & K_{42\text{-}37}=k_{61}^{⑨} & K_{42\text{-}38}=k_{62}^{⑨} & K_{42\text{-}39}=k_{63}^{⑨} & \\ \cdots & \cdots & \cdots & \cdots & \cdots & \cdots & \\ & 0 & 0 & 0 & & & \cdots \\ & 0 & 0 & 0 & & & \cdots \\ & K_{37\text{-}37}=k_{11}^{⑨} & K_{37\text{-}38}=k_{12}^{⑨} & K_{37\text{-}39}=k_{13}^{⑨} & & & \cdots \\ & K_{38\text{-}37}=k_{21}^{⑨} & K_{38\text{-}38}=k_{22}^{⑨} & K_{38\text{-}39}=k_{23}^{⑨} & & & \cdots \\ & K_{39\text{-}37}=k_{31}^{⑨} & K_{39\text{-}38}=k_{32}^{⑨} & K_{39\text{-}39}=k_{33}^{⑨} & & & \cdots \\ & K_{40\text{-}37}=k_{41}^{⑨} & K_{40\text{-}38}=k_{42}^{⑨} & K_{40\text{-}39}=k_{43}^{⑨} & & & \cdots \\ & K_{41\text{-}37}=k_{51}^{⑨} & K_{41\text{-}38}=k_{52}^{⑨} & K_{41\text{-}39}=k_{53}^{⑨} & & & \cdots \\ & K_{42\text{-}37}=k_{61}^{⑨} & K_{42\text{-}38}=k_{62}^{⑨} & K_{42\text{-}39}=k_{63}^{⑨} & & & \cdots \\ & \cdots & \cdots & \cdots & & & \end{bmatrix} \quad (1.2\text{-}14)$$

则两个单元⑧和⑨在结构整体刚度矩阵中组装后的结果为:

$$[K]_{160\times160}^{⑧+⑨} = [K]_{160\times160}^{⑧} + [K]_{160\times160}^{⑨} \tag{1.2-15}$$

根据上述原则,遍历所有单元,依次将单元刚度矩阵叠加,可得到结构整体刚度矩阵$[K]$,同理,将单元的等效节点荷载向量以"对号入座"的方式进行叠加可以得到结构整体节点荷载列阵$\{F\}$,此时可得到结构整体的平衡方程(1.2-16),式中$\{a\}$为结构整体的节点位移向量。

$$[K]\{a\} = \{F\} \tag{1.2-16}$$

1.2.5 引入边界条件

此处以位移边界条件进行讲解。

$$\begin{bmatrix} [K_{aa}] & [K_{ab}] \\ [K_{ba}] & [K_{bb}] \end{bmatrix} \begin{Bmatrix} \{a_{aa}\} \\ \{a_{bb}\} \end{Bmatrix} = \begin{Bmatrix} \{F_{aa}\} \\ \{F_{bb}\} \end{Bmatrix} \tag{1.2-17}$$

其中$\{a_{aa}\}$为待求解的节点位移,$\{a_{bb}\}$为已知节点位移,$[K_{aa}]$、$[K_{bb}]$、$[K_{ab}]$、$[K_{ba}]$为与之对应的刚度矩阵,$\{F_{aa}\}$和$\{F_{bb}\}$为与之对应的节点荷载列阵的分块矩阵,其中$\{F_{aa}\}$为已知的等效节点荷载,$\{F_{bb}\}$为未知的约束自由度方向上的支座反力。将公式(1.2-17)的第一行进行展开和简化,可得到修正的平衡方程组(1.2-18),将公式(1.2-17)的第二行进行展开,可得到方程(1.2-19)。

$$[K^*]\{a^*\} = \{F^*\} \tag{1.2-18}$$

$$[K_{ba}]\{a_{aa}\} + [K_{bb}]\{a_{bb}\} = \{F_{bb}\} \tag{1.2-19}$$

其中$[K^*] = [K_{aa}]$,$\{a^*\} = \{a_{aa}\}$,$\{F^*\} = \{F_{aa}\} - [K_{ab}]\{a_{bb}\}$。

修正的平衡方程组(1.2-18)的方程数与待求未知量的个数相等,方程具有唯一解。特别地,当支座节点固定时,已知节点位移为零,则$\{F^*\} = \{F_{aa}\}$。求解方程组(1.2-18)可获得待求解的节点位移$\{a_{aa}\}$,将$\{a_{aa}\}$代入方程(1.2-19)可求解约束自由度方向的支座反力$\{F_{bb}\}$。

1.2.6 分析结果后处理

获得上述计算输出的结果后,可进一步对分析结果进行必要的后处理,如以数表或图形的方式将结果输出,分析人员可利用这些结果指导结构设计。

第二部分

杆系有限元编程

- ◆ 第 2 章　2D Truss 单元
- ◆ 第 3 章　2D 欧拉-伯努利梁单元
- ◆ 第 4 章　2D 剪切修正梁单元
- ◆ 第 5 章　2D Timoshenko 梁单元

Python

有限单元法 Python 编程

第 2 章

2D Truss 单元

2.1 桁架单元介绍

桁架单元（Truss Element）又称为杆单元，该单元具有以下特性：
（1）单元仅承受轴向荷载，不能承受弯矩；
（2）单元节点仅有平动自由度，没有转动自由度，单元本身只发生轴向变形。

桁架单元又可分为平面桁架（2D 桁架）和空间桁架（3D 桁架），平面桁架单元每个节点有 2 个平动自由度，空间桁架单元每个节点有 3 个平动自由度。本章介绍平面桁架单元的基本列式及编程过程。

2.2 基本列式

2.2.1 基本方程

桁架单元仅在单元端点受到轴向力作用，对于单元中任意长度为 dx 的隔离体，满足以下方程：

几何方程：
$$\varepsilon = \frac{du}{dx} \tag{2.2-1}$$

物理方程：
$$\sigma = E\varepsilon = E\frac{du}{dx} \tag{2.2-2}$$

平衡方程：
$$F = \sigma A = EA\varepsilon = EA\frac{du}{dx} \tag{2.2-3}$$

其中 E 为弹性模量，A 为截面面积，F 为杆端轴力，ε 为轴向应变，σ 为轴向应力，du 为轴力 F 作用下长度为 dx 的隔离体的变形。

2.2.2 局部坐标下单元刚度矩阵

图 2.2-1 所示为局部坐标下桁架单元示意，下面推导单元局部坐标下的刚度矩阵。

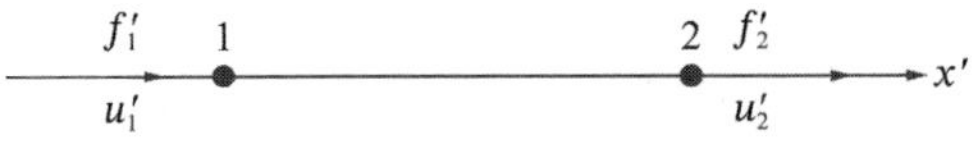

```
     f'₁   1            2   f'₂
   ──●────●────────────●────●──→ x'
     u'₁                  u'₂
```

图 2.2-1 局部坐标下的桁架单元

2.2.2.1 杆端力向量

设单元节点 1、2 处节点力分别为 f'_1 和 f'_2，则杆端力向量 $\{f'\}^e$ 可表示为：

$$\{f'\}^e = \{f'_1 \quad f'_2\}^T \tag{2.2-4}$$

2.2.2.2 杆端位移向量

单元节点 1、2 处节点位移分别为 u'_1 和 u'_2，则杆端位移向量 $\{a'\}^e$ 可表示为：

$$\{a'\}^e = \{u'_1 \quad u'_2\}^T \tag{2.2-5}$$

2.2.2.3 位移插值

单元内任一点沿单元轴向的变形是该点位置坐标的函数。采用自然坐标表示，且原点位于单元中点处，如图 2.2-2 所示，则单元内任一点 $x(x \in [-L/2, +L/2])$ 的位移可表示为 $a'(\xi)(\xi \in [-1, +1])$，采用 2 节点拉格朗日插值可得：

$$a'(\xi) = \sum_{i=1}^{2} N_i(\xi) u'_i = \{N_1(\xi) \quad N_2(\xi)\} \begin{Bmatrix} u'_1 \\ u'_2 \end{Bmatrix} = \left\{ \frac{1}{2}(1-\xi) \quad \frac{1}{2}(1+\xi) \right\} \begin{Bmatrix} u'_1 \\ u'_2 \end{Bmatrix} \tag{2.2-6}$$

其中 $\xi = \frac{2}{L}(x' - x'_0)$，$x'_0 = \frac{(x'_1 + x'_2)}{2}$，$x'_0$ 是单元中点的坐标，N_i 表示插值函数，L 是单元长度。

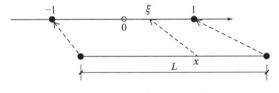

图 2.2-2 自然坐标转换示意

2.2.2.4 刚度矩阵

根据上述几何方程、物理方程和平衡方程，可得：

$$\begin{cases} f'_1 = EA\dfrac{u'_1 - u'_2}{L} \\ f'_2 = EA\dfrac{u'_2 - u'_1}{L} \end{cases} \tag{2.2-7}$$

上式整理为矩阵形式：

$$\begin{Bmatrix} f'_1 \\ f'_2 \end{Bmatrix} = \frac{EA}{L} \begin{bmatrix} 1 & -1 \\ -1 & 1 \end{bmatrix} \begin{Bmatrix} u'_1 \\ u'_2 \end{Bmatrix} \tag{2.2-8}$$

简写为：

$$\{f'\}^e = [k']^e \{a'\}^e \tag{2.2-9}$$

其中 $[k']^e = \dfrac{EA}{L} \begin{bmatrix} 1 & -1 \\ -1 & 1 \end{bmatrix}$，即局部坐标下桁架单元的刚度矩阵。

2.2.3 单元的坐标转换矩阵

2.2.3.1 节点位移转换关系

图 2.2-3 所示为全局坐标下桁架单元示意，通过三角函数关系可得：

$$\begin{cases} u_1' = u_1\cos\theta + v_1\sin\theta = cu_1 + sv_1 \\ v_1' = -u_1\sin\theta + v_1\cos\theta = -su_1 + cv_1 \\ u_2' = u_2\cos\theta + v_2\sin\theta = cu_2 + sv_2 \\ v_2' = -u_2\sin\theta + v_2\cos\theta = -su_2 + cv_2 \end{cases} \quad (2.2\text{-}10)$$

其中 $c = \cos\theta = \frac{x_2-x_1}{L}$，$s = \sin\theta = \frac{y_2-y_1}{L}$。

写成矩阵的形式：

$$\begin{Bmatrix} u_1' \\ v_1' \\ u_2' \\ v_2' \end{Bmatrix} = \begin{bmatrix} c & s & 0 & 0 \\ -s & c & 0 & 0 \\ 0 & 0 & c & s \\ 0 & 0 & -s & c \end{bmatrix} \begin{Bmatrix} u_1 \\ v_1 \\ u_2 \\ v_2 \end{Bmatrix} \quad (2.2\text{-}11)$$

则局部坐标下节点位移与整体坐标下节点位移之间的转换关系可以简写为：

$$\{a'\}^e = [T]\{a\}^e \quad (2.2\text{-}12)$$

T 称为坐标转换矩阵。

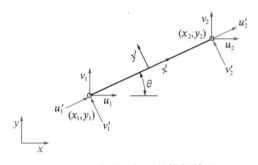

图 2.2-3 全局坐标下的桁架单元

2.2.3.2 节点力转换关系

节点力在节点位移上做的功 W 与坐标系无关，则有：

$$W = (\{a'\}^e)^T\{f'\}^e = (\{a\}^e)^T[T]^T\{f'\}^e = (\{a\}^e)^T\{f\}^e \quad (2.2\text{-}13)$$

可得局部坐标下节点内力与整体坐标下节点内力之间的转换关系：

$$\{f\}^e = [T]^T\{f'\}^e \quad (2.2\text{-}14)$$

2.2.3.3 刚度矩阵转换关系

单元的应变能 U_e 与坐标系无关，即

$$U_e = \frac{1}{2}(\{a'\}^e)^T[k']^e\{a'\}^e = \frac{1}{2}(\{a\}^e)^T[k]^e\{a\}^e \quad (2.2\text{-}15)$$

已知 ${a'}^e = [T]{a}^e$，代入可得：

$$U_e = \frac{1}{2}({a}^e)^T[T]^T[k']^e[T]{a}^e \tag{2.2-16}$$

由最小势能原理（参考第 1 章的 1.2.3.4 节）可得整体坐标下单元的刚度矩阵为：

$$[k]^e = [T]^T[k']^e[T] \tag{2.2-17}$$

将公式代入，写成展开形式：

$$[k]^e = \frac{EA}{L}\begin{bmatrix} c^2 & cs & -c^2 & -cs \\ cs & s^2 & -cs & -s^2 \\ -c^2 & -cs & c^2 & cs \\ -cs & -s^2 & cs & s^2 \end{bmatrix} \tag{2.2-18}$$

2.2.4 单元的内力

局部坐标下，单元的应力为 $F = EA\varepsilon$，根据应变的定义，可得：

$$F = EA\varepsilon = EA\frac{u'_2 - u'_1}{L} = \frac{EA}{L}\{-1 \ \ 0 \ \ 1 \ \ 0\}\begin{Bmatrix} u'_1 \\ v'_1 \\ u'_2 \\ v'_2 \end{Bmatrix} = \frac{EA}{L}\{-1 \ \ 0 \ \ 1 \ \ 0\}\{a'\} \tag{2.2-19}$$

将 ${a'} = [T]{a}$ 代入上式可得以全局坐标下节点位移表示的单元应力：

$$F = EA\varepsilon = \frac{EA}{L}\{-1 \ \ 0 \ \ 1 \ \ 0\}\{a'\} = \frac{EA}{L}\{-1 \ \ 0 \ \ 1 \ \ 0\}[T]\{a\} \tag{2.2-20}$$

写成展开式为：

$$F = EA\varepsilon = \frac{EA}{L}\{-c \ \ -s \ \ c \ \ s\}\begin{Bmatrix} u_1 \\ v_1 \\ u_2 \\ v_2 \end{Bmatrix} \tag{2.2-21}$$

2.3 问题描述

图 2.3-1 是本章的算例结构，是一榀 xy 平面内的桁架结构，结构几何信息如图所示。节点 1 处为固定铰支座，节点 4 处为滑动铰支座，节点 5、6、7 处分别受到 $-y$ 方向 $P = 100000\text{N}$ 的集中力作用；结构中各杆件采用相同的规格，其中弹性模量 $E = 200000\text{MPa}$，截面面积 $A = 4532\text{mm}^2$。

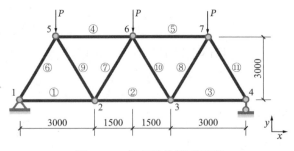

图 2.3-1 桁架结构模型示意

下面将给出采用桁架单元对该桁架结构进行弹性静力分析的 Python 编程过程。

2.4　Python 代码与注释

```python
# 桁架单元:桁架结构作用集中力荷载
# Website : www.jdcui.com
import numpy as np
import matplotlib.pyplot as plt

# 一、输入信息
# 模型尺寸材料参数
E = 200000      # 弹性模量
A = 4532        # 截面面积
EA = E*A        # 抗拉刚度
# 节点坐标及单元节点序号
NodeCoord = np.array([[-4500, 0], [-1500, 0], [1500, 0], [4500, 0], [-3000, 3000], [0, 3000], [3000, 3000]])
EleNode = np.array([[1, 2], [2, 3], [3, 4], [5, 6], [6, 7], [1, 5], [2, 6], [3, 7], [2, 5], [3, 6], [4, 7]])
# 获得单元数量和单元节点数量
numEle = EleNode.shape[0]
numNode = NodeCoord.shape[0]
# 节点坐标值（x，y）列向量
xx = NodeCoord[:, 0]
yy = NodeCoord[:, 1]
# 被约束自由度
ConstrainedDof = np.array([1, 2, 8])
# 自由度总数量
numDOF = numNode*2
# 整体位移向量定义
displacement = np.zeros((1, numDOF))
# 整体荷载向量定义
force = np.zeros((1, numDOF))
force[0][(10-1)] = -100000
force[0][(12-1)] = -100000
force[0][(14-1)] = -100000

# 二、计算分析
# 定义总体刚度矩阵
stiffness_sum = np.zeros((numDOF, numDOF))     # 创建一个大小为 numDOF × numDOF 的全零数组，用于存储整体刚度矩阵

# 遍历单元，求解单元刚度矩阵
for i in range(numEle):
    # 求得单元刚度矩阵
    noindex = EleNode[i]                                          # 获取第 i 个单元的节点索引
    deltax = xx[noindex[1]-1]-xx[noindex[0]-1]                    # 计算第 i 个单元在横向上的坐标差
    deltay = yy[noindex[1]-1]-yy[noindex[0]-1]                    # 计算第 i 个单元在纵向上的坐标差
    L = np.sqrt(deltax * deltax + deltay * deltay)                # 计算第 i 个单元的长度 L
    C = deltax/L                                                  # 计算角度的余弦值 C
    S = deltay/L                                                  # 计算角度的正弦值 S
    eleK = (E*A/L)*np.array([[C*C, C*S, -C*C, -C*S],              # 计算单元刚度矩阵 eleK
                             [C*S, S*S, -C*S, -S*S],
                             [-C*C, -C*S, C*C, C*S],
                             [-C*S, -S*S, C*S, S*S]])
    # 获取节点对应自由度
    eleDof = np.array([noindex[0]*2-2, noindex[0]*2-1, noindex[1]*2-2, noindex[1]*2-1])
    # 将单元刚度矩阵组装到整体刚度矩阵
    for i in range(4):
        for j in range(4):
            stiffness_sum[int(eleDof[i]), int(eleDof[j])] = stiffness_sum[int(eleDof[i]), int(eleDof[j])] + eleK[i][j]
# 根据给定的约束条件，删除指定被约束自由度对应的行和列，将整体刚度矩阵进行简化处理
stiffness_sum_sim = np.delete(stiffness_sum, ConstrainedDof-1, 0)
```

```python
stiffness_sum_sim = np.delete(stiffness_sum_sim, ConstrainedDof-1, 1)

# 解方程，求位移
activeDof = np.delete((np.arange(numDOF)+1), ConstrainedDof-1)
displacement[0][activeDof-1] = np.array(np.mat(stiffness_sum_sim).I * np.mat(force[0][activeDof - 1]).T).T

# 计算单元轴力
axialForce = np.zeros((numEle, 1))
for i in range(numEle):
    noindex = EleNode[i]
    deltax = xx[noindex[1]-1]-xx[noindex[0]-1]
    deltay = yy[noindex[1]-1]-yy[noindex[0]-1]
    L = np.sqrt(deltax * deltax + deltay * deltay)
    C = deltax/L
    S = deltay/L
    eleDof = np.array([noindex[0]*2-1, noindex[0]*2, noindex[1]*2-1, noindex[1]*2])
    axialForce[i] = ((E/L)*np.mat([-C, -S, C, S])) * np.mat(displacement[0][eleDof - 1]).T

# 计算支座反力
reation = np.zeros((len(ConstrainedDof), 1))
for i in range(len(ConstrainedDof)):
    reation[i] = np.mat(stiffness_sum[(ConstrainedDof[i]-1)]) * np.mat(displacement).T

# 三、计算用于绘图相关参数
# 计算各单元最大长度 maxlen
maxlen = -1
for i in range(numEle):
    noindex = EleNode[i]
    deltax = xx[noindex[1]-1]-xx[noindex[0]-1]
    deltay = yy[noindex[1]-1]-yy[noindex[0]-1]
    L = np.sqrt(deltax * deltax + deltay * deltay)
    if L > maxlen:
        maxlen = L

# 计算节点最大绝对位移
maxabsDisp = 0
for i in range(numNode):
    indexU = 2 * (i+1) - 1
    indexV = 2*(i+1)
    dispU = displacement[0][indexU-1]
    dispV = displacement[0][indexV-1]
    Disp = np.sqrt(dispU * dispU + dispV * dispV)
    if Disp > maxabsDisp:
        maxabsDisp = Disp

# 获取变形图变形放大系数
scalefactor = 0.2
factor = 1.1
if maxabsDisp > 1e-30:
    factor = scalefactor*maxlen/maxabsDisp

# 四、绘制图形
#绘制变形图
# 遍历单元，绘制变形前结构形状
for i in range(numEle):
    noindex = EleNode[i]
    x = xx[noindex[:]-1]
    y = yy[noindex[:]-1]
    plt.plot(x, y, color='0.6', marker='o', mfc='w', linestyle='--')

# 遍历单元节点，标注单元节点编号
```

```python
for i in range(numNode):
    plt.text(xx[i]+200, yy[i], i+1, color='r', ha='center', va='center')

# 定义变形后节点坐标值（x，y）列向量
xx_Deformed = np.empty_like(xx)
yy_Deformed = np.empty_like(yy)
# 遍历单元，绘制变形后结构形状
for i in range(numEle):
    noindex = EleNode[i]
    indexU = 2*noindex[:]-1
    indexV = 2*noindex[:]
    dispU = displacement[0][indexU-1]
    dispV = displacement[0][indexV-1]
    xxDeformed = xx[noindex[:]-1] + dispU*factor
    yyDeformed = yy[noindex[:]-1] + dispV*factor
    xx_Deformed[noindex-1] = xxDeformed
    yy_Deformed[noindex-1] = yyDeformed
    plt.plot(xxDeformed, yyDeformed, color='black', marker='o', mfc='w',)

# 设置坐标格式，使得图形以适合的比例进行显示
max_xx = max(max(xx), max(xx_Deformed))
max_yy = max(max(yy), max(yy_Deformed))
min_xx = min(min(xx), min(xx_Deformed))
min_yy = min(min(yy), min(yy_Deformed))
minx = -0.1*(max_xx-min_xx)+min_xx
maxx = 0.1*(max_xx-min_xx)+max_xx
miny = -0.1*(max_yy-min_yy)+min_yy
maxy = 0.1*(max_yy-min_yy)+max_yy
plt.xlim(minx, maxx)
plt.ylim(miny, maxy)
plt.show()

# 绘制内力图
# 遍历单元，绘制变形前结构形状
for i in range(numEle):
    noindex = EleNode[i]
    x = xx[noindex[:]-1]
    y = yy[noindex[:]-1]
    plt.plot(x, y, color='0.6', marker='o', mfc='w', linestyle='--')
# 定义变形后节点坐标值（x，y）列向量
xx_Deformed = np.empty_like(xx)
yy_Deformed = np.empty_like(yy)
# 将内力值归一化，仅绘图用
absminForce = 1e10
axialForceStd = np.zeros((numEle, 1))
for i in range(numEle):
    if abs(axialForce[i]) < absminForce:
        absminForce = axialForce[i]
for i in range(numEle):
    axialForceStd[i] = axialForce[i]/absminForce
# 遍历单元，绘制变形后结构形状
for i in range(numEle):
    noindex = EleNode[i]
    indexU = 2*noindex[:]-1
    indexV = 2*noindex[:]
    dispU = displacement[0][indexU-1]
    dispV = displacement[0][indexV-1]
    xxDeformed = xx[noindex[:]-1] + dispU*factor
    yyDeformed = yy[noindex[:]-1] + dispV*factor
    xx_Deformed[noindex-1] = xxDeformed
    yy_Deformed[noindex-1] = yyDeformed
```

```python
    if axialForce[i] > 0:
        plt.plot(xxDeformed, yyDeformed, color='green', marker='o', mfc='w', linewidth=2*axialForceStd[i])
    else:
        plt.plot(xxDeformed, yyDeformed, color='red', marker='o', mfc='w', linewidth=-2*axialForceStd[i])
# 遍历单元，标注单元编号
for i in range(numEle):
    noindex = EleNode[i]
    x = (xx[noindex[0]-1] + xx[noindex[1]-1]) / 2
    y = (yy[noindex[0]-1] + yy[noindex[1]-1]) / 2
    plt.text(x, y, i+1, color='b', ha='center', va='center')

# 设置坐标格式，使得图形以适合的比例进行显示
max_xx = max(max(xx), max(xx_Deformed))
max_yy = max(max(yy), max(yy_Deformed))
min_xx = min(min(xx), min(xx_Deformed))
min_yy = min(min(yy), min(yy_Deformed))
minx = -0.1*(max_xx-min_xx)+min_xx
maxx = 0.1*(max_xx-min_xx)+max_xx
miny = -0.1*(max_yy-min_yy)+min_yy
maxy = 0.1*(max_yy-min_yy)+max_yy
plt.xlim(minx, maxx)
plt.ylim(miny, maxy)
plt.show()
```

代码运行结果见图 2.4-1。

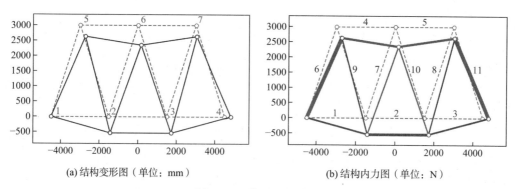

(a) 结构变形图（单位：mm）   (b) 结构内力图（单位：N）

图 2.4-1　代码运行结果

2.5　小结

本章介绍了小变形弹性 2D 桁架单元的基本列式，并通过编制 Python 有限元程序，介绍了采用 2D 桁架单元进行有限元求解的一般过程。

第 3 章

2D 欧拉-伯努利梁单元

3.1 2D 欧拉-伯努利梁单元介绍

欧拉-伯努利（Euler-Bernoulli）梁单元（以下简称为欧拉梁单元）理论，又称为经典梁单元理论、初等梁单元理论或工程梁理论。欧拉梁单元基于如下假设：

（1）变形前垂直梁中心线的横截面，变形后仍然为平面（刚性横截面假定）；

（2）变形后横截面的平面仍与变形后的轴线相垂直（即 Kirchhoff 假设，在小变形假定下，该假设使得截面的转角可以通过挠度的导数来表示：$\theta = \frac{dw}{dx}$）。

Kirchhoff 假设忽略了梁剪切变形和转动惯量的影响，因此，欧拉梁单元主要适用于跨高比较大的梁杆结构，此时，在梁的总变形（挠度）中，剪切变形所占部分很小，一般可以忽略不计。

梁单元又可分为平面梁单元（2D 梁）和空间梁单元（3D 梁），平面梁单元每个节点包含 3 个自由度（2 个平动、1 个转动），空间梁单元通常每个节点包含 6 个自由度（3 个平动、3 个转动）。本章介绍平面欧拉梁单元的基本列式及编程过程。

3.2 基本列式

3.2.1 基本方程

（1）弯曲属性

几何方程

由图 3.2-1 可知，梁上任一点处的截面弯矩曲率关系为：

$$\kappa = \frac{d\theta}{dx} = \frac{d}{dx}\left(\frac{dw}{dx}\right) = \frac{d^2w}{dx^2} \tag{3.2-1}$$

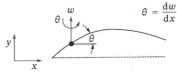

图 3.2-1 梁单元变形示意

其中 κ 为截面曲率，w 为挠度。

物理方程

根据材料力学知识，截面弯矩曲率关系为：

$$M = EI\kappa = EI\frac{\mathrm{d}^2 w}{\mathrm{d}x^2} \tag{3.2-2}$$

其中 E 为弹性模量，I 为截面惯性矩。

平衡方程

取任一梁段为隔离体，其受力示意如图 3.2-2 所示。

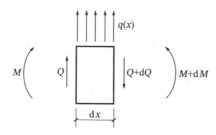

图 3.2-2　梁单元隔离体受力示意

由剪力平衡可得 $\mathrm{d}Q = q(x)\mathrm{d}x$，即

$$\frac{\mathrm{d}Q}{\mathrm{d}x} = q(x) \tag{3.2-3}$$

由弯矩平衡可得 $\mathrm{d}M = -\frac{1}{2}q(x)\cdot \mathrm{d}x \cdot \mathrm{d}x + (Q+\mathrm{d}Q)\mathrm{d}x = -\frac{1}{2}\mathrm{d}Q\cdot \mathrm{d}x + (Q+\mathrm{d}Q)\mathrm{d}x = Q + \frac{1}{2}\mathrm{d}Q$，略去高阶项 $\frac{1}{2}\mathrm{d}Q$，可得

$$\frac{\mathrm{d}M}{\mathrm{d}x} = Q \tag{3.2-4}$$

其中 M 为弯矩，Q 为截面剪力，q 为横向均布力。

（2）轴向属性

欧拉梁单元的轴向属性与杆单元相同。

几何方程：

$$\varepsilon = \frac{\mathrm{d}u}{\mathrm{d}x} \tag{3.2-5}$$

物理方程：

$$\sigma = E\varepsilon = E\frac{\mathrm{d}u}{\mathrm{d}x} \tag{3.2-6}$$

平衡方程：

$$F = \sigma A = EA\varepsilon = EA\frac{\mathrm{d}u}{\mathrm{d}x} \tag{3.2-7}$$

3.2.2　局部坐标下单元刚度矩阵

图 3.2-3 所示为局部坐标下欧拉梁单元的节点位移和节点力，下面推导局部坐标下单

元的刚度矩阵。

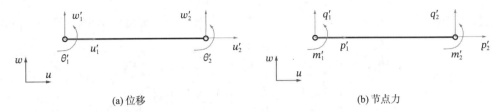

(a) 位移　　　　　　　　　　　　(b) 节点力

图 3.2-3　局部坐标下欧拉梁单元节点位移和节点力

节点力向量：

$\{p'\}^e = \{p_1' \quad q_1' \quad m_1' \quad p_2' \quad q_2' \quad m_2'\}^T$

其中弯曲部分节点力向量为 $\{p'\} = \{q_1' \quad m_1' \quad q_2' \quad m_2'\}^T$

节点位移向量：

$\{a'\}^e = \{u_1' \quad w_1' \quad \theta_1' \quad u_2' \quad w_2' \quad \theta_2'\}^T$

其中弯曲部分节点位移向量为 $\{a'\} = \{w_1' \quad \theta_1' \quad w_2' \quad \theta_2'\}^T$

梁单元挠度函数：

梁单元中任意一点的位移包括挠度和转角（斜率），为保证转角（斜率）的连续性，需采用 2 节点 Hermite 形函数对单元挠度进行插值。采用 2 节点 Hermite 插值，并采用自然坐标表示，则单元中任意一点的挠度可表示为：

$$w(\xi) = \sum_{i=1}^{2} H_i^{(0)}(\xi) w_i + \sum_{i=1}^{2} H_i^{(1)}(\xi) \theta_i$$
$$= \sum_{i=1}^{4} N_i(\xi) a_i$$
$$= \{N(\xi)\}\{a'\} \qquad (3.2\text{-}8)$$

式中 $\{N(\xi)\} = \{N_1(\xi) \quad N_2(\xi) \quad N_3(\xi) \quad N_4(\xi)\}$。

其中

$$\begin{cases} N_1(\xi) = 1 - 3\xi^2 + 2\xi^3 \\ N_2(\xi) = (\xi - 2\xi^2 + \xi^3)L \\ N_3(\xi) = 3\xi^2 - 2\xi^3 \\ N_4(\xi) = (\xi^3 - \xi^2)L \end{cases} \qquad (3.2\text{-}9)$$

刚度矩阵

梁单元弯曲应变能 $U_b^e = \frac{1}{2}\int_L M\kappa \, dx$，即

$$U_b^e = \frac{1}{2}\int_0^L EI\kappa \cdot \kappa \cdot dx = \frac{1}{2}\int_0^L EI\left(\frac{d^2w}{dx^2}\right)^2 dx \qquad (3.2\text{-}10)$$

由 $\dfrac{d^2w}{dx^2} = \dfrac{d}{dx}\left(\dfrac{dw}{dx}\right) = \dfrac{d}{d\xi}\left(\dfrac{dw}{d\xi}\dfrac{d\xi}{dx}\right)\dfrac{d\xi}{dx} = \left(\dfrac{d\xi}{dx}\right)^2 \dfrac{d^2w}{d\xi^2} = \dfrac{4}{L^2}\dfrac{d^2w}{d\xi^2}$

又由 $\dfrac{d^2w}{d\xi^2} = \dfrac{d^2}{d\xi^2}\{N(\xi)\}\{a'\}$（因有 $w(\xi) = \{N(\xi)\}\{a'\}$）

则弯曲应变能展开为：

$$U_b^e = \frac{1}{2}EI\frac{4}{L^2}\frac{4}{L^2}\int_{-1}^{1}\frac{d^2}{d\xi^2}(\{N(\xi)\}\{a'\})^T\frac{d^2}{d\xi^2}(\{N(\xi)\}\{a'\})\frac{L}{2}d\xi \tag{3.2-11}$$

由最小势能原理（参考第 1 章的 1.2.3.4 节）可得梁单元弯曲部分的刚度矩阵$[k_b']^e$：

$$[k_b']^e = EI\frac{4}{L^2}\frac{4}{L^2}\int_{-1}^{1}\frac{d^2}{d\xi^2}\{N(\xi)\}^T\frac{d^2}{d\xi^2}\{N(\xi)\}\frac{L}{2}d\xi$$

$$= \begin{bmatrix} \frac{12EI}{L^3} & \frac{6EI}{L^2} & -\frac{12EI}{L^3} & \frac{6EI}{L^2} \\ \frac{6EI}{L^2} & \frac{4EI}{L} & -\frac{6EI}{L^2} & \frac{2EI}{L} \\ -\frac{12EI}{L^3} & -\frac{6EI}{L^2} & \frac{12EI}{L^3} & -\frac{6EI}{L^2} \\ \frac{6EI}{L^2} & \frac{2EI}{L} & -\frac{6EI}{L^2} & \frac{4EI}{L} \end{bmatrix} \tag{3.2-12}$$

单元轴向刚度矩阵与 2D 桁架单元相同，此处不再赘述。将上述弯曲部分的刚度矩阵与 2D 桁架单元刚度矩阵叠加，即可获得局部坐标下梁单元的刚度矩阵$[k']^e$，即

$$[k']^e = \begin{bmatrix} \frac{EA}{L} & 0 & 0 & -\frac{EA}{L} & 0 & 0 \\ 0 & \frac{12EI}{L^3} & \frac{6EI}{L^2} & 0 & -\frac{12EI}{L^3} & \frac{6EI}{L^2} \\ 0 & \frac{6EI}{L^2} & \frac{4EI}{L} & 0 & -\frac{6EI}{L^2} & \frac{2EI}{L} \\ -\frac{EA}{L} & 0 & 0 & \frac{EA}{L} & 0 & 0 \\ 0 & -\frac{12EI}{L^3} & -\frac{6EI}{L^2} & 0 & \frac{12EI}{L^3} & -\frac{6EI}{L^2} \\ 0 & \frac{6EI}{L^2} & \frac{2EI}{L} & 0 & -\frac{6EI}{L^2} & \frac{4EI}{L} \end{bmatrix} \tag{3.2-13}$$

式中E为材料弹性模量，I为杆件截面惯性矩，A为杆件截面面积，L为杆件长度。
整理为单元方程：

$$\{f'\}^e = [k']^e\{a'\}^e \tag{3.2-14}$$

3.2.3 单元的坐标转换矩阵

3.2.3.1 节点位移转换关系

图 3.2-4 所示为全局坐标下欧拉梁单元示意，通过三角函数关系可得：

$$\begin{cases} u_1' = u_1\cos\theta + w_1\sin\theta = cu_1 + sw_1 \\ w_1' = -u_1\sin\theta + w_1\cos\theta = -su_1 + cw_1 \\ \theta_1' = \theta_1 \\ u_2' = u_2\cos\theta + w_2\sin\theta = cu_2 + sw_2 \\ w_2' = -u_2\sin\theta + w_2\cos\theta = -su_2 + cw_2 \\ \theta_2' = \theta_2 \end{cases} \tag{3.2-15}$$

其中$c = \cos\theta = \frac{x_2-x_1}{L}$，$s = \sin\theta = \frac{y_2-y_1}{L}$。

写成矩阵的形式：

$$\begin{Bmatrix} u'_1 \\ w'_1 \\ \theta'_1 \\ u'_2 \\ w'_2 \\ \theta'_2 \end{Bmatrix} = \begin{bmatrix} c & s & 0 & 0 & 0 & 0 \\ -s & c & 0 & 0 & 0 & 0 \\ 0 & 0 & 1 & 0 & 0 & 0 \\ 0 & 0 & 0 & c & s & 0 \\ 0 & 0 & 0 & -s & c & 0 \\ 0 & 0 & 0 & 0 & 0 & 1 \end{bmatrix} \begin{Bmatrix} u_1 \\ w_1 \\ \theta_1 \\ u_2 \\ w_2 \\ \theta_2 \end{Bmatrix} \quad (3.2\text{-}16)$$

简写为：

$$\{a'\}^e = [T]\{a\}^e \quad (3.2\text{-}17)$$

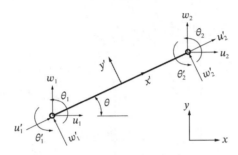

图 3.2-4　全局坐标下的欧拉梁单元

3.2.3.2　节点力转换关系

同样，单元节点力在节点位移上做的功与坐标系无关：

$$W = (\{a'\}^e)^T \{f'\}^e = (\{a\}^e)^T \{f\}^e = (\{a\}^e)^T [T]^T \{f'\}^e \quad (3.2\text{-}18)$$

可得：

$$\{f\}^e = [T]^T \{f'\}^e \quad (3.2\text{-}19)$$

3.2.3.3　刚度矩阵转换关系

局部坐标下，单元的应变能表示为：

$$U_e = \frac{1}{2}(\{a'\}^e)^T [k']^e \{a'\}^e \quad (3.2\text{-}20)$$

将 $\{a'\}^e = [T]\{a\}^e$ 代入可得：

$$U_e = \frac{1}{2}(\{a\}^e)^T [T]^T [k']^e [T]\{a\}^e \quad (3.2\text{-}21)$$

由最小势能原理（参考第 1 章的 1.2.3.4 节）可得整体坐标下单元的刚度矩阵为：

$$[k]^e = [T]^T [k']^e [T] \quad (3.2\text{-}22)$$

3.2.4　单元的杆端力

局部坐标下，单元的杆端内力为：

$$\{f'\}^e = [k']^e \{a'\}^e \quad (3.2\text{-}23)$$

将 $\{a'\}^e = [T]\{a\}^e$ 代入上式可得以全局坐标下节点位移表示的单元杆端力：

$$\{f'\}^e = [k']^e\{a'\}^e = [k']^e([T]\{a\}^e) \quad (3.2\text{-}24)$$

3.3 问题描述

图 3.3-1 是本章的算例结构,是一榀平面框架结构,结构几何信息如图所示。节点 1、5 处为固定支座,节点 4 处受到 $+x$ 方向 $P = 200\text{kN}$ 的集中力作用。结构中各杆件采用相同的材料,弹性模量 $E = 30000\text{MPa}$,梁、柱截面面积分别为 0.08m^2 和 0.16m^2,梁、柱截面惯性矩分别为 $0.0128/12\text{m}^4$ 和 $0.0256/12\text{m}^4$。下面将给出采用欧拉梁单元对该框架结构进行弹性静力分析的 Python 编程过程,并给出分析结果。

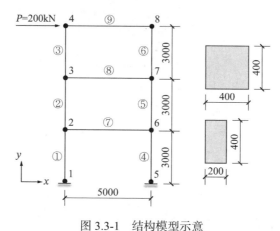

图 3.3-1 结构模型示意

3.4 Python 代码与注释

对上述结构进行分析的 Python 代码如下:

```python
# 2D 欧拉梁单元:二维框架结构
# Website : www.jdcui.com
# 导入 numpy 库、matplotlib.pyplot 库
import numpy as np
import matplotlib.pyplot as plt

# 一、输入信息
# 定义构件材料、截面属性
Elist = np.array([3.000E+07, 3.000E+07])
Alist = np.array([0.08, 0.16])
IList = np.array([0.0128/12, 0.0256/12])
# 定义各单元的节点坐标及各单元的节点编号
NodeCoord = np.array([[0, 0], [0, 3], [0, 6], [0, 9], [5, 0], [5, 3], [5, 6], [5, 9]])
EleNode = np.array([[1, 2], [2, 3], [3, 4], [5, 6], [6, 7], [7, 8], [2, 6], [3, 7], [4, 8]])
# 定义各单元截面编号
EleSect = np.array([2, 2, 2, 2, 2, 2, 1, 1, 1])
# 获取单元数量和单元节点数量
numEle = EleNode.shape[0]
numNode = NodeCoord.shape[0]
# 定义被约束的自由度
ConstrainedDof = np.array([1, 2, 3, 13, 14, 15])
```

```python
# 节点坐标值(x, y)向量
xx = NodeCoord[:, 0]
yy = NodeCoord[:, 1]
# 获取总自由度数量
numDOF = numNode*3
# 定义整体位移向量
displacement = np.zeros((1, numDOF))
# 定义荷载向量
force = np.zeros((1, numDOF))
force[0][(10-1)] = 200     # 第10个自由度施加200的荷载

# 二、计算分析
# 定义总体刚度矩阵
stiffness_sum = np.zeros((numDOF, numDOF))         # 创建一个大小为 numDOF × numDOF 的全零数组，用于存
                                                    #   储整体刚度矩阵
# 遍历单元，求解单元刚度矩阵
for i in range(numEle):
    noindex = EleNode[i]                            # 获取第 i 个单元的节点索引
    deltax = xx[noindex[1]-1]-xx[noindex[0]-1]       # 计算第 i 个单元在横向上的坐标差
    deltay = yy[noindex[1]-1]-yy[noindex[0]-1]       # 计算第 i 个单元在纵向上的坐标差
    L = np.sqrt(deltax *deltax +deltay*deltay)       # 计算第 i 个单元的长度 L
    C = deltax/L                                     # 计算角度的余弦值 C
    S = deltay/L                                     # 计算角度的正弦值 S
    K = np.array([[C, S, 0, 0, 0, 0],                # 创建一个大小为 6×6 的转换坐标矩阵 K，用于将局部坐标下的
                  [-S, C, 0, 0, 0, 0],               #   刚度矩阵转换为整体坐标下
                  [0, 0, 1, 0, 0, 0],
                  [0, 0, 0, C, S, 0],
                  [0, 0, 0, -S, C, 0],
                  [0, 0, 0, 0, 0, 1]])
    # 获取第 i 个单元的材料特性，包括弹性模量 E、横向截面面积 A、惯性矩 I
    E = Elist[EleSect[i]-1]
    A = Alist[EleSect[i]-1]
    I = IList[EleSect[i]-1]
    EAL = E*A/L
    EIL1 = E*I/L
    EIL2 = 6.0*E*I/(L*L)
    EIL3 = 12.0*E*I/(L*L*L)
    eleK_0 = np.array([[EAL, 0, 0, -EAL, 0, 0],
                       [0, EIL3, EIL2, 0, -EIL3, EIL2],
                       [0, EIL2, 4*EIL1, 0, -EIL2, 2*EIL1],
                       [-EAL, 0, 0, EAL, 0, 0],
                       [0, -EIL3, -EIL2, 0, EIL3, -EIL2],
                       [0, EIL2, 2*EIL1, 0, -EIL2, 4*EIL1]])
    # 将局部坐标下单元刚度矩阵转换为整体坐标下单元刚度矩阵
    eleK = np.mat(K).T*np.mat(eleK_0)*np.mat(K)
    eleK = np.array(eleK)
    # 根据单元节点编号，确定单元自由度
    eleDof = np.array([noindex[0]*3-3, noindex[0]*3-2, noindex[0]*3-1, noindex[1]*3-3, noindex[1]*3-2, noindex[1]*3-1])
    # 将单元刚度矩阵组装到整体刚度矩阵
    for i in range(6):
        for j in range(6):
            stiffness_sum[int(eleDof[i]), int(eleDof[j])] = stiffness_sum[int(eleDof[i]), int(eleDof[j])] + eleK[i][j]
# 根据给定的约束条件，删除指定被约束自由度对应的行和列，将整体刚度矩阵进行简化处理
stiffness_sum_sim = np.delete(stiffness_sum, ConstrainedDof-1, 0)
stiffness_sum_sim = np.delete(stiffness_sum_sim, ConstrainedDof-1, 1)

# 解方程，求位移
activeDof = np.delete((np.arange(numDOF)+1), ConstrainedDof-1)
displacement[0][activeDof-1] = np.array(np.mat(stiffness_sum_sim).I * np.mat(force[0][activeDof-1]).T).T
# 按节点编号输出两个方向的节点位移分量，格式：节点号，位移1，位移2，位移3
Nodeindex = (np.arange(0, numNode)+1).reshape(numNode, 1)
```

```python
tempdisp = np.hstack((Nodeindex, displacement.reshape(numNode, 3)))

# 计算支座反力
reation = np.zeros((len(ConstrainedDof), 1))
for i in range(len(ConstrainedDof)):
    reation[i] = np.mat(stiffness_sum[(ConstrainedDof[i]-1)])*np.mat(displacement).T

# 计算杆端内力
for i in range(numEle):
    noindex = EleNode[i]
    deltax = xx[noindex[1]-1]-xx[noindex[0]-1]
    deltay = yy[noindex[1]-1]-yy[noindex[0]-1]
    L = np.sqrt(deltax * deltax + deltay * deltay)
    C = deltax/L
    S = deltay/L
    K = np.array([[C, S, 0, 0, 0, 0],
                  [-S, C, 0, 0, 0, 0],
                  [0, 0, 1, 0, 0, 0],
                  [0, 0, 0, C, S, 0],
                  [0, 0, 0, -S, C, 0],
                  [0, 0, 0, 0, 0, 1]])
    E = Elist[EleSect[i] - 1]
    A = Alist[EleSect[i] - 1]
    I = IList[EleSect[i] - 1]
    EAL = E*A/L
    EIL1 = E*I/L
    EIL2 = 6.0*E*I/(L*L)
    EIL3 = 12.0*E*I/(L*L*L)
    eleK_0 = np.array([[EAL, 0, 0, -EAL, 0, 0],
                       [0, EIL3, EIL2, 0, -EIL3, EIL2],
                       [0, EIL2, 4 * EIL1, 0, -EIL2, 2 * EIL1],
                       [-EAL, 0, 0, EAL, 0, 0],
                       [0, -EIL3, -EIL2, 0, EIL3, -EIL2],
                       [0, EIL2, 2 * EIL1, 0, -EIL2, 4 * EIL1]])
    eleDof = np.array([noindex[0]*3-3, noindex[0]*3-2, noindex[0]*3-1, noindex[1]*3-3, noindex[1]*3-2, noindex[1]*3-1])
    ue = np.mat(displacement[0][eleDof]).T
    uep = K*ue
    fp = eleK_0*uep

# 三、计算用于绘图相关参数
# 计算各单元最大长度 maxlen
maxlen = -1
for i in range(numEle):
    noindex = EleNode[i]
    deltax = xx[noindex[1]-1]-xx[noindex[0]-1]
    deltay = yy[noindex[1]-1]-yy[noindex[0]-1]
    L = np.sqrt(deltax * deltax + deltay * deltay)
    if L > maxlen:
        maxlen = L

# 计算节点最大绝对位移
maxabsDisp = 0
for i in range(numNode):
    indexU = 3*(i+1)-2
    indexV = 3*(i+1)-1
    dispU = displacement[0][indexU-1]
    dispV = displacement[0][indexV-1]
    Disp = np.sqrt(dispU*dispU+dispV*dispV)
    if Disp > maxabsDisp:
        maxabsDisp = Disp
# 计算变形图变形放大系数
```

```python
scalefactor = 0.2
factor = 0.1
if maxabsDisp > 1e-30:
    factor = scalefactor*maxlen/maxabsDisp

# 四、绘制图形
fig = plt.figure(figsize=(6, 12))
# 遍历单元，绘制变形前结构形状
for i in range(numEle):
    noindex = EleNode[i]
    x = xx[noindex[:]-1]
    y = yy[noindex[:]-1]
    line1 = plt.plot(x, y, label='Undeformed Shape', color='grey', linestyle='--')
# 定义变形后节点坐标值（x，y）列向量
xx_Deformed = np.empty_like(xx)
yy_Deformed = np.empty_like(yy)

# 遍历单元，绘制变形后结构形状
for i in range(numEle):
    noindex = EleNode[i]
    indexU = 3*noindex[:]-2
    indexV = 3*noindex[:]-1
    dispU = displacement[0][indexU-1]
    dispV = displacement[0][indexV-1]
    xxDeformed = xx[noindex[:]-1] + dispU*factor
    yyDeformed = yy[noindex[:]-1] + dispV*factor
    xx_Deformed[noindex-1] = xxDeformed
    yy_Deformed[noindex-1] = yyDeformed
    middlex = 0.5*(xxDeformed[1]+xxDeformed[0])
    middley = 0.5*(yyDeformed[1]+yyDeformed[0])
    plt.text(middlex, middley, i+1, color='blue', ha='center', va='center')
    line2 = plt.plot(xxDeformed, yyDeformed, label='Deformed Shape', color='black', mfc='w',)

# 标注单元节点编号
for i in range(numNode):
    plt.text(xx[i]+0.1, yy[i], i+1, color='r', ha='center', va='center')

# 设置坐标格式，使得图形以适合的比例进行显示
max_xx = max(max(xx), max(xx_Deformed))
max_yy = max(max(yy), max(yy_Deformed))
min_xx = min(min(xx), min(xx_Deformed))
min_yy = min(min(yy), min(yy_Deformed))
minx = -0.2*(max_xx-min_xx)+min_xx
maxx = 0.2*(max_xx-min_xx)+max_xx
miny = -0.2*(max_yy-min_yy)+min_yy
maxy = 0.2*(max_yy-min_yy)+max_yy
plt.xlim(minx, maxx+1)
plt.ylim(miny, maxy)
plt.xticks(range(0, 7, 2))
plt.xlabel('X')
plt.ylabel('Y')

#去掉重复标签
from collections import OrderedDict
handles, labels = plt.gca().get_legend_handles_labels()
by_label = OrderedDict(zip(labels, handles))
plt.legend(by_label.values(), by_label.keys())
plt.show()
```

代码运行结果见图 3.4-1。

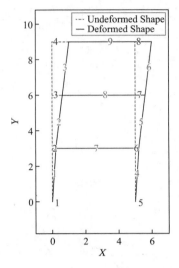

图 3.4-1　代码运行结果

3.5　小结

本章介绍了小变形弹性 2D 欧拉梁单元的基本列式,并通过编制 Python 程序,介绍了采用 2D 欧拉梁单元进行有限元求解的一般过程。

第 4 章

2D 剪切修正梁单元

4.1 剪切修正梁单元介绍

如前面介绍，Kirchhoff 假设忽略了梁的剪切变形引起的截面转动，因此，在梁的高度远小于其跨度的时候，采用欧拉梁单元进行模拟能够得到较为满意的结果，但对于跨高比较小的深梁，梁的剪切变形将引起附加挠度，使得原来垂直于轴线的截面在变形后将不再与轴线垂直（即不满足 Kirchhoff 假设），此时需采用能够考虑横向剪切变形的梁单元进行模拟。

考虑剪切变形修正的经典梁单元和 Timoshenko 梁单元是两种较为常用的能够考虑梁剪切变形的梁单元模型，两种梁单元理论仍假定原来垂直于中轴线的截面在梁变形后仍保持为平面，但放松了 Kirchhoff 假设，不再要求原垂直于中性轴的截面变形后仍垂直于中性轴，考虑了剪切变形引起截面的附加转动。其中，考虑剪切变形修正的梁单元模型认为梁的竖向挠度等于弯曲应变引起的竖向挠度及剪切应变引起的竖向挠度的叠加，其中弯曲部分挠度按欧拉梁单元理论采用 2 节点 Hermite 插值，剪切部分挠度采用 2 节点 Lagrange 插值。本章介绍考虑剪切变形修正的平面梁单元的列式推导及编程过程，该类梁单元是目前结构设计软件中常用的梁单元，如 SAP2000、ETABS、midas Gen 中的梁单元均为该类单元，另外部分通用有限元软件也提供了该类梁单元，如 ANSYS 中的 BEAM3/4/23/24 单元。

4.2 基本列式

4.2.1 基本方程

（1）几何方程

如图 4.2-1 所示，在经典梁单元理论基础上考虑剪切变形影响时，梁的挠度 w 可表示为弯曲变形引起的挠度 w_b 与剪切变形引起的挠度 w_s 之和，即

$$w = w_b + w_s \tag{4.2-1}$$

两边取微分可得

$$dw = dw_b + dw_s = \theta dx + \gamma dx \tag{4.2-2}$$

则有：
$$\theta = \frac{\mathrm{d}w}{\mathrm{d}x} - \gamma \tag{4.2-3}$$

其中θ为截面转角，γ为截面剪应变。

从而得到几何方程：
$$\begin{cases} \kappa = \dfrac{\mathrm{d}\theta}{\mathrm{d}x} = \dfrac{\mathrm{d}^2 w_\mathrm{b}}{\mathrm{d}x^2} \\ \gamma = -\dfrac{\mathrm{d}w_\mathrm{s}}{\mathrm{d}x} \end{cases} \tag{4.2-4}$$

对比欧拉梁单元的几何方程可以看出，曲率κ不再是挠度w的二阶微分，而只是弯曲产生的挠度的二阶微分，因为剪切变形产生的挠度对曲率无贡献，剪切变形产生的挠度则由剪应变γ来度量。

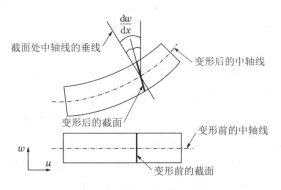

图 4.2-1 考虑剪切的梁单元变形示意

（2）物理方程
$$\begin{cases} M = EI\kappa = EI\dfrac{\mathrm{d}^2 w_\mathrm{b}}{\mathrm{d}x^2} \\ Q = -\dfrac{1}{k}GA\gamma = -\dfrac{1}{k}GA\dfrac{\mathrm{d}w_\mathrm{s}}{\mathrm{d}x} \end{cases} \tag{4.2-5}$$

（3）平衡方程
$$\begin{cases} Q = \dfrac{\mathrm{d}M}{\mathrm{d}x} = EI\dfrac{\mathrm{d}^3 w_\mathrm{b}}{\mathrm{d}x^3} \\ \dfrac{\mathrm{d}Q}{\mathrm{d}x} = EI\dfrac{\mathrm{d}^4 w_\mathrm{b}}{\mathrm{d}x^4} = q(x) \end{cases} \tag{4.2-6}$$

其中E为弹性模量，G为剪切模量，I为截面惯性矩，M为弯矩，Q为截面剪力，q为横向均布力，κ为截面曲率，k为截面剪应力不均匀系数。

考虑剪切修正的梁单元的轴向属性与经典梁单元及杆单元相同，不再赘述。

4.2.2 局部坐标下单元刚度矩阵

（1）节点力向量和节点位移向量

剪切修正梁单元的节点力向量和节点位移向量与欧拉梁单元完全相同。这里为了推导剪切修正梁单元的刚度矩阵，将单元的节点力向量和节点位移向量分别分为弯曲和剪切两部分。如图 4.2-2、图 4.2-3 所示（轴向属性暂未列出）。

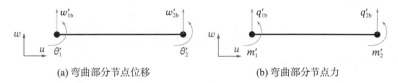

(a) 弯曲部分节点位移　　　　　　　　(b) 弯曲部分节点力

图 4.2-2　局部坐标下梁单元弯曲部分节点位移和节点力

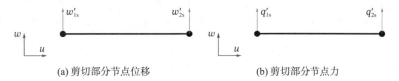

(a) 剪切部分节点位移　　　　　　　　(b) 剪切部分节点力

图 4.2-3　局部坐标下梁单元剪切部分节点位移和节点力

由图 4.2-2 和图 4.2-3 易知，单元弯曲部分节点位移向量和节点力向量分别为$\{a'_b\} = \{w'_{1b}\ \ \theta'_1\ \ w'_{2b}\ \ \theta'_2\}^T$ 和 $\{f'_b\} = \{q'_{1b}\ \ m'_1\ \ q'_{2b}\ \ m'_2\}^T$，单元剪切部分节点位移向量和节点力向量分别为$\{a'_s\} = \{w'_{1s}\ \ w'_{2s}\}^T$ 和 $\{f'_s\} = \{q'_{1s}\ \ q'_{2s}\}^T$。设弯曲部分刚度矩阵为$[k'_b]$，剪切部分刚度矩阵为$[k'_s]$，单元弯曲属性和剪切属性分别满足平衡方程，即

$$\begin{cases} [k'_b]\{a'_b\} = \{f'_b\} \\ [k'_s]\{a'_s\} = \{f'_s\} \end{cases} \tag{4.2-7}$$

（2）梁单元挠度函数

单元弯曲部分产生的挠度采用 2 节点 Hermite 插值，剪切部分产生的挠度采用 2 节点 Lagrange 插值，则有：

$$\begin{cases} w'_b = N_1 w'_{1b} + N_2 \theta'_1 + N_3 w'_{2b} + N_4 \theta'_2 = \{N_b\}\{a'_b\} \\ w'_s = N_5 w'_{1s} + N_6 w'_{2s} = \{N_s\}\{a'_s\} \end{cases} \tag{4.2-8}$$

其中$N_1 \sim N_4$ 为 Hermite 插值多项式，与欧拉梁单元相同；N_5、N_6 为 Lagrange 插值多项式，其表达式分别与桁架单元中的N_1、N_2 相同。

（3）梁单元刚度矩阵

剪切修正梁单元弯曲部分的刚度矩阵$[k'_b]$与欧拉梁单元的刚度矩阵完全相同，不再赘述。剪切部分的刚度矩阵$[k'_s]$推导如下。

由图 4.2-4 可得：

$$\begin{cases} q'_1 = \dfrac{GA}{kL}(w'_{1s} - w'_{2s}) \\ q'_2 = \dfrac{GA}{kL}(w'_{2s} - w'_{1s}) \end{cases} \tag{4.2-9}$$

其中G 为剪切模量，A 为截面实际面积，L 为单元长度，k 为剪应力不均匀系数，与截面形状有关，$A/k = A_s$ 称为有效剪切面积。

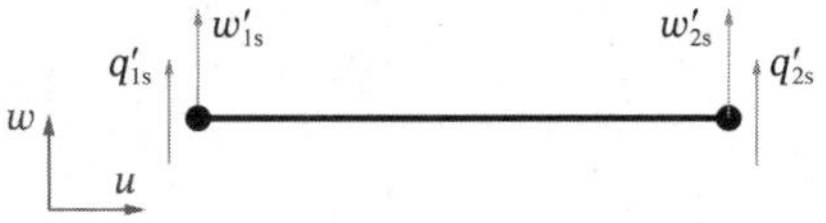

图 4.2-4　单元剪切部分节点位移和节点力示意

上式写成矩阵的形式有

$$\begin{Bmatrix} q'_1 \\ q'_2 \end{Bmatrix} = \frac{GA}{kL} \begin{bmatrix} 1 & -1 \\ -1 & 1 \end{bmatrix} \begin{Bmatrix} w'_{1s} \\ w'_{2s} \end{Bmatrix} \tag{4.2-10}$$

所以剪切部分的刚度矩阵为:

$$[k'_s] = \frac{GA}{kL} \begin{bmatrix} 1 & -1 \\ -1 & 1 \end{bmatrix} \tag{4.2-11}$$

实际上在有限元分析中,梁单元每个节点仅保留两个自由度 w 和 θ,而不是 w_b、w_s 和 θ 三个自由度。为此可在单元层次上利用弯、剪两部分挠度之间的几何关系,消除多余的自由度,具体过程如下(此处变量暂不考虑符号"'"):

①由剪切部分物理方程 $q = -\frac{1}{k}GA\frac{dw_s}{dx}$,两边积分可得

$$q = -\frac{GA}{kL}(w_{2s} - w_{1s}) \tag{4.2-12}$$

②由弯曲部分物理方程 $m = EI\kappa = EI\frac{d^2 w_b}{dx^2}$,将 $w_b = \{N_b\}\{a_b\}$ 带入,进而展开并求导,可得

$$\frac{dm}{dx} = q = \frac{6EI}{L^3}(\theta_1 L + \theta_2 L + 2w_{1b} - 2w_{2b}) \tag{4.2-13}$$

③节点挠度分为弯曲挠度和剪切挠度,则有

$$w_2 - w_1 = (w_{2b} - w_{1b}) + (w_{2s} - w_{1s}) \tag{4.2-14}$$

联合①、②、③中的三个式子,可得

$$\begin{cases} q = -\frac{GA}{kL}(w_{2s} - w_{1s}) \\ q = \frac{dm}{dx} = \frac{6EI}{L^3}(\theta_1 L + \theta_2 L + 2w_{1b} - 2w_{2b}) \\ w_2 - w_1 = (w_{2b} - w_{1b}) + (w_{2s} - w_{1s}) \end{cases} \tag{4.2-15}$$

联立三式消去 w_{1b}、w_{1s}、w_{2b}、w_{2s},可得

$$\begin{cases} q_1 = \frac{EI}{(1+b)L^3}[12(w_1 - w_2) + 6L(\theta_1 + \theta_2)] \\ m_1 = \frac{EI}{(1+b)L^3}[6L(w_1 - w_2) + (4+b)L^2\theta_1 + (2-b)L^2\theta_2] \\ q_2 = \frac{EI}{(1+b)L^3}[-12(w_1 - w_2) - 6L(\theta_1 + \theta_2)] \\ m_2 = \frac{EI}{(1+b)L^3}[6L(w_1 - w_2) + (2-b)L^2\theta_1 + (4+b)L^2\theta_2] \end{cases} \tag{4.2-16}$$

其中 $b = \frac{12EIk}{GAL^2}$。

上式写成矩阵形式:

$$\begin{Bmatrix} q_1 \\ m_1 \\ q_2 \\ m_2 \end{Bmatrix} = \frac{EI}{(1+b)L^3} \begin{bmatrix} 12 & 6L & -12 & 6L \\ 6L & (4+b)L^2 & -6L & (2-b)L^2 \\ -12 & -6L & 12 & -6L \\ 6L & (2-b)L^2 & -6L & (4+b)L^2 \end{bmatrix} \begin{Bmatrix} w_1 \\ \theta_1 \\ w_2 \\ \theta_2 \end{Bmatrix} \tag{4.2-17}$$

亦即

$$\{f'\} = [k']\{a'\} \tag{4.2-18}$$

考虑单元的轴向属性,可得完整的剪切修正梁单元局部坐标下的刚度矩阵:

$$[k']^e = \begin{bmatrix} \dfrac{EA}{L} & 0 & 0 & -\dfrac{EA}{L} & 0 & 0 \\ 0 & \dfrac{12EI}{(1+b)L^3} & \dfrac{6EI}{(1+b)L^2} & 0 & -\dfrac{12EI}{(1+b)L^3} & \dfrac{6EI}{(1+b)L^2} \\ 0 & \dfrac{6EI}{(1+b)L^2} & \dfrac{(4+b)EI}{(1+b)L} & 0 & -\dfrac{6EI}{(1+b)L^2} & \dfrac{(2-b)EI}{(1+b)L} \\ -\dfrac{EA}{L} & 0 & 0 & \dfrac{EA}{L} & 0 & 0 \\ 0 & -\dfrac{12EI}{(1+b)L^3} & -\dfrac{6EI}{(1+b)L^2} & 0 & \dfrac{12EI}{(1+b)L^3} & -\dfrac{6EI}{(1+b)L^2} \\ 0 & \dfrac{6EI}{(1+b)L^2} & \dfrac{(2-b)EI}{(1+b)L} & 0 & -\dfrac{6EI}{(1+b)L^2} & \dfrac{(4+b)EI}{(1+b)L} \end{bmatrix} \qquad (4.2\text{-}19)$$

整理为单元方程：

$$\{f'\}^e = [k']^e \{a'\}^e \qquad (4.2\text{-}20)$$

剪切修正梁单元整体坐标下单元刚度矩阵与局部坐标下单元刚度矩阵的转换关系和欧拉梁单元相同，此处不再赘述。

4.3 问题描述

图 4.3-1 是本章的算例结构，是一榀平面框架结构，结构几何信息如图所示。节点 1、5 处为固定支座，节点 4 处受到 $+x$ 方向 $P = 200\text{kN}$ 的集中力作用。结构中各杆件采用相同的材料，弹性模量 $E = 30000\text{MPa}$，梁、柱截面面积分别为 0.08m^2 和 0.16m^2，梁、柱截面惯性矩分别为 $0.0128/12\text{m}^4$ 和 $0.0256/12\text{m}^4$，梁、柱抗剪面积（由 A/k 得到，对于矩形截面 $k = 1.2$）分别为 0.0667m^2 和 0.1333m^2，材料泊松比为 0.2。下面将给出采用剪切修正梁单元对该框架结构进行弹性静力分析的 Python 编程过程。

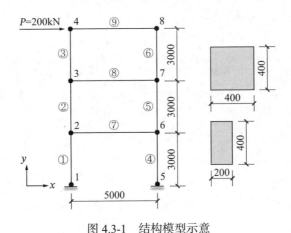

图 4.3-1 结构模型示意

4.4 Python 代码与注释

对上述结构进行分析的 Python 代码如下：

```python
# 2D 剪切修正梁单元:二维框架结构
# Website : www.jdcui.com
# 导入 numpy 库、matplotlib.pyplot 库
import numpy as np
import matplotlib.pyplot as plt

# 一、信息输入
# 定义构件材料、截面属性
Elist = np.array([3.000E+07, 3.000E+07])
Alist = np.array([0.08, 0.16])
IList = np.array([0.0128 / 12, 0.0256 / 12])
Vlist = np.array([0.2, 0.2])
ShearAlist = np.array([0.0667, 0.1333])
# 定义单元节点坐标数组及单元节点编号
NodeCoord = np.array([[0, 0], [0, 3], [0, 6], [0, 9], [5, 0], [5, 3], [5, 6], [5, 9]])
EleNode = np.array([[1, 2], [2, 3], [3, 4], [5, 6], [6, 7], [7, 8], [2, 6], [3, 7], [4, 8]])
# 定义储存单元截面编号
EleSect = np.array([2, 2, 2, 2, 2, 2, 1, 1, 1])
# 获取单元数量和单元节点数量
numEle = EleNode.shape[0]
numNode = NodeCoord.shape[0]
# 定义受约束自由度数组
ConstrainedDof = np.array([1, 2, 3, 13, 14, 15])
# 节点坐标值 (x, y) 列向量
xx = NodeCoord[:, 0]
yy = NodeCoord[:, 1]
# 获取总自由度数量
numDOF = numNode * 3
# 定义整体位移向量
displacement = np.zeros((1, numDOF))
# 定义荷载列向量
force = np.zeros((1, numDOF))
force[0][(10 - 1)] = 200

# 二、计算分析
# 定义总体刚度矩阵
stiffness_sum = np.zeros((numDOF, numDOF))   # 创建一个大小为 numDOF × numDOF 的全零数组,用于存储整体
                                              #   刚度矩阵
# 遍历单元,求解单元刚度矩阵数组
for i in range(numEle):
    noindex = EleNode[i]                      # 获取第 i 个单元的节点索引
    deltax = xx[noindex[1] - 1] - xx[noindex[0] - 1]   # 计算第 i 个单元在横向上的坐标差
    deltay = yy[noindex[1] - 1] - yy[noindex[0] - 1]   # 计算第 i 个单元在纵向上的坐标差
    L = np.sqrt(deltax * deltax + deltay * deltay)     # 计算第 i 个单元的长度 L
    C = deltax / L                            # 计算角度的余弦值 C
    S = deltay / L                            # 计算角度的正弦值 S
    K = np.array([[C, S, 0, 0, 0, 0],         # 创建一个大小为 6×6 的转换坐标矩阵 K,用于将局部坐标下的
                  [-S, C, 0, 0, 0, 0],        #   刚度矩阵转换为整体坐标下
                  [0, 0, 1, 0, 0, 0],
                  [0, 0, 0, C, S, 0],
                  [0, 0, 0, -S, C, 0],
                  [0, 0, 0, 0, 0, 1]])
    # 获取第 i 个单元的材料特性,包括弹性模量 E、横向截面面积 A、惯性矩 I 和剪切模量 G
    E = Elist[EleSect[i] - 1]
    A = Alist[EleSect[i] - 1]
    I = IList[EleSect[i] - 1]
    G = E * 0.5 / (1 + Vlist[EleSect[i] - 1])
    # 计算刚度系数变量
    b = 12.0 * E * I / (G * ShearAlist[EleSect[i] - 1] * L * L)
    EAL = E * A / L
    EIL1 = E * I / L
```

```python
    EIL2 = 6.0 * E * I / ((L * L) * (1 + b))
    EIL3 = 12.0 * E * I / ((L * L * L) * (1 + b))
    # 创建大小为 6×6 的局部坐标下单元刚度矩阵 eleK_0
    eleK_0 = np.array([[EAL, 0, 0, -EAL, 0, 0],
                       [0, EIL3, EIL2, 0, -EIL3, EIL2],
                       [0, EIL2, (4 + b) * EIL1 / (1 + b), 0, -EIL2, (2 - b) * EIL1 / (1 + b)],
                       [-EAL, 0, 0, EAL, 0, 0],
                       [0, -EIL3, -EIL2, 0, EIL3, -EIL2],
                       [0, EIL2, (2 - b) * EIL1 / (1 + b), 0, -EIL2, (4 + b) * EIL1 / (1 + b)]])
    # 将局部坐标下单元刚度矩阵转换为整体坐标下单元刚度矩阵
    eleK = np.mat(K).T * np.mat(eleK_0) * np.mat(K)
    eleK = np.array(eleK)
    # 根据单元节点编号，确定单元自由度
    eleDof = np.array(
        [noindex[0] * 3 - 3, noindex[0] * 3 - 2, noindex[0] * 3 - 1, noindex[1] * 3 - 3, noindex[1] * 3 - 2,
         noindex[1] * 3 - 1])
    # 将单元刚度矩阵组装到整体刚度矩阵
    for i in range(6):
        for j in range(6):
            stiffness_sum[int(eleDof[i]), int(eleDof[j])] = stiffness_sum[int(eleDof[i]), int(eleDof[j])] + eleK[i][j]
# 根据给定的约束条件，删除指定被约束自由度对应的行和列，将整体刚度矩阵进行简化处理
stiffness_sum_sim = np.delete(stiffness_sum, ConstrainedDof - 1, 0)
stiffness_sum_sim = np.delete(stiffness_sum_sim, ConstrainedDof - 1, 1)

# 解方程，求位移
activeDof = np.delete((np.arange(numDOF) + 1), ConstrainedDof - 1)
displacement[0][activeDof - 1] = np.array(np.mat(stiffness_sum_sim).I * np.mat(force[0][activeDof - 1]).T).T
# 按节点编号输出两个方向的节点位移分量，格式：节点号，位移1，位移2，位移3
Nodeindex = (np.arange(0, numNode) + 1).reshape(numNode, 1)
tempdisp = np.hstack((Nodeindex, displacement.reshape(numNode, 3)))

# 计算支座反力
reation = np.zeros((len(ConstrainedDof), 1))
for i in range(len(ConstrainedDof)):
    reation[i] = np.mat(stiffness_sum[(ConstrainedDof[i] - 1)]) * np.mat(displacement).T

# 计算杆端内力
for i in range(numEle):
    stiffness_sl = np.zeros((numDOF, numDOF))
    noindex = EleNode[i]
    deltax = xx[noindex[1] - 1] - xx[noindex[0] - 1]
    deltay = yy[noindex[1] - 1] - yy[noindex[0] - 1]
    L = np.sqrt(deltax * deltax + deltay * deltay)
    C = deltax / L
    S = deltay / L
    K = np.array([[C, S, 0, 0, 0, 0],
                  [-S, C, 0, 0, 0, 0],
                  [0, 0, 1, 0, 0, 0],
                  [0, 0, 0, C, S, 0],
                  [0, 0, 0, -S, C, 0],
                  [0, 0, 0, 0, 0, 1]])
    E = Elist[EleSect[i] - 1]
    A = Alist[EleSect[i] - 1]
    I = IList[EleSect[i] - 1]
    G = E * 0.5 / (1 + Vlist[EleSect[i] - 1])
    b = 12.0 * E * I / (G * ShearAlist[EleSect[i] - 1] * L * L)
    EAL = E * A / L
    EIL1 = E * I / L
    EIL2 = 6.0 * E * I / ((L * L) * (1 + b))
    EIL3 = 12.0 * E * I / ((L * L * L) * (1 + b))
    eleK_0 = np.array([[EAL, 0, 0, -EAL, 0, 0],
```

```python
                        [0, EIL3, EIL2, 0, -EIL3, EIL2],
                        [0, EIL2, (4 + b) * EIL1 / (1 + b), 0, -EIL2, (2 - b) * EIL1 / (1 + b)],
                        [-EAL, 0, 0, EAL, 0, 0],
                        [0, -EIL3, -EIL2, 0, EIL3, -EIL2],
                        [0, EIL2, (2 - b) * EIL1 / (1 + b), 0, -EIL2, (4 + b) * EIL1 / (1 + b)]])
    eleDof = np.array([noindex[0] * 3 - 3, noindex[0] * 3 - 2, noindex[0] * 3 - 1, noindex[1] * 3 - 3, noindex[1] * 3 - 2,  noindex[1] * 3 - 1])
    ue = np.mat(displacement[0][eleDof]).T
    uep = K * ue
    fp = eleK_0 * uep

# 三、计算用于绘图相关参数
# 计算各单元最大长度 maxlen
maxlen = -1
for i in range(numEle):
    noindex = EleNode[i]
    deltax = xx[noindex[1] - 1] - xx[noindex[0] - 1]
    deltay = yy[noindex[1] - 1] - yy[noindex[0] - 1]
    L = np.sqrt(deltax * deltax + deltay * deltay)
    if L > maxlen:
        maxlen = L

# 计算节点最大绝对位移
maxabsDisp = 0
for i in range(numNode):
    indexU = 3 * (i + 1) - 2
    indexV = 3 * (i + 1) - 1
    dispU = displacement[0][indexU - 1]
    dispV = displacement[0][indexV - 1]
    Disp = np.sqrt(dispU * dispU + dispV * dispV)
    if Disp > maxabsDisp:
        maxabsDisp = Disp

# 计算变形图变形放大系数
scalefactor = 0.2
factor = 0.1
if maxabsDisp > 1e-30:
    factor = scalefactor * maxlen / maxabsDisp

# 四、绘制图形
fig = plt.figure(figsize=(6, 12))
# 遍历单元，绘制变形前结构形状
for i in range(numEle):
    noindex = EleNode[i]
    x = xx[noindex[:] - 1]
    y = yy[noindex[:] - 1]
    line1 = plt.plot(x, y, label='Undeformed Shape', color='grey', linestyle='--')
# 定义变形后节点坐标值（x，y）列向量
xx_Deformed = np.empty_like(xx)
yy_Deformed = np.empty_like(yy)

# 遍历单元，绘制变形后结构形状
for i in range(numEle):
    noindex = EleNode[i]
    indexU = 3 * noindex[:] - 2
    indexV = 3 * noindex[:] - 1
    dispU = displacement[0][indexU - 1]
    dispV = displacement[0][indexV - 1]
    xxDeformed = xx[noindex[:] - 1] + dispU * factor
    yyDeformed = yy[noindex[:] - 1] + dispV * factor
    xx_Deformed[noindex - 1] = xxDeformed
    yy_Deformed[noindex - 1] = yyDeformed
```

```python
        middlex = 0.5 * (xxDeformed[1] + xxDeformed[0])
        middley = 0.5 * (yyDeformed[1] + yyDeformed[0])
        plt.text(middlex + 0.1, middley + 0.1, i + 1, color='blue', ha='center', va='center')
        line2 = plt.plot(xxDeformed, yyDeformed, label='Deformed Shape', color='black', mfc='w', )

# 标注单元节点编号
for i in range(numNode):
    plt.text(xx[i] + 0.1, yy[i] + 0.1, i + 1, color='r', ha='center', va='center')

# 设置坐标格式,使得图形以适合的比例进行显示
max_xx = max(max(xx), max(xx_Deformed))
max_yy = max(max(yy), max(yy_Deformed))
min_xx = min(min(xx), min(xx_Deformed))
min_yy = min(min(yy), min(yy_Deformed))
minx = -0.2 * (max_xx - min_xx) + min_xx
maxx = 0.2 * (max_xx - min_xx) + max_xx
miny = -0.2 * (max_yy - min_yy) + min_yy
maxy = 0.2 * (max_yy - min_yy) + max_yy
plt.xlim(minx, maxx + 1)
plt.ylim(miny, maxy)
plt.xticks(range(0, 7, 2))
plt.xlabel('X')
plt.ylabel('Y')

# 去掉重复标签
from collections import OrderedDict
handles, labels = plt.gca().get_legend_handles_labels()
by_label = OrderedDict(zip(labels, handles))
plt.legend(by_label.values(), by_label.keys())
plt.show()
```

代码运行结果见图 4.4-1。

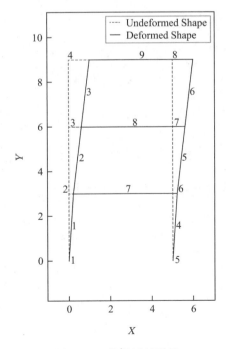

图 4.4-1　代码运行结果

4.5 小结

本章介绍了小变形弹性 2D 剪切修正梁单元的基本列式，并通过编制 Python 有限元程序，介绍了采用 2D 剪切修正梁单元进行有限元求解的一般过程。

第 5 章

2D Timoshenko 梁单元

5.1 Timoshenko 梁单元介绍

Timoshenko 梁单元是另外一种能够考虑剪切变形影响的梁单元，该类型单元的基本特点是将梁的挠度和截面转角分别进行插值。Timoshenko 梁单元应用广泛，其概念也容易推广到板壳单元中。目前大多数通用有限元软件均包含该类单元，如 ABAQUS 中的 B21、B31、B22 及 B23 梁单元，ANSYS 中的 BEAM188/189 梁单元。

本章介绍线性插值的平面 Timoshenko 梁单元的列式推导及编程过程，该单元的基本特点是对梁的挠度 w 和转角 θ 分别采用线性函数（2 节点拉格朗日插值）进行独立插值，分别求得单元弯曲部分及剪切部分的刚度矩阵，然后进行叠加求得弯剪部分的总刚度矩阵。ABAQUS 中的 B21 及 B31 单元也是线性插值的 Timoshenko 梁单元。

5.2 基本列式

5.2.1 基本方程

（1）几何方程

与剪切修正梁单元相同，在 Timoshenko 梁单元中，长度为 dx 的梁的挠度 dw 可表示为弯曲变形引起的挠度与剪切变形引起的挠度之和，即

$$dw = \theta dx + \gamma dx \tag{5.2-1}$$

则有：

$$\frac{dw}{dx} = \theta + \gamma \tag{5.2-2}$$

其中 θ 为截面转角，γ 为截面剪应变。

从而得到几何方程：

$$\begin{cases} \kappa = \dfrac{d\theta}{dx} \\ \gamma = \dfrac{dw}{dx} - \theta \end{cases} \tag{5.2-3}$$

对比欧拉梁单元、剪切梁单元可以看出，Timoshenko 梁单元的曲率 κ 不是总挠度 w 或弯曲产生的挠度 w_b 的二阶微分，而是转角 θ 的一阶微分。

(2) 物理方程

$$\begin{cases} M = EI\kappa = EI\dfrac{\mathrm{d}\theta}{\mathrm{d}x} \\ Q = -\dfrac{1}{k}GA\gamma = -\dfrac{1}{k}GA\left(\dfrac{\mathrm{d}w}{\mathrm{d}x} - \theta\right) \end{cases} \tag{5.2-4}$$

(3) 平衡方程

$$\begin{cases} Q = \dfrac{\mathrm{d}M}{\mathrm{d}x} = EI\dfrac{\mathrm{d}^2\theta}{\mathrm{d}x^2} \\ \dfrac{\mathrm{d}Q}{\mathrm{d}x} = EI\dfrac{\mathrm{d}^3\theta}{\mathrm{d}x^3} = q(x) \end{cases} \tag{5.2-5}$$

其中 E 为弹性模量，G 为剪切模量，I 为截面惯性矩，M 为弯矩，Q 为截面剪力，q 为横向均布力，κ 为截面曲率，k 为截面剪应力不均匀系数。

Timoshenko 梁单元的轴向属性与经典梁单元及桁架单元相同，不再赘述。

5.2.2 局部坐标下单元刚度矩阵

(1) 节点力向量和节点位移向量

图 5.2-1 所示为局部坐标下 Timoshenko 梁单元节点位移和节点力。由图易知，单元节点位移向量和节点力向量分别为 $\{f'\} = \{q_1'\ \ m_1'\ \ q_2'\ \ m_2'\}^\mathrm{T}$ 和 $\{a'\} = \{w_1'\ \ \theta_1'\ \ w_2'\ \ \theta_2'\}^\mathrm{T}$。

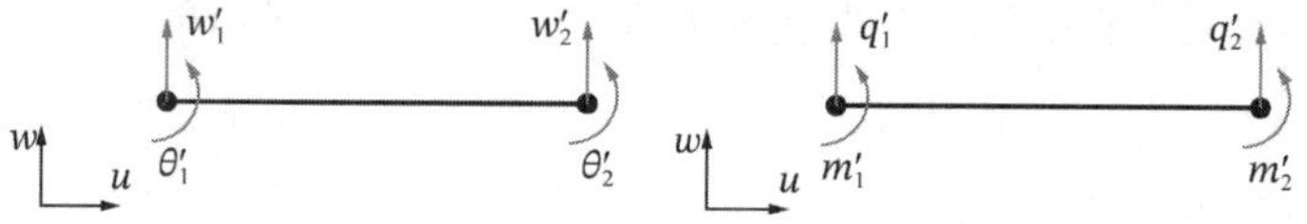

图 5.2-1 局部坐标下 Timoshenko 梁单元节点位移和节点力

(2) 梁单元挠度函数

Timoshenko 梁单元对挠度和转角分别插值，即单元中任一点的挠度/转角只与单元节点挠度/转角有关。以 2 节点 Timoshenko 梁单元为例，挠度 w 和转角 θ 均采用 2 节点 Lagrange 线性公式独立插值，即

$$\begin{Bmatrix} w'(\xi) \\ \theta'(\xi) \end{Bmatrix} = [N]\{a'\} = \begin{bmatrix} N_1 & 0 & N_2 & 0 \\ 0 & N_1 & 0 & N_2 \end{bmatrix} \begin{Bmatrix} w_1' \\ \theta_1' \\ w_2' \\ \theta_2' \end{Bmatrix} = \begin{Bmatrix} \sum_{i=1}^{2} N_i w_i' \\ \sum_{i=1}^{2} N_i \theta_i' \end{Bmatrix} \tag{5.2-6}$$

则有插值函数 $[N] = \begin{bmatrix} N_1 & 0 & N_2 & 0 \\ 0 & N_1 & 0 & N_2 \end{bmatrix}$，位移变量 $\{a'\} = [w_1'\ \ \theta_1'\ \ w_2'\ \ \theta_2']^\mathrm{T}$。

其中，$N_1 = \dfrac{1}{2}(1-\xi)$，$N_2 = \dfrac{1}{2}(1+\xi)$，$\xi = \dfrac{2(x-x_0)}{L}$，$x_0 = \dfrac{x_1+x_2}{2}$，$-1 \leqslant \xi \leqslant 1$。

(3) 梁单元刚度矩阵

由于 Timoshenko 梁单元的挠度和转角分别插值，因此可将 Timoshenko 梁单元弯曲部分与剪切部分的刚度矩阵分别计算，且能将二者"对号入座"后直接相加。

首先推导弯曲部分的刚度矩阵。

由弯曲应变能 $U_b^e = \frac{1}{2}\int_L M\kappa \, dx$,即

$$\begin{aligned}
U_b^e &= \frac{1}{2}\int_0^L EI\kappa \cdot \kappa \cdot dx \\
&= \frac{1}{2}\int_0^L EI \cdot \left(\frac{d\theta}{dx}\right) \cdot \left(\frac{d\theta}{dx}\right) dx \\
&= \frac{1}{2}\int_0^L EI \left(\frac{d\{N_b\}}{dx}\{a_b'\}\right)^T \left(\frac{d\{N_b\}}{dx}\{a_b'\}\right) dx \\
&= \frac{1}{2}\{a_b'\}^T \left(\int_0^L EI \left(\frac{d\{N_b\}}{dx}\right)^T \left(\frac{d\{N_b\}}{dx}\right) dx\right) \{a_b'\}
\end{aligned} \tag{5.2-7}$$

式中 $\{N_b\} = \{N_1 \quad N_2\}$。

由最小势能原理(参考第 1 章的 1.2.3.4 节)可得弯曲部分的刚度矩阵:

$$[k_b'] = \int_0^L EI \left(\frac{d\{N_b\}}{dx}\right)^T \left(\frac{d\{N_b\}}{dx}\right) dx = \frac{EI}{L}\begin{bmatrix} 1 & -1 \\ -1 & 1 \end{bmatrix} \tag{5.2-8}$$

式中 E 为材料弹性模量,I 为单元截面惯性矩,L 为单元长度。$[k_b']$ 对应的节点位移向量为 $\{\theta_1' \quad \theta_2'\}^T$,节点力向量为 $\{m_{1b}' \quad m_{2b}'\}^T$,即有

$$\begin{Bmatrix} m_{1b}' \\ m_{2b}' \end{Bmatrix} = \frac{EI}{L}\begin{bmatrix} 1 & -1 \\ -1 & 1 \end{bmatrix}\begin{Bmatrix} \theta_1' \\ \theta_2' \end{Bmatrix} \tag{5.2-9}$$

剪切部分的刚度矩阵推导:

由剪切应变能 $U_s^e = \frac{1}{2}\int_L Q\gamma \, d\gamma$,即

$$\begin{aligned}
\int_0^L \frac{1}{2}\frac{GA}{k}\gamma^2 dx &= \frac{1}{2}\int_0^L \frac{GA}{k}\left(\frac{dw}{dx} - \theta\right)^2 dx \\
&= \frac{1}{2}\int_0^L \frac{GA}{k}\left(\frac{d(\{N_s\}\{a_s'\})}{dx} - \{N_s\}\{a_s'\}\right)^T \left(\frac{d(\{N_s\}\{a_s'\})}{dx} - \{N_s\}\{a_s'\}\right) dx \\
&= \frac{1}{2}\{a_s'\}^T \left(\int_0^L \frac{GA}{k}\left(\frac{d\{N_s\}}{dx} - \{N_s\}\right)^T \left(\frac{d\{N_s\}}{dx} - \{N_s\}\right) dx\right) \{a_s'\}
\end{aligned} \tag{5.2-10}$$

式中 $\{N_s\} = \{N_1 \quad N_2\}$。

根据最小势能原理,可得剪切部分的刚度矩阵:

$$\begin{aligned}
[k_s'] &= \int_0^L \frac{GA}{k}\left(\frac{d\{N_s\}}{dx} - \{N_s\}\right)^T \left(\frac{d\{N_s\}}{dx} - \{N_s\}\right) dx \\
&= \frac{GA}{kL}\begin{bmatrix} 1 & \frac{L}{2} & -1 & \frac{L}{2} \\ \frac{L}{2} & \frac{L^2}{3} & -\frac{L}{2} & \frac{L^2}{6} \\ -1 & -\frac{L}{2} & 1 & -\frac{L}{2} \\ \frac{L}{2} & \frac{L^2}{6} & -\frac{L}{2} & \frac{L^2}{3} \end{bmatrix}
\end{aligned} \tag{5.2-11}$$

式中 G 为材料剪切模量,A 为杆件截面面积,L 为杆件长度,k 为剪应力不均匀系数。$[k_s']$

对应的节点位移向量为$\{w_1' \quad \theta_1' \quad w_2' \quad \theta_2'\}^T$，节点力向量为$\{q_1' \quad m_{1s}' \quad q_2' \quad m_{2s}'\}^T$，即有

$$\begin{Bmatrix} q_1' \\ m_{1s}' \\ q_2' \\ m_{2s}' \end{Bmatrix} = \frac{GA}{kL} \begin{bmatrix} 1 & \frac{L}{2} & -1 & \frac{L}{2} \\ \frac{L}{2} & \frac{L^2}{3} & -\frac{L}{2} & \frac{L^2}{6} \\ -1 & -\frac{L}{2} & 1 & -\frac{L}{2} \\ \frac{L}{2} & \frac{L^2}{6} & -\frac{L}{2} & \frac{L^2}{3} \end{bmatrix} \begin{Bmatrix} w_1' \\ \theta_1' \\ w_2' \\ \theta_2' \end{Bmatrix} \tag{5.2-12}$$

将弯曲部分刚度矩阵和剪切部分刚度矩阵按"对号入座"的方式叠加，并考虑单元轴向属性，得到完整的 Timoshenko 梁单元刚度矩阵$[k']^e$为：

$$[k']^e = [k_u']^e + [k_b']^e + [k_s']^e$$

$$= \frac{EA}{L} \begin{bmatrix} 1 & 0 & 0 & -1 & 0 & 0 \\ 0 & 0 & 0 & 0 & 0 & 0 \\ 0 & 0 & 0 & 0 & 0 & 0 \\ -1 & 0 & 0 & 1 & 0 & 0 \\ 0 & 0 & 0 & 0 & 0 & 0 \\ 0 & 0 & 0 & 0 & 0 & 0 \end{bmatrix} + \frac{EI}{L} \begin{bmatrix} 0 & 0 & 0 & 0 & 0 & 0 \\ 0 & 0 & 0 & 0 & 0 & 0 \\ 0 & 0 & 1 & 0 & 0 & -1 \\ 0 & 0 & 0 & 0 & 0 & 0 \\ 0 & 0 & 0 & 0 & 0 & 0 \\ 0 & 0 & 1 & 0 & 0 & -1 \end{bmatrix} +$$

$$\frac{GA}{kL} \begin{bmatrix} 0 & 0 & 0 & 0 & 0 & 0 \\ 0 & 1 & \frac{L}{2} & 0 & -1 & \frac{L}{2} \\ 0 & \frac{L}{2} & \frac{L^2}{3} & 0 & -\frac{L}{2} & \frac{L^2}{6} \\ 0 & 0 & 0 & 0 & 0 & 0 \\ 0 & -1 & -\frac{L}{2} & 0 & 1 & -\frac{L}{2} \\ 0 & \frac{L}{2} & \frac{L^2}{6} & 0 & -\frac{L}{2} & \frac{L^2}{3} \end{bmatrix} \tag{5.2-13}$$

Timoshenko 梁单元整体坐标下单元刚度矩阵与局部坐标下单元刚度矩阵的转换关系和欧拉梁单元、剪切修正梁单元相同，节点力、节点位移的转换方法也相同，此处不再赘述。

5.3 问题描述

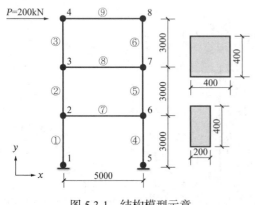

图 5.3-1 结构模型示意

图 5.3-1 是本章的算例结构，是一榀平面框架结构，结构几何信息如图所示。构件节点 1、5 处为固定，节点 4 处受到+x方向$P = 200$kN 的集中力作用。结构中各杆件采用相同的材料，弹性模量$E = 30000$MPa，梁、柱截面面积分别为 0.08m² 和 0.16m²，梁、柱截面惯性矩分别为 0.0128/12m⁴ 和 0.0256/12m⁴，材料泊松比为 0.2。下面将给出采用 2 节点线性 Timoshenko 梁单元对该框架结构进行弹性静力分析的 Python 编程过程。

5.4 Python 代码与注释

对上述结构进行分析的 Python 代码如下：

```python
# 2D 欧拉梁单元:二维框架结构
# Website : www.jdcui.com
# 导入 numpy 库、matplotlib.pyplot 库
import numpy as np
import matplotlib.pyplot as plt
# 一、输入信息
# 定义构件材料、截面属性
Elist = np.array([3.000E+07, 3.000E+07])      # 弹性模量数组
VList = np.array([0.2, 0.2])                   # 泊松比数组
Alist = np.array([0.08, 0.16])                 # 截面面积数组
IList = np.array([0.0128/12, 0.0256/12])       # 惯性矩数组
# 定义各单元的节点坐标及各单元的节点编号
# ①节点坐标
NodeCoord = np.array([[0, 6], [5, 6], [5, 3], [0, 3], [0, 0], [5, 9], [5, 0], [0, 9], [1, 6], [2, 6], [3, 6], [4, 6],
                      [5, 4], [5, 5], [1, 3], [2, 3], [3, 3], [4, 3], [0, 1], [0, 2], [0, 4], [0, 5], [5, 7], [5, 8],
                      [5, 1], [5, 2], [0, 7], [0, 8], [1, 9], [2, 9], [3, 9], [4, 9]])
# ②单元的节点
EleNode = np.array([[1, 9], [9, 10], [10, 11], [11, 12], [12, 2], [3, 13], [13, 14], [14, 2], [4, 15], [15, 16], [16, 17],
                    [17, 18], [18, 3], [5, 19], [19, 20], [20, 4], [4, 21], [21, 22], [22, 1], [2, 23], [23, 24], [24, 6],
                    [7, 25], [25, 26], [26, 3], [1, 27], [27, 28], [28, 8], [8, 29], [29, 30], [30, 31], [31, 32], [32, 6]])
numEle = EleNode.shape[0]
# ③单元属性
Elset1 = np.array([1, 2, 3, 4, 5, 9, 10, 11, 12, 13, 29, 30, 31, 32, 33])       # 梁单元编号列表
Elset2 = np.array([6, 7, 8, 14, 15, 16, 17, 18, 19, 20, 21, 22, 23, 24, 25, 26, 27, 28])  # 柱单元编号列表
# 定义各单元截面编号
EleSect = np.zeros((numEle, 1))
for i in range(numEle):
    for j in range(Elset1.shape[0]):
        if Elset1[j] == i + 1:
            EleSect[i] = 1
            break
    for m in range(Elset2.shape[0]):
        if Elset2[m] == i + 1:
            EleSect[i] = 2
            break

# 获取单元数量和单元节点数量
numEle = EleNode.shape[0]
numNode = NodeCoord.shape[0]
# 定义被约束的自由度
ConstrainedDof = np.array([13, 14, 15, 19, 20, 21])
# 节点坐标值 (x, y) 向量
xx = NodeCoord[:, 0]
yy = NodeCoord[:, 1]
# 获取总自由度数量
numDOF = numNode*3
# 定义整体位移向量
displacement = np.zeros((1, numDOF))
# 定义荷载向量
force = np.zeros((1, numDOF))
force[0][21] = 200    # 第 22 个自由度施加 200kN 的荷载

# 二、计算分析
# 定义总体刚度矩阵
```

```python
        stiffness_sum = np.zeros((numDOF, numDOF))        # 创建一个大小为 numDOF × numDOF 的全零数组，用于存
                                                          #   储整体刚度矩阵
        # 遍历单元，求解单元刚度矩阵
        for i in range(numEle):
            noindex = EleNode[i]                          # 获取第 i 个单元的节点索引
            deltax = xx[noindex[1]-1]-xx[noindex[0]-1]    # 计算第 i 个单元在横向上的坐标差
            deltay = yy[noindex[1]-1]-yy[noindex[0]-1]    # 计算第 i 个单元在纵向上的坐标差
            L = np.sqrt(deltax*deltax+deltay*deltay)      # 计算第 i 个单元的长度 L
            C = deltax/L                                  # 计算角度的余弦值 C
            S = deltay/L                                  # 计算角度的正弦值 S
            K = np.array([[C, S, 0, 0, 0, 0],             # 创建一个大小为 6×6 的转换坐标矩阵 K，用于将局部坐标下的刚度
                          [-S, C, 0, 0, 0, 0],            #   矩阵转换为整体坐标下
                          [0, 0, 1, 0, 0, 0],
                          [0, 0, 0, C, S, 0],
                          [0, 0, 0, -S, C, 0],
                          [0, 0, 0, 0, 0, 1]])
            # 获取第 i 个单元的材料特性，包括弹性模量 E、横向截面面积 A、惯性矩 I 和剪切模量 G
            E = Elist[int(EleSect[i])-1]
            A = Alist[int(EleSect[i])-1]
            I = IList[int(EleSect[i])-1]
            G = E * 0.5 / (1 + VList[int(EleSect[i])-1])
            # 计算抗弯刚度、剪切刚度、抗拉刚度等参数
            k = 0.85    # 剪应力不均匀系数
            ka3 = k * G * A / L
            fpa = 1 / (1 + 1.0 * 0.25 * np.power(L, 2) * A / 12 / I)
            KA3 = fpa * ka3
            EI = E * I
            GA = G * A
            EA = E * A
            # 创建大小为 6×6 的弯曲部分的单元刚度矩阵 eleKb
            eleKb = np.array([[0, 0, 0, 0, 0, 0],
                              [0, 0, 0, 0, 0, 0],
                              [0, 0, EI/L, 0, 0, -EI/L],
                              [0, 0, 0, 0, 0, 0],
                              [0, 0, 0, 0, 0, 0],
                              [0, 0, -EI/L, 0, 0, EI/L]])
            # 创建大小为 6×6 的剪切部分的单元刚度矩阵 ks
            ks = np.array([[0, 0, 0, 0, 0, 0],
                           [0, 1, L/2, 0, -1, L/2],
                           [0, L/2, L*L/4, 0, -L/2, L*L/4],
                           [0, 0, 0, 0, 0, 0],
                           [0, -1, -L/2, 0, 1, -L/2],
                           [0, L/2, L*L/4, 0, -L/2, L*L/4]])
            eleKs = KA3 * ks    # 计算剪切部分的单元刚度矩阵 eleKs
            # 创建大小为 6×6 的轴向部分的单元刚度矩阵 eleKtc
            eleKtc = np.array([[EA/L, 0, 0, -EA/L, 0, 0],
                               [0, 0, 0, 0, 0, 0],
                               [0, 0, 0, 0, 0, 0],
                               [-EA/L, 0, 0, EA/L, 0, 0],
                               [0, 0, 0, 0, 0, 0],
                               [0, 0, 0, 0, 0, 0]])
            # 将弯曲部分、剪切部分和轴向部分的单元刚度矩阵相加得到整体刚度矩阵 eleK_0
            eleK_0 = eleKb + eleKs + eleKtc
            # 将局部坐标下单元刚度矩阵转换为整体坐标下单元刚度矩阵
            eleK = (np.mat(K).T)*np.mat(eleK_0)*np.mat(K)
            eleK = np.array(eleK)
            # 根据单元节点编号，确定单元自由度
            eleDof = np.array([noindex[0]*3-3, noindex[0]*3-2, noindex[0]*3-1, noindex[1]*3-3, noindex[1]*3-2, noindex[1]*3-1])
            # 将单元刚度矩阵组装到整体刚度矩阵
            for i in range(6):
                for j in range(6):
```

```python
            stiffness_sum[int(eleDof[i]), int(eleDof[j])] = stiffness_sum[int(eleDof[i]), int(eleDof[j])] + eleK[i][j]
# 根据给定的约束条件，删除指定被约束自由度对应的行和列，将整体刚度矩阵进行简化处理
stiffness_sum_sim = np.delete(stiffness_sum, ConstrainedDof-1, 0)
stiffness_sum_sim = np.delete(stiffness_sum_sim, ConstrainedDof-1, 1)

# 解方程，求位移
activeDof = np.delete((np.arange(numDOF)+1), ConstrainedDof-1)
displacement[0][activeDof-1] = np.linalg.solve(stiffness_sum_sim, force[0][activeDof-1])
# 按节点编号输出两个方向的节点位移分量，格式：节点号，位移1，位移2，位移3
Nodeindex = (np.arange(0, numNode)+1).reshape(numNode, 1)
tempdisp = np.hstack((Nodeindex, displacement.reshape(numNode, 3)))

# 计算支座反力
reation = np.zeros((len(ConstrainedDof), 1))
for i in range(len(ConstrainedDof)):
    reation[i] = np.mat(stiffness_sum[(ConstrainedDof[i]-1)])*(np.mat(displacement).T)
print(reation)

# 计算杆端内力
for i in range(numEle):
    stiffness_sl = np.zeros((numDOF, numDOF))
    noindex = EleNode[i]
    deltax = xx[noindex[1] - 1] - xx[noindex[0] - 1]
    deltay = yy[noindex[1] - 1] - yy[noindex[0] - 1]
    L = np.sqrt(deltax * deltax + deltay * deltay)
    C = deltax / L
    S = deltay / L
    K = np.array([[C, S, 0, 0, 0, 0],
                  [-S, C, 0, 0, 0, 0],
                  [0, 0, 1, 0, 0, 0],
                  [0, 0, 0, C, S, 0],
                  [0, 0, 0, -S, C, 0],
                  [0, 0, 0, 0, 0, 1]])
    E = Elist[int(EleSect[i]) - 1]
    A = Alist[int(EleSect[i]) - 1]
    I = IList[int(EleSect[i]) - 1]
    G = E * 0.5 / (1 + VList[int(EleSect[i]) - 1])
    k = 0.85
    ka3 = k * G * A / L
    fpa = 1 / (1 + 1.0 * 0.25 * np.power(L, 2) * A / 12 / I)
    KA3 = fpa * ka3
    EI = E * I
    GA = G * A
    EA = E * A
    eleKb = np.array([[0, 0, 0, 0, 0, 0],
                      [0, 0, 0, 0, 0, 0],
                      [0, 0, EI / L, 0, 0, -EI / L],
                      [0, 0, 0, 0, 0, 0],
                      [0, 0, 0, 0, 0, 0],
                      [0, 0, -EI / L, 0, 0, EI / L]])
    ks = np.array([[0, 0, 0, 0, 0, 0],
                   [0, 1, L / 2, 0, -1, L / 2],
                   [0, L / 2, L * L / 4, 0, -L / 2, L * L / 4],
                   [0, 0, 0, 0, 0, 0],
                   [0, -1, -L / 2, 0, 1, -L / 2],
                   [0, L / 2, L * L / 4, 0, -L / 2, L * L / 4]])
    eleKs = KA3 * ks
    eleKtc = np.array([[EA / L, 0, 0, -EA / L, 0, 0],
                       [0, 0, 0, 0, 0, 0],
                       [0, 0, 0, 0, 0, 0],
                       [-EA / L, 0, 0, EA / L, 0, 0],
```

```python
                            [0, 0, 0, 0, 0, 0],
                            [0, 0, 0, 0, 0, 0]])
    eleK_0 = eleKb + eleKs + eleKtc
    # 获得单元节点对应的自由度
    eleDof = np.array([noindex[0]*3-3, noindex[0]*3-2, noindex[0]*3-1, noindex[1]*3-3, noindex[1]*3-2, noindex[1]*3-1])
    ue = np.mat(displacement[0][eleDof]).T
    uep = K*ue
    fp = eleK_0*uep

# 三、计算用于绘图相关参数
# 计算各单元最大长度 maxlen
maxlen = -1
for i in range(numEle):
    noindex = EleNode[i]
    deltax = xx[noindex[1]-1]-xx[noindex[0]-1]
    deltay = yy[noindex[1]-1]-yy[noindex[0]-1]
    L = np.sqrt(deltax * deltax + deltay * deltay)
    if L > maxlen:
        maxlen = L

# 计算节点最大绝对位移
maxabsDisp = 0
for i in range(numNode):
    indexU = 3*(i+1)-2
    indexV = 3*(i+1)-1
    dispU = displacement[0][indexU-1]
    dispV = displacement[0][indexV-1]
    Disp = np.sqrt(dispU*dispU+dispV*dispV)
    if Disp > maxabsDisp:
        maxabsDisp = Disp

# 计算变形图变形放大系数
scalefactor = 0.2
factor = 0.1
if maxabsDisp > 1e-30:
    factor = scalefactor*maxlen/maxabsDisp

# 四、绘制图形
fig = plt.figure(figsize=(6, 12))
# 遍历单元，绘制变形前结构形状
for i in range(numEle):
    noindex = EleNode[i]
    x = xx[noindex[:]-1]
    y = yy[noindex[:]-1]
    line1 = plt.plot(x, y, label='Undeformed Shape', color='grey', linestyle='--')
# 定义变形后节点坐标值（x, y）列向量
xx_Deformed = np.empty_like(xx)
yy_Deformed = np.empty_like(yy)
# 遍历单元，绘制变形后结构形状
for i in range(numEle):
    noindex = EleNode[i]
    indexU = 3*noindex[:]-2
    indexV = 3*noindex[:]-1
    dispU = displacement[0][indexU-1]
    dispV = displacement[0][indexV-1]
    xxDeformed = xx[noindex[:]-1] + dispU*factor
    yyDeformed = yy[noindex[:]-1] + dispV*factor
    xx_Deformed[noindex-1] = xxDeformed
    yy_Deformed[noindex-1] = yyDeformed
    middlex = 0.5*(xxDeformed[1]+xxDeformed[0])
    middley = 0.5*(yyDeformed[1]+yyDeformed[0])
```

```
            plt.text(middlex, middley, i+1, color='blue', ha='center', va='center')
            line2 = plt.plot(xxDeformed, yyDeformed, label='Deformed Shape', color='black', mfc='w',)
# 标注单元节点编号
for i in range(numNode):
            plt.text(xx[i]+0.1, yy[i], i+1, color='r', ha='center', va='center')
# 设置坐标格式，使得图形以适合的比例进行显示
max_xx = max(max(xx), max(xx_Deformed))
max_yy = max(max(yy), max(yy_Deformed))
min_xx = min(min(xx), min(xx_Deformed))
min_yy = min(min(yy), min(yy_Deformed))
minx = -0.2*(max_xx-min_xx)+min_xx
maxx = 0.2*(max_xx-min_xx)+max_xx
miny = -0.2*(max_yy-min_yy)+min_yy
maxy = 0.2*(max_yy-min_yy)+max_yy
plt.xlim(minx, maxx+1)
plt.ylim(miny, maxy)
plt.xticks(range(0, 7, 2))
plt.xlabel('X')
plt.ylabel('Y')

#去掉重复标签
from collections import OrderedDict
handles, labels = plt.gca().get_legend_handles_labels()
by_label = OrderedDict(zip(labels, handles))
plt.legend(by_label.values(), by_label.keys())
plt.show()
```

代码运行结果见图 5.4-1。

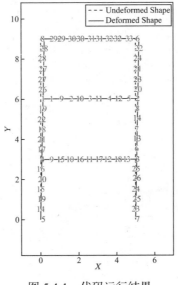

图 5.4-1　代码运行结果

5.5　小结

本章介绍了小变形弹性 2D 线性 Timoshenko 梁单元的基本列式，并通过编制 Python 有限元程序，介绍了采用 2D 线性 Timoshenko 梁单元进行有限元求解的一般过程。

第三部分

平面及实体有限元编程

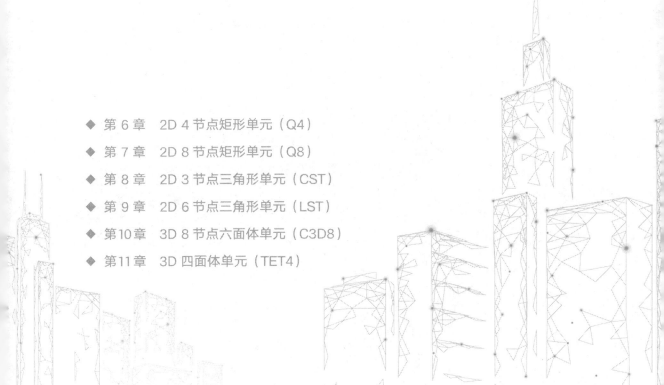

- ◆ 第 6 章　2D 4 节点矩形单元（Q4）
- ◆ 第 7 章　2D 8 节点矩形单元（Q8）
- ◆ 第 8 章　2D 3 节点三角形单元（CST）
- ◆ 第 9 章　2D 6 节点三角形单元（LST）
- ◆ 第10章　3D 8 节点六面体单元（C3D8）
- ◆ 第11章　3D 四面体单元（TET4）

Python

有限单元法 Python 编程

第 6 章

2D 4 节点矩形单元（Q4）

6.1 Q4 单元介绍

本章介绍 2D 4 节点矩形平面应力单元（以下简称 Q4 单元）的单元列式推导及编程过程。由于平面应力问题及平面应变问题的单元列式基本一致，差别仅在弹性矩阵[D]，读者只需将本章的平面应力弹性矩阵[D]换为平面应变问题的弹性矩阵，即可采用 4 节点矩形单元进行平面应变问题的分析。

6.2 基本列式

6.2.1 基本方程

（1）几何方程

对于平面应力问题（图 6.2-1），正应力$\sigma_z = 0$，且剪应力$\tau_{zx} = \tau_{xz} = 0$，$\tau_{zy} = \tau_{yz} = 0$，仅考虑单元平面内（设为$xy$平面）的三个平面应力分量$\sigma_x$、$\sigma_y$和$\tau_{xy} = \tau_{yx}$，根据单元仅有$\varepsilon_x$、$\varepsilon_y$和$\gamma_{xy} = \gamma_{yx}$三个应变分量，结合公式(1.1-10)和公式(1.1-11)，可得平面应力问题的几何方程的矩阵形式：

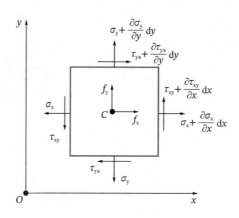

图 6.2-1 平面应力问题受力分析

$$\{\varepsilon\} = \begin{Bmatrix} \varepsilon_x \\ \varepsilon_y \\ \gamma_{xy} \end{Bmatrix} = \begin{Bmatrix} \dfrac{\partial u}{\partial x} \\ \dfrac{\partial v}{\partial y} \\ \dfrac{\partial u}{\partial y} + \dfrac{\partial v}{\partial x} \end{Bmatrix} \qquad (6.2\text{-}1)$$

平面应变问题的几何方程与此相同。

（2）物理方程

平面应力问题的应力-应变关系的矩阵形式已在 1.1.5 节进行了介绍，以下直接给出：

$$\begin{Bmatrix} \sigma_x \\ \sigma_y \\ \tau_{xy} \end{Bmatrix} = \{\sigma\} = [D]\{\varepsilon\} = [D] \begin{Bmatrix} \varepsilon_x \\ \varepsilon_y \\ \gamma_{xy} \end{Bmatrix} = \frac{E}{1-\mu^2} \begin{bmatrix} 1 & \mu & 0 \\ \mu & 1 & 0 \\ 0 & 0 & \dfrac{1-\mu}{2} \end{bmatrix} \begin{Bmatrix} \varepsilon_x \\ \varepsilon_y \\ \gamma_{xy} \end{Bmatrix} \qquad (6.2\text{-}2)$$

其中E为弹性模量，μ为泊松比。

6.2.2 位移场

4 节点矩形单元有 4 个节点和 4 个边，每个节点有两个平动自由度，令单元节点位移向量$\{a\} = \{u_1 \quad v_1 \quad u_2 \quad v_2 \quad u_3 \quad v_3 \quad u_4 \quad v_4\}^T$。单元中任意一点的节点位移$(u,v)$可通过二维线性拉格朗日插值得到，即：

$$\begin{cases} u = N_1 u_1 + N_2 u_2 + N_3 u_3 + N_4 u_4 \\ v = N_1 v_1 + N_2 v_2 + N_3 v_3 + N_4 v_4 \end{cases} \qquad (6.2\text{-}3)$$

用矩阵表示为：

$$\begin{Bmatrix} u \\ v \end{Bmatrix} = \begin{bmatrix} N_1 & 0 & \cdots & N_4 & 0 \\ 0 & N_1 & \cdots & 0 & N_4 \end{bmatrix} \begin{Bmatrix} u_1 \\ v_1 \\ \cdots \\ u_4 \\ v_4 \end{Bmatrix} = [N]\{a\} \qquad (6.2\text{-}4)$$

将单元节点按图 6.2-2 所示进行编号，并用自然坐标表示，此时单元形函数N_i为：

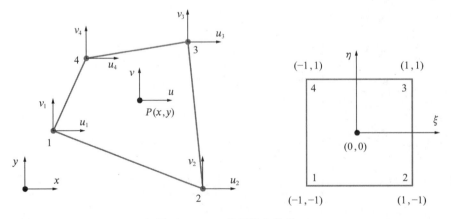

图 6.2-2　Q4 单元节点位移

$$\begin{cases} N_1(\xi,\eta) = (1-\xi)(1-\eta)/4 \\ N_2(\xi,\eta) = (1+\xi)(1-\eta)/4 \\ N_3(\xi,\eta) = (1+\xi)(1+\eta)/4 \\ N_4(\xi,\eta) = (1-\xi)(1+\eta)/4 \end{cases} \tag{6.2-5}$$

其中 $\xi \in [-1,1]$，$\eta \in [-1,1]$。可以看出在单元节点 i 处，$N_i = 0$。

基于单元节点坐标，使用相同的形函数 N 对单元内任意一点的几何坐标 (x,y) 进行插值（等参单元），可以得到单元内任意一点的几何坐标表达式：

$$\begin{cases} x = N_1 x_1 + N_2 x_2 + N_3 x_3 + N_4 x_4 \\ y = N_1 y_1 + N_2 y_2 + N_3 y_3 + N_4 y_4 \end{cases} \tag{6.2-6}$$

雅克比（Jacobian）矩阵

假定一般函数 $f = f(x,y)$，它是 ξ 和 η 的隐式函数（变量 x 和 y 均是 ξ 和 η 的函数），根据链导法则可得：

$$\begin{cases} \dfrac{\partial f}{\partial \xi} = \dfrac{\partial f}{\partial x}\dfrac{\partial x}{\partial \xi} + \dfrac{\partial f}{\partial y}\dfrac{\partial y}{\partial \xi} \\ \dfrac{\partial f}{\partial \eta} = \dfrac{\partial f}{\partial x}\dfrac{\partial x}{\partial \eta} + \dfrac{\partial f}{\partial y}\dfrac{\partial y}{\partial \eta} \end{cases} \tag{6.2-7}$$

写成矩阵形式：

$$\begin{Bmatrix} \dfrac{\partial f}{\partial \xi} \\ \dfrac{\partial f}{\partial \eta} \end{Bmatrix} = \begin{bmatrix} \dfrac{\partial x}{\partial \xi} & \dfrac{\partial y}{\partial \xi} \\ \dfrac{\partial x}{\partial \eta} & \dfrac{\partial y}{\partial \eta} \end{bmatrix} \begin{Bmatrix} \dfrac{\partial f}{\partial x} \\ \dfrac{\partial f}{\partial y} \end{Bmatrix} = [J] \begin{Bmatrix} \dfrac{\partial f}{\partial x} \\ \dfrac{\partial f}{\partial y} \end{Bmatrix} \tag{6.2-8}$$

其中 $[J]$ 为雅克比矩阵，对于 Q4 单元，结合公式 (6.2-6)，可得雅克比矩阵为：

$$[J] = \begin{bmatrix} \dfrac{\partial x}{\partial \xi} & \dfrac{\partial y}{\partial \xi} \\ \dfrac{\partial x}{\partial \eta} & \dfrac{\partial y}{\partial \eta} \end{bmatrix} = \begin{bmatrix} \sum_{i=1}^{4} \dfrac{\partial N_i}{\partial \xi} x_i & \sum_{i=1}^{4} \dfrac{\partial N_i}{\partial \xi} y_i \\ \sum_{i=1}^{4} \dfrac{\partial N_i}{\partial \eta} x_i & \sum_{i=1}^{4} \dfrac{\partial N_i}{\partial \eta} y_i \end{bmatrix} = \begin{bmatrix} J_{11} & J_{12} \\ J_{21} & J_{22} \end{bmatrix} \tag{6.2-9}$$

则有：

$$[J]^{-1} = \dfrac{1}{\det([J])} \begin{bmatrix} J_{22} & -J_{12} \\ -J_{21} & J_{11} \end{bmatrix} \tag{6.2-10}$$

在后续应变矩阵及刚度矩阵的推导中将用到上述公式。此外，在对刚度矩阵进行积分的时候，还需利用雅克比矩阵行列式进行换元，将局部坐标系下的积分换到自然坐标系，如下式：

$$\mathrm{d}x\,\mathrm{d}y = \det([J])\,\mathrm{d}\xi\,\mathrm{d}\eta \tag{6.2-11}$$

6.2.3 几何方程与应变矩阵

根据几何方程 (6.2-1)，将单元内任意一点的应变 $\{\varepsilon\}$ 表示为单元节点位移 $\{a\}$ 的函数，即：

$$\{\varepsilon\} = [B]\{a\} \tag{6.2-12}$$

式中 $\{\varepsilon\} = \{\varepsilon_x \quad \varepsilon_y \quad \gamma_{xy}\}^T$，矩阵 $[B]$ 为应变矩阵。

结合公式(6.2-8)及公式(6.2-10)，上式可写成：

$$\{\varepsilon\} = \begin{Bmatrix} \varepsilon_x \\ \varepsilon_y \\ \gamma_{xy} \end{Bmatrix} = \begin{Bmatrix} \dfrac{\partial u}{\partial x} \\ \dfrac{\partial u}{\partial y} \\ \dfrac{\partial u}{\partial y} + \dfrac{\partial v}{\partial x} \end{Bmatrix} = \dfrac{1}{\det([J])} \begin{bmatrix} J_{22} & -J_{12} & 0 & 0 \\ 0 & 0 & -J_{21} & J_{11} \\ -J_{21} & J_{11} & J_{22} & -J_{12} \end{bmatrix} \begin{Bmatrix} \dfrac{\partial u}{\partial \xi} \\ \dfrac{\partial u}{\partial \eta} \\ \dfrac{\partial v}{\partial \xi} \\ \dfrac{\partial v}{\partial \eta} \end{Bmatrix} \quad (6.2\text{-}13)$$

又根据公式(6.2-3)，上式可进一步写成如下形式：

$$\{\varepsilon\} = \dfrac{1}{\det([J])} \begin{bmatrix} J_{22} & -J_{12} & 0 & 0 \\ 0 & 0 & -J_{21} & J_{11} \\ -J_{21} & J_{11} & J_{22} & -J_{12} \end{bmatrix}$$

$$\begin{bmatrix} \dfrac{\partial N_1}{\partial \xi} & 0 & \dfrac{\partial N_2}{\partial \xi} & 0 & \dfrac{\partial N_3}{\partial \xi} & 0 & \dfrac{\partial N_4}{\partial \xi} & 0 \\ \dfrac{\partial N_1}{\partial \eta} & 0 & \dfrac{\partial N_2}{\partial \eta} & 0 & \dfrac{\partial N_3}{\partial \eta} & 0 & \dfrac{\partial N_4}{\partial \eta} & 0 \\ 0 & \dfrac{\partial N_1}{\partial \xi} & 0 & \dfrac{\partial N_2}{\partial \xi} & 0 & \dfrac{\partial N_3}{\partial \xi} & 0 & \dfrac{\partial N_4}{\partial \xi} \\ 0 & \dfrac{\partial N_1}{\partial \eta} & 0 & \dfrac{\partial N_2}{\partial \eta} & 0 & \dfrac{\partial N_3}{\partial \eta} & 0 & \dfrac{\partial N_4}{\partial \eta} \end{bmatrix} \begin{Bmatrix} u_1 \\ v_1 \\ u_2 \\ v_2 \\ u_3 \\ v_3 \\ u_4 \\ v_4 \end{Bmatrix} \quad (6.2\text{-}14)$$

为便于计算应变矩阵$[B]$，令$[B] = [A][G]$，则有：

$$[A] = \dfrac{1}{\det([J])} \begin{bmatrix} J_{22} & -J_{12} & 0 & 0 \\ 0 & 0 & -J_{21} & J_{11} \\ -J_{21} & J_{11} & J_{22} & -J_{12} \end{bmatrix} \quad (6.2\text{-}15)$$

$$[G] = \begin{bmatrix} \dfrac{\partial N_1}{\partial \xi} & 0 & \dfrac{\partial N_2}{\partial \xi} & 0 & \dfrac{\partial N_3}{\partial \xi} & 0 & \dfrac{\partial N_4}{\partial \xi} & 0 \\ \dfrac{\partial N_1}{\partial \eta} & 0 & \dfrac{\partial N_2}{\partial \eta} & 0 & \dfrac{\partial N_3}{\partial \eta} & 0 & \dfrac{\partial N_4}{\partial \eta} & 0 \\ 0 & \dfrac{\partial N_1}{\partial \xi} & 0 & \dfrac{\partial N_2}{\partial \xi} & 0 & \dfrac{\partial N_3}{\partial \xi} & 0 & \dfrac{\partial N_4}{\partial \xi} \\ 0 & \dfrac{\partial N_1}{\partial \eta} & 0 & \dfrac{\partial N_2}{\partial \eta} & 0 & \dfrac{\partial N_3}{\partial \eta} & 0 & \dfrac{\partial N_4}{\partial \eta} \end{bmatrix} \quad (6.2\text{-}16)$$

可见，对于Q4单元，应变矩阵$[B]$的元素是ξ和η的函数。

6.2.4 物理方程与应力矩阵

根据物理方程(6.2-2)，单元的应力可表示为$\{\sigma\} = [D]\{\varepsilon\}$。结合几何方程，可知单元中任一点的应力可通过节点位移来表示，如公式(6.2-17)所示，其中$[S] = [D][B]$为应力矩阵。

$$\{\sigma\} = [D][B]\{a\} = [S]\{a\} \quad (6.2\text{-}17)$$

对于平面应力问题，弹性矩阵$[D] = \dfrac{E}{1-\mu^2}\begin{bmatrix} 1 & \mu & 0 \\ \mu & 1 & 0 \\ 0 & 0 & \dfrac{1-\mu}{2} \end{bmatrix}$，若为平面应变问题，弹性矩阵

$[D] = \dfrac{E(1-\mu)}{(1+\mu)(1-2\mu)}\begin{bmatrix} 1 & \dfrac{\mu}{1-\mu} & 0 \\ \dfrac{\mu}{1-\mu} & 1 & 0 \\ 0 & 0 & \dfrac{1-2\mu}{2(1-\mu)} \end{bmatrix}$，平面问题的弹性矩阵均为 3×3 的对称矩阵。

6.2.5 单元刚度矩阵

单元的应变能可表示为：

$$\begin{aligned} U &= \frac{1}{2}\int_V \{\sigma\}^{\mathrm{T}}\{\varepsilon\}\,\mathrm{d}V = \frac{1}{2}\{a\}^{\mathrm{T}}\left[\int_V [B]^{\mathrm{T}}[D][B]\,\mathrm{d}V\right]\{a\} \\ &= \frac{1}{2}\{a\}^{\mathrm{T}}\left[t\int_{-1}^{1}\int_{-1}^{1}[B]^{\mathrm{T}}[D][B]\det([J])\,\mathrm{d}\xi\,\mathrm{d}\eta\right]\{a\} \end{aligned} \quad (6.2\text{-}18)$$

由最小势能原理（参考第 1 章的 1.2.3.4 节）可得单元的刚度矩阵$[k]$：

$$[k] = t\int_{-1}^{1}\int_{-1}^{1}[B]^{\mathrm{T}}[D][B]\det([J])\,\mathrm{d}\xi\,\mathrm{d}\eta \quad (6.2\text{-}19)$$

其中t为单元厚度。

由于公式(6.2-19)中的矩阵$[B]$和行列式$\det([J])$都是关于ξ和η的函数，因此须采用数值积分求取单元刚度矩阵$[k]$。对于 Q4 单元，采用 2×2 个积分点的 Gauss 积分可求得精确结果，如图 6.2-3 所示。

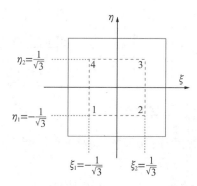

图 6.2-3 Q4 单元 Gauss 积分点示意图

则公式(6.2-19)可表示为：

$$[k] = t\sum_{i=1}^{2}\sum_{j=1}^{2}w_i w_j [B(\xi_i,\eta_j)]^{\mathrm{T}}[D][B(\xi_i,\eta_j)]\det[J(\xi_i,\eta_j)] \quad (6.2\text{-}20)$$

其中w_i、w_j为积分点权重。

6.2.6 单元荷载列阵及等效节点力

单元的荷载主要包括面力（分布在单元边上的面力）、体力（分布在单位体积上的力）

及温度作用等。以体力{f_v}为例,给出其等效节点荷载{f}的计算方法。

单元的体力表示为{f_v} = {f_{vx}, f_{vy}}^{T}。单元体力{f_v}在单元变形{u}上做的外力功势能可表示为:

$$W = -\int_V \{u\}^T\{f_v\}dV \tag{6.2-21}$$

由最小势能原理可得(参考第 1 章的 1.2.3.4 节)可得,Q4 单元体力的等效节点荷载列阵为:

$$\{f\} = \int_V [N]^T\{f_v\}dV = t\left[\int_{-1}^{1}\int_{-1}^{1}[N]^T\det([J])d\xi d\eta\right]\{f_v\} \tag{6.2-22}$$

与刚度矩阵类似,上式计算可通过数值积分完成,即

$$\{f\} = t\sum_{i=1}^{2}\sum_{j=1}^{2}w_i w_j[N(\xi_i,\eta_j)]^T\det[J(\xi_i,\eta_j)]\{f_v\} \tag{6.2-23}$$

6.3 算例一问题描述

图 6.3-1 是本章的算例结构,是一根 xz 平面内的悬臂梁,悬臂长度 2.0m,梁高 0.5m,梁宽 0.2m。梁左端嵌固,右端受到 $-z$ 方向的集中力 1000kN。材料弹性模量 E = 200000MPa,材料泊松比为 0.3。下面将给出采用 Q4 平面应力单元对该悬臂梁进行弹性静力分析的 Python 编程过程。

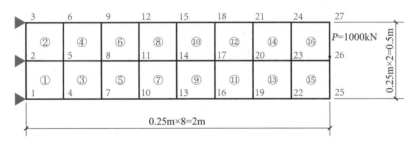

图 6.3-1 结构模型示意(立面视图)

6.4 Python 代码与注释

对上述结构进行分析的 Python 代码如下:

```
# 2D 4 节点矩形单元:悬臂梁受力分析
# Website : www.jdcui.com
#  导入 numpy 库、matplotlib.pyplot 等库
import numpy as np
import matplotlib.pyplot as plt
import matplotlib.tri as tri
from collections import OrderedDict
```

```python
# 一、定义函数
# 函数1：计算形函数矩阵N
def Q4_N(kesi, yita):
    N1 = (1 - kesi) * (1 - yita) / 4
    N2 = (1 + kesi) * (1 - yita) / 4
    N3 = (1 + kesi) * (1 + yita) / 4
    N4 = (1 - kesi) * (1 + yita) / 4
    N = np.array([[N1, 0, N2, 0, N3, 0, N4, 0],
                  [0, N1, 0, N2, 0, N3, 0, N4]])
    return N


# 函数2：计算形矩阵G，用于计算应变矩阵
def Q4_G(kesi, yita):
    G = np.array([[yita / 4 - 1 / 4, 0, 1 / 4 - yita / 4, 0, yita / 4 + 1 / 4, 0, - yita / 4 - 1 / 4, 0],
                  [kesi / 4 - 1 / 4, 0, - kesi / 4 - 1 / 4, 0, kesi / 4 + 1 / 4, 0, 1 / 4 - kesi / 4, 0],
                  [0, yita / 4 - 1 / 4, 0, 1 / 4 - yita / 4, 0, yita / 4 + 1 / 4, 0, - yita / 4 - 1 / 4],
                  [0, kesi / 4 - 1 / 4, 0, - kesi / 4 - 1 / 4, 0, kesi / 4 + 1 / 4, 0, 1 / 4 - kesi / 4]])
    return G


# 函数3：计算雅克比矩阵J
def Q4_J(kesi, yita, xy):
    NN = np.array([[-(1 - yita) / 4, (1 - yita) / 4, (1 + yita) / 4, -(1 + yita) / 4],
                   [-(1 - kesi) / 4, -(1 + kesi) / 4, (1 + kesi) / 4, (1 - kesi) / 4]])
    J = NN @ xy
    return J


# 二、输入信息
# 定义构件材料、截面属性
E = 2.000E+08
v = 0.3
L = 2
H = 0.5
t = 0.2

# 网格划分
DoE = 0.25    # 单元划分尺度参数
NEofH = np.round(H / DoE)
NEofL = np.round(L / DoE)
NodeCoord = np.zeros([int((NEofH + 1) * (NEofL + 1)), 2])
EleNode = np.zeros([int(NEofH * NEofL), 4])
# 定义节点坐标
for i in range(1, int(NEofL) + 2):
    for j in range(1, int(NEofH) + 2):
        NodeCoord[((i - 1) * (int(NEofH) + 1) + j) - 1, 0] = (L / NEofL) * (i - 1)
        NodeCoord[((i - 1) * (int(NEofH) + 1) + j) - 1, 1] = (H / NEofH) * (j - 1)
# 定义单元节点
for i in range(1, int(NEofL) + 1):
    for j in range(1, int(NEofH) + 1):
        EleNode[(i - 1) * int(NEofH) + j - 1, 0] = (NEofH + 1) * (i - 1) + 1 + (j - 1)
        EleNode[(i - 1) * int(NEofH) + j - 1, 1] = (NEofH + 1) * i + 1 + (j - 1)
        EleNode[(i - 1) * int(NEofH) + j - 1, 2] = (NEofH + 1) * i + 2 + (j - 1)
        EleNode[(i - 1) * int(NEofH) + j - 1, 3] = (NEofH + 1) * (i - 1) + 2 + (j - 1)

# 单元和节点数量
numEle = EleNode.shape[0]
numNode = NodeCoord.shape[0]

# 节点坐标值（x，y）向量
```

```python
xx = NodeCoord[:, 0]
yy = NodeCoord[:, 1]

# 自由度数量
numDOF = numNode * 2
# 约束自由度
ConstrainedDof = np.zeros([1, 2 * (int(NEofH) + 1)], dtype='int')
for i in range(1, 2 * (int(NEofH) + 1) + 1):
    ConstrainedDof[0][i - 1] = i

# 定义整体位移向量
displacement = np.zeros((1, numDOF))

# 定义整体荷载向量
force = np.zeros((1, numDOF))
P = -100
force[0][int(numDOF) - int(NEofH) - 1] = P

# 积分点及积分点权重
kesi_yita = np.array([[-1 / np.sqrt(3), -1 / np.sqrt(3)],
                      [1 / np.sqrt(3), -1 / np.sqrt(3)],
                      [1 / np.sqrt(3), 1 / np.sqrt(3)],
                      [-1 / np.sqrt(3), 1 / np.sqrt(3)]])
w = np.array([1, 1])
ww = np.array([w[0] * w[0], w[1] * w[0], w[1] * w[1], w[0] * w[1]])

# 三、计算分析
# 定义总体刚度矩阵
stiffness_sum = np.zeros((numDOF, numDOF))          # 创建一个大小为 numDOF × numDOF 的全零数组，用于存储
                                                    #   整体刚度矩阵
D = (E / (1 - v * v)) * np.array([[1, v, 0],        # 定义弹性矩阵 D
                                  [v, 1, 0],
                                  [0, 0, (1 - v) / 2]])
# 遍历单元，求解单元刚度矩阵
for i in range(numEle):
    noindex = EleNode[i]                            # 获取第 i 个单元的节点索引
    xy = np.zeros([4, 2])                           # 定义一个 4 × 2 数组，储存单元节点坐标
    for j in range(4):
        xy[j, 0] = xx[int(noindex[j]) - 1]          # 获取第 i 个单元中第 j 个节点的 x 坐标
        xy[j, 1] = yy[int(noindex[j]) - 1]          # 获取第 i 个单元中第 j 个节点的 y 坐标
    eleK = np.zeros((8, 8))
    for m in range(4):
        kesi = kesi_yita[m][0]
        yita = kesi_yita[m][1]
        J = Q4_J(kesi, yita, xy)                    # 计算雅克比矩阵 J
        A = (1 / np.linalg.det(J)) * np.array([[J[1, 1], -1 * J[0, 1], 0, 0],
                                               [0, 0, -1 * J[1, 0], J[0, 0]],
                                               [-1 * J[1, 0], J[0, 0], J[1, 1], -1 * J[0, 1]]])
        G = Q4_G(kesi, yita)
        B = A @ G
        eleK = eleK + ww[m] * B.T @ D @ B * t * np.linalg.det(J)   # 计算单元刚度矩阵
    # 根据单元节点编号，确定单元自由度
    eleDof = np.array([noindex[0] * 2 - 2, noindex[0] * 2 - 1, noindex[1] * 2 - 2, noindex[1] * 2 - 1,
                       noindex[2] * 2 - 2, noindex[2] * 2 - 1, noindex[3] * 2 - 2, noindex[3] * 2 - 1])
    # 将单元刚度矩阵组装到整体刚度矩阵
    for i in range(8):
        for j in range(8):
            stiffness_sum[int(eleDof[i]), int(eleDof[j])] = stiffness_sum[int(eleDof[i]), int(eleDof[j])] + eleK[i][j]
# 根据给定的约束条件，删除指定被约束自由度对应的行和列，将整体刚度矩阵进行简化处理
stiffness_sum_sim = np.delete(stiffness_sum, ConstrainedDof - 1, 0)
stiffness_sum_sim = np.delete(stiffness_sum_sim, ConstrainedDof - 1, 1)
```

```python
# 解方程，求位移
activeDof = np.delete((np.arange(numDOF) + 1), ConstrainedDof - 1)
displacement[0][activeDof - 1] = np.array(np.mat(stiffness_sum_sim).I * np.mat(force[0][activeDof - 1]).T).T
# 按节点编号输出两个方向的节点位移分量，格式：节点号，位移1，位移2
Nodeindex = np.arange(1, numNode + 1).reshape(numNode, 1)
tempdisp = np.hstack((Nodeindex, displacement.reshape(numNode, 2)))

# 计算节点应力
stress_Node = np.zeros((numEle * 4, 5))
kesi_yita_Node = np.array([[-1, -1], [1, -1], [1, 1], [-1, 1]])
for i in range(numEle):
    noindex = EleNode[i]
    xy_node = np.zeros((4, 2))
    d = np.zeros((8, 1))
    for j in range(4):
        xy_node[(j, 0)] = xx[int(noindex[j]) - 1]
        xy_node[(j, 1)] = yy[int(noindex[j]) - 1]
        d[int(2 * j)] = displacement[0][int(noindex[j]) - 1) * 2]
        d[int(2 * j + 1)] = displacement[0][int(noindex[j]) - 1) * 2 + 1]
    for m in range(4):
        kesi = kesi_yita_Node[m][0]
        yita = kesi_yita_Node[m][1]
        J = Q4_J(kesi, yita, xy_node)
        A = (1 / np.linalg.det(J)) * np.array([[J[1, 1], -1 * J[0, 1], 0, 0],
                                                [0, 0, -1 * J[1, 0], J[0, 0]],
                                                [-1 * J[1, 0], J[0, 0], J[1, 1], -1 * J[0, 1]]])
        G = Q4_G(kesi, yita)
        B = A @ G
        sima = D @ B @ d    # 计算节点应力
        # 储存节点应力
        stress_Node[i * 4 + m] = np.asarray([i + 1, noindex[m], sima[0], sima[1], sima[2]], dtype=object)
# 计算支座反力
reation = np.zeros((ConstrainedDof.size, 1))
for i in range(ConstrainedDof.size):
    rownum = ConstrainedDof[0][i]
    reation[i] = stiffness_sum[rownum - 1] @ displacement.T - force[0][rownum - 1]

# 四、计算用于绘图相关参数
# 计算各单元最大长度 maxlen
maxlen = -1
for i in range(numEle):
    noindex = EleNode[i]
    deltax = xx[int(noindex[1] - 1)] - xx[int(noindex[0] - 1)]
    deltay = yy[int(noindex[1] - 1)] - yy[int(noindex[0] - 1)]
    L = np.sqrt(deltax * deltax + deltay * deltay)
    if L > maxlen:
        maxlen = L

# 计算节点最大绝对位移
maxabsDisp = np.sqrt((displacement[0][0] * displacement[0][0]) + (displacement[0][1] * displacement[0][1]))
for i in range(numNode):
    indexU = 2 * (i + 1) - 2
    indexV = 2 * (i + 1) - 1
    dispU = displacement[0][indexU]
    dispV = displacement[0][indexV]
    Disp = np.sqrt(dispU * dispU + dispV * dispV)
    if Disp > maxabsDisp:
        maxabsDisp = Disp

# 计算变形图变形放大系数
```

```python
        factor = 0.1
scalefactor = 0.2
if maxabsDisp > 1e-30:
    factor = scalefactor * maxlen / maxabsDisp

# 五、绘制图形
fig = plt.figure(figsize=(15, 6))                    # 创建一个图形对象,并设置大小
plt.subplots_adjust(left=0.1, right=1)               # 调整子图间距
# 绘制未变形的结构线条
for i in range(numEle):
    noindex = np.concatenate([[EleNode[i][0]], [EleNode[i][1]], [EleNode[i][2]], [EleNode[i][3]], [EleNode[i][0]]])
    x = xx[noindex[:].astype('int') - 1]
    y = yy[noindex[:].astype('int') - 1]
    line1 = plt.plot(x, y, label='Undeformed Shape', color='grey', linestyle='--')

# 绘制变形后的结构
xx_Deformed = np.empty_like(xx)
yy_Deformed = np.empty_like(yy)
for i in range(numEle):
    # 获取第 i 个单元的节点索引,闭合曲线需要重复第一个节点
    noindex = np.concatenate([[EleNode[i][0]], [EleNode[i][1]], [EleNode[i][2]], [EleNode[i][3]], [EleNode[i][0]]])
    indexU = 2*noindex[:].astype('int')-2              # 获取节点在位移数组中的 x 方向索引
    indexV = 2*noindex[:].astype('int')-1              # 获取节点在位移数组中的 y 方向索引
    dispU = displacement[0][indexU]                    # 获取节点在 x 方向的位移
    dispV = displacement[0][indexV]                    # 获取节点在 y 方向的位移
    xxDeformed = xx[noindex[:].astype('int')-1] + dispU*factor    # 计算变形后的 x 坐标
    yyDeformed = yy[noindex[:].astype('int')-1] + dispV*factor    # 计算变形后的 y 坐标
    xx_Deformed[noindex.astype('int')-1] = xxDeformed  # 将变形后的 x 坐标存储到对应的数组位置
    yy_Deformed[noindex.astype('int')-1] = yyDeformed  # 将变形后的 y 坐标存储到对应的数组位置
    middlex = 0.5*(xxDeformed[1]+xxDeformed[0])        # 计算变形后两个节点之间连线的中点 x 坐标
    middley = 0.5*(yyDeformed[1]+yyDeformed[0])        # 计算变形后两个节点之间连线的中点 y 坐标
    line2 = plt.plot(xxDeformed, yyDeformed, label='Deformed Shape', color='black', marker='o', mfc='w', )
# 标记节点编号
for i in range(numNode):
    plt.text(xx_Deformed[i] + 0.03, yy_Deformed[i], i + 1, color='r', ha='center', va='center')

# 设置坐标格式,使得图形以适合的比例进行显示
max_xx = max(max(xx), max(xx_Deformed))              # 获取 x 坐标的最大值
max_yy = max(max(yy), max(yy_Deformed))              # 获取 y 坐标的最大值
min_xx = min(min(xx), min(xx_Deformed))              # 获取 x 坐标的最小值
min_yy = min(min(yy), min(yy_Deformed))              # 获取 y 坐标的最小值
minx = -0.2*(max_xx-min_xx)+min_xx                   # 计算 x 坐标的显示最小值
maxx = 0.2*(max_xx-min_xx)+max_xx                    # 计算 x 坐标的显示最大值
miny = -0.2*(max_yy-min_yy)+min_yy                   # 计算 y 坐标的显示最小值
maxy = 0.2*(max_yy-min_yy)+max_yy                    # 计算 y 坐标的显示最大值
plt.xlim(0.2*minx, 0.89*maxx)                        # 设置 x 坐标范围
plt.ylim(miny, maxy)                                 # 设置 y 坐标范围
plt.xticks(np.arange(0, 2.2, 0.2))                   # 设置 x 坐标轴刻度
plt.xlabel('X')                                      # 设置 x 坐标轴标签
plt.ylabel('Y')                                      # 设置 y 坐标轴标签

# 绘制应力云图
sima_x = np.zeros((numNode, 1))                      # 创建一个大小为 numNode × 1 的全零数组,用于存储 x 方向应力
for stress_Node_sl in stress_Node:
    sima_x[int(stress_Node_sl[1])-1] = stress_Node_sl[2]   # 将节点应力中的 x 方向应力存储到对应数组位置
Z = sima_x                                           # 将 x 方向应力数组赋值给变量 Z
x = xx.flatten()                                     # 将 x 坐标数组展平为一维数组
y = yy.flatten()                                     # 将 y 坐标数组展平为一维数组
z = Z.flatten()                                      # 将应力数组展平为一维数组
triang = tri.Triangulation(x, y)                     # 构建三角剖分对象
tt=plt.tricontourf(triang, z,cmap="viridis")         # 绘制应力云图并保存为 tt 对象
```

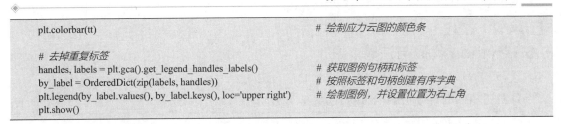

```
                plt.colorbar(tt)                                          # 绘制应力云图的颜色条
        # 去掉重复标签
        handles, labels = plt.gca().get_legend_handles_labels()           # 获取图例句柄和标签
        by_label = OrderedDict(zip(labels, handles))                      # 按照标签和句柄创建有序字典
        plt.legend(by_label.values(), by_label.keys(), loc='upper right') # 绘制图例，并设置位置为右上角
        plt.show()
```

代码运行结果见图 6.4-1。

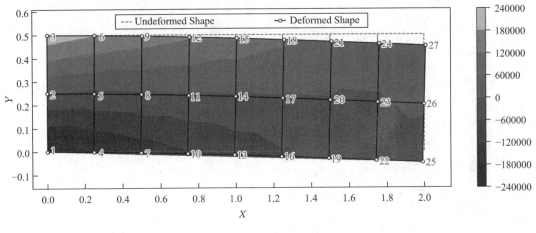

图 6.4-1　代码运行结果

6.5　算例二问题描述

图 6.5-1 是本章的第二个算例结构，是 xy 平面内一块中心有圆孔的矩形薄板，薄板长度 1.0m，高度 1.0m，厚度 1mm。薄板左端固接嵌固，右端受到 x 方向的线荷载 $q = 980$kN/m（计算模型以单元节点集中加载，单元节点数为 98，集中力大小为 10kN）。材料弹性模量 $E = 200000$MPa，材料泊松比为 0.3。下面将给出采用 Q4 平面应力单元对该薄板进行弹性静力分析的 Python 编程过程。

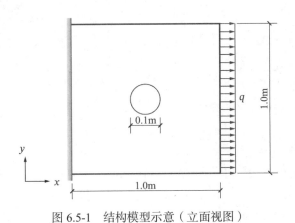

图 6.5-1　结构模型示意（立面视图）

6.6　Python 代码与注释

对上述结构进行分析的 Python 代码如下：

```python
# 2D 4 节点矩形单元:圆孔矩形薄板受力分析
# Website : www.jdcui.com
# 导入 numpy 库、matplotlib.pyplot、OpenGL 等库
import re
import numpy as np
import matplotlib.pyplot as plt
from OpenGL.GL import *
from OpenGL.GLU import *
from OpenGL.GLUT import *


# 一、定义函数
# 函数1: 计算形函数矩阵 N
def Q4_N(kesi, yita):
    N1 = (1 - kesi) * (1 - yita) / 4
    N2 = (1 + kesi) * (1 - yita) / 4
    N3 = (1 + kesi) * (1 + yita) / 4
    N4 = (1 - kesi) * (1 + yita) / 4
    N = np.array([[N1, 0, N2, 0, N3, 0, N4, 0],
                  [0, N1, 0, N2, 0, N3, 0, N4]])
    return N


# 函数2: 计算形矩阵 G，用于计算应变矩阵
def Q4_G(kesi, yita):
    G = np.array([[yita / 4 - 1 / 4, 0, 1 / 4 - yita / 4, 0, yita / 4 + 1 / 4, 0, - yita / 4 - 1 / 4, 0],
                  [kesi / 4 - 1 / 4, 0, - kesi / 4 - 1 / 4, 0, kesi / 4 + 1 / 4, 0, 1 / 4 - kesi / 4, 0],
                  [0, yita / 4 - 1 / 4, 0, 1 / 4 - yita / 4, 0, yita / 4 + 1 / 4, 0, - yita / 4 - 1 / 4],
                  [0, kesi / 4 - 1 / 4, 0, - kesi / 4 - 1 / 4, 0, kesi / 4 + 1 / 4, 0, 1 / 4 - kesi / 4]])
    return G


# 函数3: 计算雅克比矩阵 J
def Q4_J(kesi, yita, xy):
    NN = np.array([[-(1 - yita) / 4, (1 - yita) / 4, (1 + yita) / 4, -(1 + yita) / 4],
                   [-(1 - kesi) / 4, -(1 + kesi) / 4, (1 + kesi) / 4, (1 - kesi) / 4]])
    J = NN @ xy
    return J


# 函数4: 定义颜色插值函数
def color(vari):
    """vari 为需绘图的分量列表"""
    norm = plt.Normalize(vari.min(), vari.max())
    colors = plt.cm.jet(norm(vari))
    return colors   # 返回 RGB 颜色值列表


# 函数5: 用 OpenGL 绘制应力云图
def draw_S():
    glClear(GL_COLOR_BUFFER_BIT | GL_DEPTH_BUFFER_BIT)   # 清除屏幕和深度缓冲
    for i in range(numEle):
        # 获取单元 x 坐标、y 坐标列表
        x = [NodeCoordx[EleNode[i][0] - 1], NodeCoordx[EleNode[i][1] - 1], NodeCoordx[EleNode[i][2] - 1],
```

```
            NodeCoordx[EleNode[i][3] - 1]]
        y = [NodeCoordy[EleNode[i][0] - 1], NodeCoordy[EleNode[i][1] - 1], NodeCoordy[EleNode[i][2] - 1],
            NodeCoordy[EleNode[i][3] - 1]]

        # 绘制应力分量云图
        glBegin(GL_QUADS)
        glColor3f(color_S[4 * i][0], color_S[4 * i][1], color_S[4 * i][2])
        glVertex2f(x[0], y[0])
        glColor3f(color_S[4 * i + 1][0], color_S[4 * i + 1][1], color_S[4 * i + 1][2])
        glVertex2f(x[1], y[1])
        glColor3f(color_S[4 * i + 2][0], color_S[4 * i + 2][1], color_S[4 * i + 2][2])
        glVertex2f(x[2], y[2])
        glColor3f(color_S[4 * i + 3][0], color_S[4 * i + 3][1], color_S[4 * i + 3][2])
        glVertex2f(x[3], y[3])
        glEnd()

        # 绘制单元轮廓
        glBegin(GL_LINE_STRIP)
        glColor3f(0, 0, 0)
        glVertex2f(x[0], y[0])
        glVertex2f(x[1], y[1])
        glVertex2f(x[2], y[2])
        glVertex2f(x[3], y[3])
        glVertex2f(x[0], y[0])
        glEnd()
    glFlush()


# 函数 6：调用 OpenGL 绘制位移云图
def draw_U():
    glClear(GL_COLOR_BUFFER_BIT | GL_DEPTH_BUFFER_BIT)    # 清除屏幕和深度缓冲
    for i in range(numEle):
        # 获取单元 x 坐标、y 坐标列表
        x = [NodeCoordx[EleNode[i][0] - 1], NodeCoordx[EleNode[i][1] - 1], NodeCoordx[EleNode[i][2] - 1],
            NodeCoordx[EleNode[i][3] - 1]]
        y = [NodeCoordy[EleNode[i][0] - 1], NodeCoordy[EleNode[i][1] - 1], NodeCoordy[EleNode[i][2] - 1],
            NodeCoordy[EleNode[i][3] - 1]]

        # 绘制位移分量云图
        glBegin(GL_QUADS)
        glColor3f(color_U[EleNode[i][0] - 1][0], color_U[EleNode[i][0] - 1][1], color_U[EleNode[i][0] - 1][2])
        glVertex2f(x[0], y[0])
        glColor3f(color_U[EleNode[i][1] - 1][0], color_U[EleNode[i][1] - 1][1], color_U[EleNode[i][1] - 1][2])
        glVertex2f(x[1], y[1])
        glColor3f(color_U[EleNode[i][2] - 1][0], color_U[EleNode[i][2] - 1][1], color_U[EleNode[i][2] - 1][2])
        glVertex2f(x[2], y[2])
        glColor3f(color_U[EleNode[i][3] - 1][0], color_U[EleNode[i][3] - 1][1], color_U[EleNode[i][3] - 1][2])
        glVertex2f(x[3], y[3])
        glEnd()

        # 绘制单元轮廓
        glBegin(GL_LINE_STRIP)
        glColor3f(0, 0, 0)
        glVertex2f(x[0], y[0])
        glVertex2f(x[1], y[1])
        glVertex2f(x[2], y[2])
        glVertex2f(x[3], y[3])
        glVertex2f(x[0], y[0])
        glEnd()
    glFlush()
```

```python
# 二、读取模型建模几何信息文件并对相关数据进行处理,获取初始单元节点、被约束节点、加载点等坐标列表数据
#定义储存模型几何信息列表
NodeCoordx = []            # 定义储存节点 x 坐标值的向量列表
NodeCoordy = []            # 定义储存节点 y 坐标值的向量列表
EleNode = []               # 定义储存单元节点索引列表
ConstrainedNode = []       # 定义储存被约束节点索引列表
LoadNode = []              # 定义储存荷载施加节点索引列表

# 读取 txt 文件,获取节点坐标、单元节点编号列表
filename = 'CirculateQ4.txt'   # 将文件 circulate.inp 赋予变量 filename
with open(filename, 'r', ) as file_object:
    # 初始化读取数据判定条件
    read_Coord = False
    read_Node = False
    read_ConstrainedNode = False
    read_LoadNode = False

    # 开始按行读取 txt 文件数据
    for line in file_object.readlines():
        # 获取节点 x, y 坐标值的向量列表
        if '*Node end' in line:
            read_Coord = False
        if read_Coord:
            lineCoord = re.split('\s+|,', line)
            NodeCoordx.append(float(lineCoord[3]))
            NodeCoordy.append(float(lineCoord[5]))
        if '*Node begin' in line:
            read_Coord = True

        # 获取单元节点索引列表
        if '*Element end' in line:
            read_Node = False
        if read_Node:
            lineNode = re.split(',|\n', line)
            del lineNode[0]
            del lineNode[-1]
            for idx, i in enumerate(lineNode):
                lineNode[idx] = int(i)
            EleNode.append(lineNode)
        if '*Element begin' in line:
            read_Node = True

        # 获取被约束节点编号列表
        if '*ConstrainedNode end' in line:
            read_ConstrainedNode = False
        if read_ConstrainedNode:
            lineConstrainedNode = re.split(',|\n', line)
            del lineConstrainedNode[-1]
            for i in lineConstrainedNode:
                ConstrainedNode.append(int(i))
        if '*ConstrainedNode begin' in line:
            read_ConstrainedNode = True

        # 获取荷载加载节点编号列表
        if '*LoadNode end' in line:
            read_LoadNode = False
        if read_LoadNode:
            lineLoadNode = re.split(',|\n', line)
            del lineLoadNode[-1]
            for i in lineLoadNode:
```

```python
            LoadNode.append(int(i))
            # print(lineNode)
        if '*LoadNode begin' in line:
            read_LoadNode = True

# 三、输入信息
# 定义构件材料、截面属性
E = 2.0E+05     # 弹性模量
v = 0.3         # 泊松比
t = 1           # 厚度

# 计算单元、节点和自由度数量
numEle = len(EleNode)
numNode = len(NodeCoordx)
numDof = 2 * numNode

# 约束自由度
ConstrainedDof = np.zeros([1, len(ConstrainedNode) * 2], dtype='int')
for idx, i in enumerate(ConstrainedNode):
    ConstrainedDof[0][2 * idx] = 2 * i - 1
    ConstrainedDof[0][2 * idx + 1] = 2 * i
# 定义整体位移向量
displacement = np.zeros((1, numDof))

# 定义整体荷载向量
force = np.zeros((1, numDof))
q = 10
for i in LoadNode:
    force[0][2 * int(i) - 2] = q

# 积分点及积分点权重
kesi_yita = np.array([[-1 / np.sqrt(3), -1 / np.sqrt(3)],
                      [1 / np.sqrt(3), -1 / np.sqrt(3)],
                      [1 / np.sqrt(3), 1 / np.sqrt(3)],
                      [-1 / np.sqrt(3), 1 / np.sqrt(3)]])
w = np.array([1, 1])
ww = np.array([w[0] * w[0], w[1] * w[0], w[1] * w[1], w[0] * w[1]])

# 四、计算分析
# 定义总体刚度矩阵
stiffness_sum = np.zeros((numDof, numDof))      # 创建一个大小为 numDof × numDof 的全零数组,用于存储整
                                                # 体刚度矩阵
D = (E / (1 - v * v)) * np.array([[1, v, 0],    # 弹性矩阵
                                  [v, 1, 0],
                                  [0, 0, (1 - v) / 2]])
# 遍历单元,求解单元刚度矩阵
for i in range(numEle):
    noindex = EleNode[i]                        # 获取第 i 个单元的节点索引
    xy = np.zeros([4, 2])                       # 定义一个 4 × 2 数组,储存单元节点坐标
    for j in range(4):
        xy[j, 0] = NodeCoordx[int(noindex[j]) - 1]  # 获取第 i 个单元中第 j 个节点的 x 坐标
        xy[j, 1] = NodeCoordy[int(noindex[j]) - 1]  # 获取第 i 个单元中第 j 个节点的 y 坐标
    eleK = np.zeros((8, 8))                     # 定义储存单元刚度矩阵数组 eleK
    for m in range(4):
        kesi = kesi_yita[m][0]
        yita = kesi_yita[m][1]
        J = Q4_J(kesi, yita, xy)                # 计算雅克比矩阵 J
        A = (1 / np.linalg.det(J)) * np.array([[J[1, 1], -1 * J[0, 1], 0, 0],   # 计算转换矩阵 A
                                               [0, 0, -1 * J[1, 0], J[0, 0]],
                                               [-1 * J[1, 0], J[0, 0], J[1, 1], -1 * J[0, 1]]])
        G = Q4_G(kesi, yita)
```

```python
                B = A @ G
                eleK = eleK + ww[m] * B.T @ D @ B * t * np.linalg.det(J)        # 计算单元刚度矩阵
        # 根据单元节点编号，确定单元自由度
        eleDof = np.array([noindex[0] * 2 - 2, noindex[0] * 2 - 1, noindex[1] * 2 - 2, noindex[1] * 2 - 1,
                           noindex[2] * 2 - 2, noindex[2] * 2 - 1, noindex[3] * 2 - 2, noindex[3] * 2 - 1])
        # 将单元刚度矩阵组装到整体刚度矩阵
        for i in range(8):
            for j in range(8):
                stiffness_sum[int(eleDof[i]), int(eleDof[j])] = stiffness_sum[int(eleDof[i]), int(eleDof[j])] + eleK[i][j]
# 根据给定的约束条件，删除指定被约束自由度对应的行和列，将整体刚度矩阵进行简化处理
stiffness_sum_sim = np.delete(stiffness_sum, ConstrainedDof - 1, 0)
stiffness_sum_sim = np.delete(stiffness_sum_sim, ConstrainedDof - 1, 1)

# 解方程，求位移
activeDof = np.delete(np.arange(numDof) + 1, ConstrainedDof - 1)
displacement[0][activeDof - 1] = np.array(np.mat(stiffness_sum_sim).I * np.mat(force[0][activeDof - 1]).T).T
# 按节点编号输出两个方向的节点位移分量，格式：节点号，位移1，位移2
Nodeindex = np.arange(1, numNode + 1).reshape(numNode, 1)
tempdisp = np.hstack((Nodeindex, displacement.reshape(numNode, 2)))

# 计算节点应力
stress_Node = np.zeros((numEle * 4, 5))
kesi_yita_Node = np.array([[-1, -1], [1, -1], [1, 1], [-1, 1]])
for i in range(numEle):
    noindex = EleNode[i]
    xy_node = np.zeros((4, 2))
    d = np.zeros((8, 1))
    for j in range(4):
        xy_node[(j, 0)] = NodeCoordx[int(noindex[j]) - 1]
        xy_node[(j, 1)] = NodeCoordy[int(noindex[j]) - 1]
        d[int(2 * j)] = displacement[0][int(noindex[j] - 1) * 2]
        d[int(2 * j + 1)] = displacement[0][int(noindex[j] - 1) * 2 + 1]
    for m in range(4):
        kesi = kesi_yita_Node[m][0]
        yita = kesi_yita_Node[m][1]
        J = Q4_J(kesi, yita, xy_node)
        A = (1 / np.linalg.det(J)) * np.array([[J[1, 1], -1 * J[0, 1], 0, 0],
                                                [0, 0, -1 * J[1, 0], J[0, 0]],
                                                [-1 * J[1, 0], J[0, 0], J[1, 1], -1 * J[0, 1]]])
        G = Q4_G(kesi, yita)
        B = A @ G
        sima = D @ B @ d
        # 储存节点应力
        stress_Node[i * 4 + m] = np.asarray([i + 1, noindex[m], sima[0], sima[1], sima[2]], dtype=object)
# 计算支座反力
reation = np.zeros((ConstrainedDof.size, 1))
for i in range(ConstrainedDof.size):
    rownum = ConstrainedDof[0][i]
    reation[i] = stiffness_sum[rownum - 1] @ displacement.T - force[0][rownum - 1]

# 五、绘制应力、位移云图
# 定义需要绘制云图的应力分量、位移分量列表
S11 = stress_Node[:, 2]
S22 = stress_Node[:, 3]
S12 = stress_Node[:, 4]
U1 = tempdisp[:, 1]
U2 = tempdisp[:, 2]

# 初始化绘图参数设置
glutInit()    # 启动 glut
glutInitDisplayMode(GLUT_SINGLE | GLUT_RGBA)    # 指定窗口模式仅使用 RGB 颜色
```

```
# 绘制位移分量云图
glutInitWindowSize(800, 800)                              # 设置位移云图窗口尺寸
glutCreateWindow("位移分量 U1".encode("gb2312"))          # 设置绘图窗口标题
color_U = color(U1)              # 获取位移分量对应的 RGB 颜色值列表
glutDisplayFunc(draw_U)          # 调用位移云图绘图函数,绘制 U1 位移分量云图
glClearColor(1.0, 1.0, 1.0, 1.0)      # 定义背景为白色
# 定义 x、y 坐标轴范围
gluOrtho2D(min(NodeCoordx) - 200, max(NodeCoordx) + 200, min(NodeCoordy) - 200, max(NodeCoordy) + 200)
glutInitWindowSize(800, 800)                              # 设置位移云图窗口尺寸
glutCreateWindow("应力分量 S11".encode("gb2312"))         # 设置绘图窗口标题
color_S = color(S11)             # 获取应力分量对应的 RGB 颜色值列表
glutDisplayFunc(draw_S)          # 调用应力云图绘图函数,绘制 S11 应力位移分量云图
glClearColor(1.0, 1.0, 1.0, 1.0)      # 定义背景为白色
# 定义 x、y 坐标轴范围
gluOrtho2D(min(NodeCoordx) - 200, max(NodeCoordx) + 200, min(NodeCoordy) - 200, max(NodeCoordy) + 200)
glutMainLoop()   # 进入 GLUT 事件处理循环
```

算例代码运行结果与 ABAQUS 计算结果云图基本一致,如图 6.6-1 及图 6.6-2 所示。

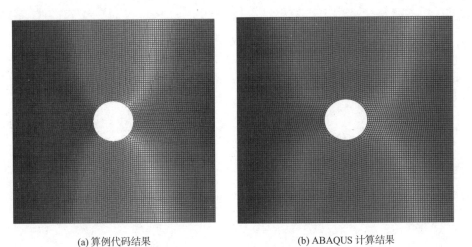

(a) 算例代码结果　　　　　　　　　　(b) ABAQUS 计算结果

图 6.6-1　位移分量 U1 对比

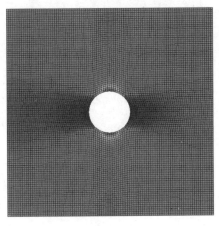 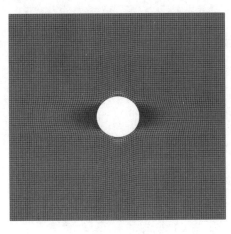

(a) 算例代码结果　　　　　　　　　　(b) ABAQUS 计算结果

图 6.6-2　应力分量 S11 对比

6.7 小结

本章首先介绍了小变形弹性 2D 4 节点矩形单元的基本列式。然后通过悬臂梁与圆孔矩形薄板两个算例的 Python 有限元程序编制，介绍了采用 Q4 单元进行平面应力问题有限元求解的一般过程。

第 7 章

2D 8 节点矩形单元（Q8）

7.1　Q8 单元介绍

本章介绍 2D 8 节点矩形平面应力单元（以下简称 Q8 单元）的单元列式推导及编程过程。由于平面应力问题及平面应变问题的单元列式基本一致，差别仅在弹性矩阵$[D]$，读者只需将本章的平面应力弹性矩阵$[D]$换为平面应变问题的弹性矩阵，即可采用 8 节点矩形单元进行平面应变问题的分析。

7.2　基本列式

7.2.1　基本方程

平面应力 Q8 单元属于平面应力单元的一种，其几何方程、物理方程与上一章介绍的 Q4 单元相同，此处不再赘述。

7.2.2　位移场

8 节点矩形单元有 8 个节点和 8 个直边，每个节点有两个平动自由度，令单元节点位移向量$\{a\} = \{u_1 \quad v_1 \quad u_2 \quad v_2 \quad \cdots \quad v_7 \quad u_8 \quad v_8\}^\mathrm{T}$，则单元中任意一点的节点位移$(u,v)$可根据拉格朗日插值得到：

$$\begin{cases} u = N_1 u_1 + N_2 u_2 + \cdots + N_7 u_7 + N_8 u_8 \\ v = N_1 v_1 + N_2 v_2 + \cdots + N_7 v_7 + N_8 v_8 \end{cases} \quad (7.2\text{-}1)$$

用矩阵表示为：

$$\begin{Bmatrix} u \\ v \end{Bmatrix} = \begin{bmatrix} N_1 & 0 & N_2 & 0 & \cdots & 0 & N_8 & 0 \\ 0 & N_1 & 0 & N_2 & \cdots & N_7 & 0 & N_8 \end{bmatrix} \begin{Bmatrix} u_1 \\ v_1 \\ u_2 \\ v_2 \\ \vdots \\ v_7 \\ u_8 \\ v_8 \end{Bmatrix} = [N]\{a\} \quad (7.2\text{-}2)$$

将单元节点按图 7.2-1 所示进行编号，并用自然坐标表示，此时单元形函数N_i为：

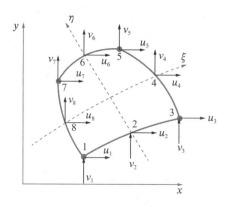

图 7.2-1　等参 Q8 单元

$$\begin{cases} N_1(\xi,\eta) = (1-\xi)(1-\eta)(-\xi-\eta-1)/4 \\ N_2(\xi,\eta) = (1+\xi)(1-\eta)(\xi-\eta-1)/4 \\ N_3(\xi,\eta) = (1+\xi)(1+\eta)(\xi+\eta-1)/4 \\ N_4(\xi,\eta) = (1-\xi)(1+\eta)(-\xi+\eta-1)/4 \\ N_5(\xi,\eta) = (1-\xi^2)(1-\eta)/2 \\ N_6(\xi,\eta) = (1+\xi)(1-\eta^2)/2 \\ N_7(\xi,\eta) = (1-\xi^2)(1+\eta)/2 \\ N_8(\xi,\eta) = (1-\xi)(1-\eta^2)/2 \end{cases} \quad (7.2\text{-}3)$$

基于单元节点坐标，使用相同的形函数N对单元内任意一点的几何坐标(x,y)进行插值（等参单元），可以得到单元内任意一点的几何坐标表达式：

$$\begin{cases} x = N_1 x_1 + N_2 x_2 + \cdots + N_7 x_7 + N_8 x_8 \\ y = N_1 y_1 + N_2 y_2 + \cdots + N_7 y_7 + N_8 y_8 \end{cases} \quad (7.2\text{-}4)$$

雅克比矩阵

采用上一章同样的方法，可以求得 Q8 单元雅克比矩阵及其逆矩阵为：

$$[J] = \begin{bmatrix} \dfrac{\partial x}{\partial \xi} & \dfrac{\partial y}{\partial \xi} \\ \dfrac{\partial x}{\partial \eta} & \dfrac{\partial y}{\partial \eta} \end{bmatrix} = \begin{bmatrix} \sum_{i=1}^{8} \dfrac{\partial N_i}{\partial \xi} x_i & \sum_{i=1}^{8} \dfrac{\partial N_i}{\partial \xi} y_i \\ \sum_{i=1}^{8} \dfrac{\partial N_i}{\partial \eta} x_i & \sum_{i=1}^{8} \dfrac{\partial N_i}{\partial \eta} y_i \end{bmatrix}$$

$$= \begin{bmatrix} \dfrac{\partial N_1}{\partial \xi} & \dfrac{\partial N_2}{\partial \xi} & \cdots & \dfrac{\partial N_7}{\partial \xi} & \dfrac{\partial N_8}{\partial \xi} \\ \dfrac{\partial N_1}{\partial \eta} & \dfrac{\partial N_2}{\partial \eta} & \cdots & \dfrac{\partial N_7}{\partial \eta} & \dfrac{\partial N_8}{\partial \eta} \end{bmatrix} \begin{bmatrix} x_1 & y_1 \\ x_2 & y_2 \\ \cdots & \cdots \\ x_7 & y_7 \\ x_8 & y_8 \end{bmatrix} = \begin{bmatrix} \sum_{i=1}^{8} \dfrac{\partial N_i}{\partial \xi} x_i & \sum_{i=1}^{8} \dfrac{\partial N_i}{\partial \xi} y_i \\ \sum_{i=1}^{8} \dfrac{\partial N_i}{\partial \eta} x_i & \sum_{i=1}^{8} \dfrac{\partial N_i}{\partial \eta} y_i \end{bmatrix} \quad (7.2\text{-}5)$$

可见 Q8 单元雅克比矩阵$[J]$也是一个 2×2 矩阵。

则$[J]$的逆矩阵为：

$$[J]^{-1} = \frac{1}{\det([J])} \begin{bmatrix} J_{22} & -J_{12} \\ -J_{21} & J_{11} \end{bmatrix} \quad (7.2\text{-}6)$$

7.2.3 几何方程与应变矩阵

根据几何方程,将单元内任意一点的应变$\{\varepsilon\}$表示为单元节点位移$\{a\}$的函数,即:

$$\{\varepsilon\} = [B]\{a\} \tag{7.2-7}$$

式中$\{\varepsilon\} = \{\varepsilon_x \quad \varepsilon_y \quad \gamma_{xy}\}^T$,矩阵$[B]$为应变矩阵,$\{a\}$为此前定义的单元节点位移向量。
则有:

$$\{\varepsilon\} = \begin{Bmatrix} \varepsilon_x \\ \varepsilon_y \\ \gamma_{xy} \end{Bmatrix} = \begin{Bmatrix} \dfrac{\partial u}{\partial x} \\ \dfrac{\partial u}{\partial y} \\ \dfrac{\partial u}{\partial y} + \dfrac{\partial v}{\partial x} \end{Bmatrix} = \dfrac{1}{\det(J)} \begin{bmatrix} J_{22} & -J_{12} & 0 & 0 \\ 0 & 0 & -J_{21} & J_{11} \\ -J_{21} & J_{11} & J_{22} & -J_{12} \end{bmatrix} \begin{Bmatrix} \dfrac{\partial u}{\partial \xi} \\ \dfrac{\partial u}{\partial \eta} \\ \dfrac{\partial v}{\partial \xi} \\ \dfrac{\partial v}{\partial \eta} \end{Bmatrix} \tag{7.2-8}$$

令$[A] = \dfrac{1}{\det(J)} \begin{bmatrix} J_{22} & -J_{12} & 0 & 0 \\ 0 & 0 & -J_{21} & J_{11} \\ -J_{21} & J_{11} & J_{22} & -J_{12} \end{bmatrix}$,为$3 \times 4$矩阵,与Q4单元相同。

公式(7.2-8)中$[A]$的右边项可表示为:

$$\begin{Bmatrix} \dfrac{\partial u}{\partial \xi} \\ \dfrac{\partial u}{\partial \eta} \\ \dfrac{\partial v}{\partial \xi} \\ \dfrac{\partial v}{\partial \eta} \end{Bmatrix} = \begin{bmatrix} \dfrac{\partial N_1}{\partial \xi} & 0 & \dfrac{\partial N_2}{\partial \xi} & 0 & \cdots & \dfrac{\partial N_7}{\partial \xi} & 0 & \dfrac{\partial N_8}{\partial \xi} & 0 \\ \dfrac{\partial N_1}{\partial \eta} & 0 & \dfrac{\partial N_2}{\partial \eta} & 0 & \cdots & \dfrac{\partial N_7}{\partial \eta} & 0 & \dfrac{\partial N_8}{\partial \eta} & 0 \\ 0 & \dfrac{\partial N_1}{\partial \xi} & 0 & \dfrac{\partial N_2}{\partial \xi} & \cdots & 0 & \dfrac{\partial N_7}{\partial \xi} & 0 & \dfrac{\partial N_8}{\partial \xi} \\ 0 & \dfrac{\partial N_1}{\partial \eta} & 0 & \dfrac{\partial N_2}{\partial \eta} & \cdots & 0 & \dfrac{\partial N_7}{\partial \eta} & 0 & \dfrac{\partial N_8}{\partial \eta} \end{bmatrix} \begin{Bmatrix} u_1 \\ v_1 \\ u_2 \\ v_2 \\ \cdots \\ u_7 \\ v_7 \\ u_8 \\ v_8 \end{Bmatrix} \tag{7.2-9}$$

令$[G] = \begin{bmatrix} \dfrac{\partial N_1}{\partial \xi} & 0 & \dfrac{\partial N_2}{\partial \xi} & 0 & \cdots & \dfrac{\partial N_7}{\partial \xi} & 0 & \dfrac{\partial N_8}{\partial \xi} & 0 \\ \dfrac{\partial N_1}{\partial \eta} & 0 & \dfrac{\partial N_2}{\partial \eta} & 0 & \cdots & \dfrac{\partial N_7}{\partial \eta} & 0 & \dfrac{\partial N_8}{\partial \eta} & 0 \\ 0 & \dfrac{\partial N_1}{\partial \xi} & 0 & \dfrac{\partial N_2}{\partial \xi} & \cdots & 0 & \dfrac{\partial N_7}{\partial \xi} & 0 & \dfrac{\partial N_8}{\partial \xi} \\ 0 & \dfrac{\partial N_1}{\partial \eta} & 0 & \dfrac{\partial N_2}{\partial \eta} & \cdots & 0 & \dfrac{\partial N_7}{\partial \eta} & 0 & \dfrac{\partial N_8}{\partial \eta} \end{bmatrix}$,为$4 \times 16$矩阵。

则公式(7.2-7)可简写为:

$$\{\varepsilon\} = [A][G]\{a\} \tag{7.2-10}$$

7.2.4 物理方程与应力矩阵

Q8单元应力应变关系和弹性矩阵$[D]$与Q4单元相同,参考6.2.5节,此处不再赘述。

7.2.5 单元刚度矩阵

单元的应变能可表示为:

$$U = \frac{1}{2}\int_V \{\sigma\}^T\{\varepsilon\}\,dV = \frac{1}{2}\{a\}^T\left[\int_V [B]^T[D][B]\,dV\right]\{a\}$$
$$= \frac{1}{2}\{a\}^T\left[t\int_0^1\int_0^{1-\eta}[B]^T[D][B]\det([J])\,d\xi\,d\eta\right]\{a\} \tag{7.2-11}$$

由最小势能原理（参考第 1 章的 1.2.3.4 节）可得单元的刚度矩阵 $[k]$：

$$[k] = t\int_{-1}^1\int_{-1}^1 [B]^T[D][B]\det([J])\,d\xi\,d\eta \tag{7.2-12}$$

其中 t 为单元厚度。

由于公式(7.2-12)中的矩阵 $[B]$ 和行列式 $\det([J])$ 都是关于 ξ 和 η 的函数，因此须采用数值积分求取单元刚度矩阵。对于 Q8 单元，采用 3×3 个积分点的 Gauss 积分可求得精确结果，如图 7.2-2 所示。

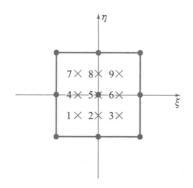

图 7.2-2 Q8 单元 Gauss 积分点示意图

积分点坐标为 $\pm\sqrt{15}/5$ 和 0，相应的权重为 $0.\dot{5}$ 和 $0.\dot{8}$。

则公式(7.2-12)可表示为：

$$[k] = t\sum_{i=1}^3\sum_{j=1}^3 w_i w_j [B(\xi_i,\eta_j)]^T[D][B(\xi_i,\eta_j)]\det[J(\xi_i,\eta_j)] \tag{7.2-13}$$

其中 w_i、w_j 为积分点权重。

7.2.6 单元荷载列阵及等效节点力

以体力为例，给出单元荷载列阵。Q8 单元体力列阵为：

$$\{f\} = \int_V [N]^T\{f_v\}\,dV = t\left[\int_{-1}^1\int_{-1}^1 [N]^T\det([J])\,d\xi\,d\eta\right]\{f_v\} \tag{7.2-14}$$

上式计算通过数值积分完成，即

$$\{f\} = t\sum_{i=1}^3\sum_{j=1}^3 w_i w_j [N(\xi_i,\eta_j)]^T\det[J(\xi_i,\eta_j)]\{f_v\} \tag{7.2-15}$$

7.3 算例一问题描述

本节采用的算例结构尺寸和材料与上一章悬臂梁算例（第 6.3 节）相同，采用 Q8 平面应力单元对该悬臂梁进行弹性静力分析。

7.4 Python 代码与注释

```python
# 2D 8 节点矩形单元:悬臂梁受力分析
# Website : www.jdcui.com
# 导入 numpy 库、matplotlib.pyplot 等库
import numpy as np
import matplotlib.pyplot as plt
import matplotlib.tri as tri
from collections import OrderedDict
import re

# 一、定义函数
# 函数1：计算形函数矩阵 N
def Q8_N(kesi, yita):
    N1 = (1 - kesi) * (1 - yita) * (-kesi - yita - 1) / 4
    N2 = (1 + kesi) * (1 - yita) * (kesi - yita - 1) / 4
    N3 = (1 + kesi) * (1 + yita) * (kesi + yita - 1) / 4
    N4 = (1 - kesi) * (1 + yita) * (-kesi + yita - 1) / 4
    N5 = (1 - kesi * kesi) * (1 - yita) / 2
    N6 = (1 + kesi) * (1 - yita * yita) / 2
    N7 = (1 - kesi * kesi) * (1 + yita) / 2
    N8 = (1 - kesi) * (1 - yita * yita) / 2
    N = np.array([[N1, 0, N2, 0, N3, 0, N4, 0, N5, 0, N6, 0, N7, 0, N8, 0],
                  [0, N1, 0, N2, 0, N3, 0, N4, 0, N5, 0, N6, 0, N7, 0, N8]])
    return N

# 函数2：计算形矩阵 G，用于计算应变矩阵
def Q8_G(kesi, yita):
    G = np.array([[- ((kesi - 1) * (yita - 1)) / 4 - ((yita - 1) * (kesi + yita + 1)) / 4, 0,
                   ((yita - 1) * (yita - kesi + 1)) / 4 - ((kesi + 1) * (yita - 1)) / 4, 0,
                   ((kesi + 1) * (yita + 1)) / 4 + ((yita + 1) * (kesi + yita - 1)) / 4, 0,
                   ((kesi - 1) * (yita + 1)) / 4 + ((yita + 1) * (kesi - yita + 1)) / 4, 0, kesi * (yita - 1), 0,
                   1 / 2 - yita * yita / 2, 0, -kesi * (yita + 1), 0, yita * yita / 2 - 1 / 2, 0],
                  [- ((kesi - 1) * (yita - 1)) / 4 - ((kesi - 1) * (kesi + yita + 1)) / 4, 0,
                   ((kesi + 1) * (yita - 1)) / 4 + ((kesi + 1) * (yita - kesi + 1)) / 4, 0,
                   ((kesi + 1) * (yita + 1)) / 4 + ((kesi + 1) * (kesi + yita - 1)) / 4, 0,
                   ((kesi - 1) * (kesi - yita + 1)) / 4 - ((kesi - 1) * (yita + 1)) / 4, 0, kesi * kesi / 2 - 1 / 2, 0,
                   -yita * (kesi + 1), 0, 1 / 2 - kesi * kesi / 2, 0, yita * (kesi - 1), 0],
                  [0, - ((kesi - 1) * (yita - 1)) / 4 - ((yita - 1) * (kesi + yita + 1)) / 4, 0,
                   ((yita - 1) * (yita - kesi + 1)) / 4 - ((kesi + 1) * (yita - 1)) / 4, 0,
                   ((kesi + 1) * (yita + 1)) / 4 + ((yita + 1) * (kesi + yita - 1)) / 4, 0,
                   ((kesi - 1) * (yita + 1)) / 4 + ((yita + 1) * (kesi - yita + 1)) / 4, 0, kesi * (yita - 1), 0,
                   1 / 2 - yita * yita / 2, 0, -kesi * (yita + 1), 0, yita * yita / 2 - 1 / 2],
                  [0, - ((kesi - 1) * (yita - 1)) / 4 - ((kesi - 1) * (kesi + yita + 1)) / 4, 0,
                   ((kesi + 1) * (yita - 1)) / 4 + ((kesi + 1) * (yita - kesi + 1)) / 4, 0,
                   ((kesi + 1) * (yita + 1)) / 4 + ((kesi + 1) * (kesi + yita - 1)) / 4, 0,
                   ((kesi - 1) * (kesi - yita + 1)) / 4 - ((kesi - 1) * (yita + 1)) / 4, 0, kesi * kesi / 2 - 1 / 2, 0,
                   -yita * (kesi + 1), 0, 1 / 2 - kesi * kesi / 2, 0, yita * (kesi - 1)]
                  ])
    return G

# 函数3：计算雅克比矩阵 J
def Q8_J(kesi, yita, xy):
    NN = np.array([[- ((kesi - 1) * (yita - 1)) / 4 - ((yita - 1) * (kesi + yita + 1)) / 4,
                    ((yita - 1) * (yita - kesi + 1)) / 4 - ((kesi + 1) * (yita - 1)) / 4,
                    ((kesi + 1) * (yita + 1)) / 4 + ((yita + 1) * (kesi + yita - 1)) / 4,
```

```python
                      ((kesi - 1) * (yita + 1)) / 4 + ((yita + 1) * (kesi - yita + 1)) / 4, kesi * (yita - 1),
                      1 / 2 - yita * yita / 2,-kesi * (yita + 1), yita * yita / 2 - 1 / 2],
                     [- ((kesi - 1) * (yita - 1)) / 4 - ((kesi - 1) * (kesi + yita + 1)) / 4,
                      ((kesi + 1) * (yita - 1)) / 4 + ((kesi + 1) * (yita - kesi + 1)) / 4, ((kesi + 1) * (yita + 1)) / 4
                      + ((kesi + 1) * (kesi + yita - 1)) / 4, ((kesi - 1) * (kesi - yita + 1)) / 4 - ((kesi - 1) *
                      (yita + 1)) / 4, kesi * kesi / 2 - 1 / 2, -yita * (kesi + 1),1 / 2 - kesi * kesi / 2,
                      yita * (kesi - 1)]])
    J = NN @ xy
    return J

# 二、输入信息
NodeCoordx = []                        # 定义储存节点 x 坐标值的向量列表
NodeCoordy = []                        # 定义储存节点 y 坐标值的向量列表
EleNode = []                           # 定义储存单元节点索引列表
ConstrainedNode = []                   # 定义储存被约束节点索引列表
LoadNode = []                          # 定义储存荷载施加节点索引列表
filename = 'cantilever beam.txt'       # 将建模几何信息文件名赋值给变量 filename
with open(filename, 'r',encoding='utf-8' ) as file_object:
    # 初始化读取数据判定条件
    read_Coord = False
    read_Node = False
    read_ConstrainedNode = False
    read_LoadNode = False

    # 开始按行读取 txt 文件数据
    for line in file_object.readlines():
        # 获取节点 x，y 坐标值的向量列表
        if '*Node end' in line:
            read_Coord = False
        if read_Coord:
            lineCoord = re.split('\s+|,', line)
            NodeCoordx.append(float(lineCoord[2]))
            NodeCoordy.append(float(lineCoord[4]))
        if '*Node begin' in line:
            read_Coord = True

        # 获取单元节点索引列表
        if '*Element end' in line:
            read_Node = False
        if read_Node:
            lineNode = re.split(',|\n', line)
            del lineNode[0]
            del lineNode[-1]
            for idx, i in enumerate(lineNode):
                lineNode[idx] = int(i)
            EleNode.append(lineNode)
        if '*Element begin' in line:
            read_Node = True

        # 获取单元节点索引列表
        if '*ConstrainedNode end' in line:
            read_ConstrainedNode = False
        if read_ConstrainedNode:
            lineConstrainedNode = re.split(',|\n', line)
            del lineConstrainedNode[-1]
            for i in lineConstrainedNode:
                ConstrainedNode.append(int(i))
        if '*ConstrainedNode begin' in line:
            read_ConstrainedNode = True

        # 获取荷载加载节点编号列表
```

```python
            if '*LoadNode end' in line:
                read_LoadNode = False
            if read_LoadNode:
                lineLoadNode = re.split(',|\n', line)
                del lineLoadNode[-1]
                for i in lineLoadNode:
                    LoadNode.append(int(i))
            if '*LoadNode begin' in line:
                read_LoadNode = True
# 定义构件材料、截面属性
E = 2.000E+08
v = 0.3
L = 2
H = 0.5
t = 0.2

# 计算单元、节点和自由度数量
numEle = len(EleNode)
numNode = len(NodeCoordx)
numDof = 2 * numNode

# 约束自由度
ConstrainedDof = np.zeros([1, len(ConstrainedNode) * 2], dtype='int')
for idx, i in enumerate(ConstrainedNode):
    ConstrainedDof[0][2 * idx] = 2 * i - 1
    ConstrainedDof[0][2 * idx + 1] = 2 * i

# 定义整体位移向量
displacement = np.zeros((1, numDof))
# 定义整体荷载向量
force = np.zeros((1, numDof))
P = -1000
for i in LoadNode:
    force[0][2 * int(i) - 1] = P
# 积分点及积分点权重
kesi_yita = np.array([[-np.sqrt(15) / 5, -np.sqrt(15) / 5],
                      [0, -np.sqrt(15) / 5],
                      [np.sqrt(15) / 5, -np.sqrt(15) / 5],
                      [-np.sqrt(15) / 5, 0],
                      [0, 0],
                      [np.sqrt(15) / 5, 0],
                      [-np.sqrt(15) / 5, np.sqrt(15) / 5],
                      [0, np.sqrt(15) / 5],
                      [np.sqrt(15) / 5, np.sqrt(15) / 5]])
w = np.array([0.555555555555556, 0.888888888888889, 0.555555555555556])
ww = np.array([w[0] * w[0], w[1] * w[0], w[2] * w[0], w[0] * w[1], w[1] * w[1], w[2] * w[1], w[0] * w[2], w[1] * w[2],
               w[2] * w[2]])

# 三、计算分析
# 定义总体刚度矩阵
stiffness_sum = np.zeros((numDof, numDof))    # 创建一个大小为 numDof × numDof 的全零数组，用于存储
                                              #   整体刚度矩阵
D = (E / (1 - v * v)) * np.array([[1, v, 0],  # 定义弹性矩阵 D
                                  [v, 1, 0],
                                  [0, 0, (1 - v) / 2]])
# 遍历单元，求解单元刚度矩阵
for i in range(numEle):
    noindex = EleNode[i]                      # 获取第 i 个单元的节点索引
    xy = np.zeros([8, 2])                     # 定义一个 8 × 2 数组，储存单元节点坐标
    for j in range(8):
        xy[j, 0] = NodeCoordx[int(noindex[j]) - 1]  # 获取第 i 个单元中第 j 个节点的 x 坐标
```

```python
            xy[j, 1] = NodeCoordy[int(noindex[j]) - 1]      # 获取第 i 个单元中第 j 个节点的 y 坐标
        eleK = np.zeros((16, 16))
        for m in range(9):
            kesi = kesi_yita[m][0]
            yita = kesi_yita[m][1]
            J = Q8_J(kesi, yita, xy)                         # 计算雅克比矩阵 J
            A = (1 / np.linalg.det(J)) * np.array([[J[1, 1], -1 * J[0, 1], 0, 0],
                                                   [0, 0, -1 * J[1, 0], J[0, 0]],
                                                   [-1 * J[1, 0], J[0, 0], J[1, 1], -1 * J[0, 1]]])
            G = Q8_G(kesi, yita)
            B = A @ G
            eleK = eleK + ww[m] * B.T @ D @ B * t * np.linalg.det(J)
        # 根据单元节点编号，确定单元自由度
        eleDof = np.array(
            [noindex[0] * 2 - 2, noindex[0] * 2 - 1, noindex[1] * 2 - 2, noindex[1] * 2 - 1, noindex[2] * 2 - 2,
             noindex[2] * 2 - 1,
             noindex[3] * 2 - 2, noindex[3] * 2 - 1, noindex[4] * 2 - 2, noindex[4] * 2 - 1, noindex[5] * 2 - 2,
             noindex[5] * 2 - 1,
             noindex[6] * 2 - 2, noindex[6] * 2 - 1, noindex[7] * 2 - 2, noindex[7] * 2 - 1])
        # 将单元刚度矩阵组装到整体刚度矩阵
        for i in range(16):
            for j in range(16):
                stiffness_sum[int(eleDof[i]), int(eleDof[j])] = stiffness_sum[int(eleDof[i]), int(eleDof[j])] + eleK[i][j]
# 根据给定的约束条件，删除指定被约束自由度对应的行和列，将整体刚度矩阵进行简化处理
stiffness_sum_sim = np.delete(stiffness_sum, ConstrainedDof - 1, 0)
stiffness_sum_sim = np.delete(stiffness_sum_sim, ConstrainedDof - 1, 1)

# 解方程，求位移
activeDof = np.delete((np.arange(numDof) + 1), ConstrainedDof - 1)
displacement[0][activeDof - 1] = np.array(np.mat(stiffness_sum_sim).I * np.mat(force[0][activeDof - 1]).T).T
# 按节点编号输出两个方向的节点位移分量，格式：节点号，位移1，位移2
Nodeindex = (np.arange(0, numNode) + 1).reshape(numNode, 1)
tempdisp = np.hstack((Nodeindex, displacement.reshape(numNode, 2)))

# 计算节点应力
stress_Node = np.zeros((numEle * 8, 5))
kesi_yita_Node = np.array([[-1, -1], [1, -1], [1, 1], [-1, 1], [0, -1], [1, 0], [0, 1], [-1, 0]])
for i in range(numEle):
    noindex = EleNode[i]
    xy_node = np.zeros((8, 2))
    d = np.zeros((16, 1))
    for j in range(8):
        xy_node[j, 0] = NodeCoordx[int(noindex[j]) - 1]
        xy_node[j, 1] = NodeCoordy[int(noindex[j]) - 1]
        d[int(2 * j)] = displacement[0][int(noindex[j] - 1) * 2]
        d[int(2 * j + 1)] = displacement[0][int(noindex[j] - 1) * 2 + 1]
    for m in range(8):
        kesi = kesi_yita_Node[m][0]
        yita = kesi_yita_Node[m][1]
        J = Q8_J(kesi, yita, xy_node)
        A = (1 / np.linalg.det(J)) * np.array([[J[1, 1], -1 * J[0, 1], 0, 0],
                                               [0, 0, -1 * J[1, 0], J[0, 0]],
                                               [-1 * int(J[1, 0]), J[0, 0], J[1, 1], -1 * J[0, 1]]])
        G = Q8_G(kesi, yita)
        B = A @ G
        sima = D @ B @ d     # 计算节点应力
        # 储存节点应力
        stress_Node[int(i * 8 + m)] = np.asarray([i + 1, noindex[m], sima[0], sima[1], sima[2]], dtype=object)
# 计算支座反力
reation = np.zeros((ConstrainedDof.size, 1))
for i in range(ConstrainedDof.size):
```

```python
            rownum = ConstrainedDof[0][i]
            reation[i] = stiffness_sum[rownum - 1] @ displacement.T - force[0][rownum - 1]

# 四、计算用于绘图相关参数
# 计算各单元最大长度 maxlen
maxlen = -1
for i in range(numEle):
    noindex = EleNode[i]
    deltax = NodeCoordx[int(noindex[1] - 1)] - NodeCoordx[int(noindex[0] - 1)]
    deltay = NodeCoordy[int(noindex[1] - 1)] - NodeCoordy[int(noindex[0] - 1)]
    L = np.sqrt(deltax * deltax + deltay * deltay)
    if L > maxlen:
        maxlen = L

# 计算节点最大绝对位移
maxabsDisp = np.sqrt((displacement[0][0] * displacement[0][0]) + (displacement[0][1] * displacement[0][1]))
for i in range(numNode):
    indexU = 2 * (i + 1) - 2
    indexV = 2 * (i + 1) - 1
    dispU = displacement[0][indexU]
    dispV = displacement[0][indexV]
    Disp = np.sqrt(dispU * dispU + dispV * dispV)
    if Disp > maxabsDisp:
        maxabsDisp = Disp

# 计算变形图变形放大系数
factor = 0.1
scalefactor = 0.2
if maxabsDisp > 1e-30:
    factor = scalefactor * maxlen / maxabsDisp

# 五、绘制图形
fig = plt.figure(figsize=(15, 6))              # 创建一个图形对象，并设置大小
plt.subplots_adjust(left=0.1, right=1)         # 调整子图间距
# 绘制未变形的结构线条
for i in range(numEle):
    # 获取第 i 个单元的节点索引，闭合曲线需要重复第一个节点
    noindex = np.concatenate([[EleNode[i][0]], [EleNode[i][4]], [EleNode[i][1]], [EleNode[i][5]], [EleNode[i][2]],
                              [EleNode[i][6]], [EleNode[i][3]], [EleNode[i][7]], [EleNode[i][0]]])
    NodeCoordx = np.array(NodeCoordx)     #列表转换为数组
    NodeCoordy = np.array(NodeCoordy)     #列表转换为数组
    x = NodeCoordx[noindex[:].astype('int') - 1]
    y = NodeCoordy[noindex[:].astype('int') - 1]
    line1 = plt.plot(x, y, label='Undeformed Shape', color='grey', linestyle='--')

# 绘制变形后的结构
xx_Deformed = np.empty_like(NodeCoordx)
yy_Deformed = np.empty_like(NodeCoordy)
for i in range(numEle):
    noindex = np.concatenate([[EleNode[i][0]], [EleNode[i][4]], [EleNode[i][1]], [EleNode[i][5]], [EleNode[i][2]],
                              [EleNode[i][6]], [EleNode[i][3]], [EleNode[i][7]], [EleNode[i][0]]])
    indexU = 2*noindex[:].astype('int')-2                           # 获取节点在位移数组中的 x 方向索引
    indexV = 2*noindex[:].astype('int')-1                           # 获取节点在位移数组中的 y 方向索引
    dispU = displacement[0][indexU]                                 # 获取节点在 x 方向的位移
    dispV = displacement[0][indexV]                                 # 获取节点在 y 方向的位移
    xxDeformed = NodeCoordx[noindex[:].astype('int')-1] + dispU*factor    # 计算变形后的 x 坐标
    yyDeformed = NodeCoordy[noindex[:].astype('int')-1] + dispV*factor    # 计算变形后的 y 坐标
    xx_Deformed[noindex.astype('int')-1] = xxDeformed               # 将变形后的 x 坐标存储到对应的数组位置
    yy_Deformed[noindex.astype('int')-1] = yyDeformed               # 将变形后的 y 坐标存储到对应的数组位置
    middlex = 0.5*(xxDeformed[1]+xxDeformed[0])                     # 计算变形后两个节点之间连线的中点 x 坐标
    middley = 0.5*(yyDeformed[1]+yyDeformed[0])                     # 计算变形后两个节点之间连线的中点 y 坐标
```

```python
        line2 = plt.plot(xxDeformed, yyDeformed, label='Deformed Shape', color='black', marker='o', mfc='w', )
# 标记节点编号
for i in range(numNode):
        plt.text(xx_Deformed[i] + 0.03, yy_Deformed[i], i + 1, color='r', ha='center', va='center')

# 设置坐标格式，使得图形以适合的比例进行显示
max_xx = max(max(NodeCoordx), max(xx_Deformed))      # 获取 x 坐标的最大值
max_yy = max(max(NodeCoordy), max(yy_Deformed))      # 获取 y 坐标的最大值
min_xx = min(min(NodeCoordx), min(xx_Deformed))      # 获取 x 坐标的最小值
min_yy = min(min(NodeCoordy), min(yy_Deformed))      # 获取 y 坐标的最小值
minx = -0.2*(max_xx-min_xx)+min_xx                    # 计算 x 坐标的显示最小值
maxx = 0.2*(max_xx-min_xx)+max_xx                     # 计算 x 坐标的显示最大值
miny = -0.2*(max_yy-min_yy)+min_yy                    # 计算 y 坐标的显示最小值
maxy = 0.2*(max_yy-min_yy)+max_yy                     # 计算 y 坐标的显示最大值
plt.xlim(0.2*minx, 0.89*maxx)                         # 设置 x 坐标范围
plt.ylim(miny, maxy)                                  # 设置 y 坐标范围
plt.xticks(np.arange(0, 2.2, 0.2))                    # 设置 坐标轴刻度
plt.xlabel('X')                                       # 设置 坐标轴标签
plt.ylabel('Y')                                       # 设置 y 坐标轴标签

# 绘制应力云图
sima_x = np.zeros((numNode, 1))                       # 创建一个大小为 numNode × 1 的全零数组，用于存储 x 方向应力
for stress_Node_sl in stress_Node:
        sima_x[int(stress_Node_sl[1])-1] = stress_Node_sl[2]   # 将节点应力中的 x 方向应力存储到对应数组位置
Z = sima_x                                            # 将 x 方向应力数组赋值给变量 Z
x = NodeCoordx.flatten()                              # 将 x 坐标数组展平为一维数组
y = NodeCoordy.flatten()                              # 将 y 坐标数组展平为一维数组
z = Z.flatten()                                       # 将应力数组展平为一维数组
triang = tri.Triangulation(x, y)                      # 构建三角剖分对象
tt=plt.tricontourf(triang, z,cmap="viridis")          # 绘制应力云图并保存为 tt 对象
plt.colorbar(tt)                                      # 绘制应力云图的颜色条

#去掉重复标签
handles, labels = plt.gca().get_legend_handles_labels()   # 获取图例句柄和标签
by_label = OrderedDict(zip(labels, handles))              # 按照标签和句柄创建有序字典
plt.legend(by_label.values(), by_label.keys(), loc='upper right')   # 绘制图例，并设置位置为右上角
plt.show()
```

代码运行结果见图 7.4-1。

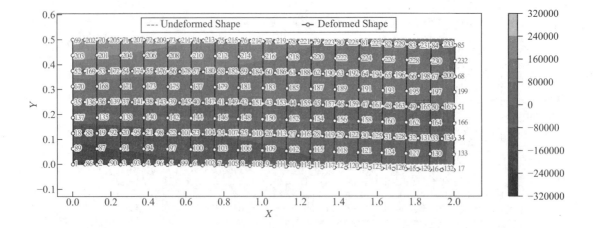

图 7.4-1　代码运行结果

7.5 算例二问题描述

图 7.5-1 是本章的第二个算例结构，是 xy 平面内一块牛腿薄板，牛腿尺寸详见图 7.5-1，牛腿薄板厚度为 1mm。牛腿顶端及底端固接嵌固，右端受到 y 方向的线荷载（计算模型以单元节点集中加载，单元节点数为 3，集中力大小为 1000N）。材料弹性模量 $E = 200000$MPa，材料泊松比为 0.3。下面将给出采用 Q8 平面应力单元对该牛腿薄板进行弹性静力分析的 Python 编程过程。

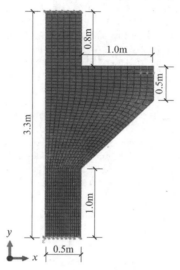

图 7.5-1 结构模型示意

7.6 Python 代码与注释

```python
# 2D 8 节点矩形单元:牛腿受力分析
# Website : www.jdcui.com
# 导入 numpy 库、matplotlib.pyplot、OpenGL 等库
import re
import numpy as np
import matplotlib.pyplot as plt
from OpenGL.GL import *
from OpenGL.GLU import *
from OpenGL.GLUT import *


# 一、定义函数
# 函数1：计算形函数矩阵 N
def Q8_N(kesi, yita):
    N1 = (1 - kesi) * (1 - yita) * (-kesi - yita - 1) / 4
    N2 = (1 + kesi) * (1 - yita) * (kesi - yita - 1) / 4
    N3 = (1 + kesi) * (1 + yita) * (kesi + yita - 1) / 4
    N4 = (1 - kesi) * (1 + yita) * (-kesi + yita - 1) / 4
    N5 = (1 - kesi * kesi) * (1 - yita) / 2
    N6 = (1 + kesi) * (1 - yita * yita) / 2
    N7 = (1 - kesi * kesi) * (1 + yita) / 2
```

```python
        N8 = (1 - kesi) * (1 - yita * yita) / 2
        N = np.array([[N1, 0, N2, 0, N3, 0, N4, 0, N5, 0, N6, 0, N7, 0, N8, 0],
                      [0, N1, 0, N2, 0, N3, 0, N4, 0, N5, 0, N6, 0, N7, 0, N8]])
        return N


# 函数2：计算形矩阵G，用于计算应变矩阵
def Q8_G(kesi, yita):
    G = np.array([[- ((kesi - 1) * (yita - 1)) / 4 - ((yita - 1) * (kesi + yita + 1)) / 4, 0,
                    ((yita - 1) * (yita - kesi + 1)) / 4 - ((kesi + 1) * (yita - 1)) / 4, 0,
                    ((kesi + 1) * (yita + 1)) / 4 + ((yita + 1) * (kesi + yita - 1)) / 4, 0,
                    ((kesi - 1) * (yita + 1)) / 4 + ((yita + 1) * (kesi - yita + 1)) / 4, 0, kesi * (yita - 1), 0,
                    1 / 2 - yita * yita / 2, 0, -kesi * (yita + 1), 0, yita * yita / 2 - 1 / 2, 0],
                   [- ((kesi - 1) * (yita - 1)) / 4 - ((kesi - 1) * (kesi + yita + 1)) / 4, 0,
                    ((kesi + 1) * (yita - 1)) / 4 + ((kesi + 1) * (yita - kesi + 1)) / 4, 0,
                    ((kesi + 1) * (yita + 1)) / 4 + ((kesi + 1) * (kesi + yita - 1)) / 4, 0,
                    ((kesi - 1) * (kesi - yita + 1)) / 4 - ((kesi - 1) * (yita + 1)) / 4, 0, kesi * kesi / 2 - 1 / 2, 0,
                    -yita * (kesi + 1), 0, 1 / 2 - kesi * kesi / 2, 0, yita * (kesi - 1), 0],
                   [0, - ((kesi - 1) * (yita - 1)) / 4 - ((yita - 1) * (kesi + yita + 1)) / 4, 0,
                    ((yita - 1) * (yita - kesi + 1)) / 4 - ((kesi + 1) * (yita - 1)) / 4, 0,
                    ((kesi + 1) * (yita + 1)) / 4 + ((yita + 1) * (kesi + yita - 1)) / 4, 0,
                    ((kesi - 1) * (yita + 1)) / 4 + ((yita + 1) * (kesi - yita + 1)) / 4, 0, kesi * (yita - 1), 0,
                    1 / 2 - yita * yita / 2, 0, -kesi * (yita + 1), 0, yita * yita / 2 - 1 / 2],
                   [0, - ((kesi - 1) * (yita - 1)) / 4 - ((kesi - 1) * (kesi + yita + 1)) / 4, 0,
                    ((kesi + 1) * (yita - 1)) / 4 + ((kesi + 1) * (yita - kesi + 1)) / 4, 0,
                    ((kesi + 1) * (yita + 1)) / 4 + ((kesi + 1) * (kesi + yita - 1)) / 4, 0,
                    ((kesi - 1) * (kesi - yita + 1)) / 4 - ((kesi - 1) * (yita + 1)) / 4, 0, kesi * kesi / 2 - 1 / 2, 0,
                    -yita * (kesi + 1), 0, 1 / 2 - kesi * kesi / 2, 0, yita * (kesi - 1)]
                   ])

    return G


# 函数3：计算雅克比矩阵 J
def Q8_J(kesi, yita, xy):
    NN = np.array([[- ((kesi - 1) * (yita - 1)) / 4 - ((yita - 1) * (kesi + yita + 1)) / 4,
                    ((yita - 1) * (yita - kesi + 1)) / 4 - ((kesi + 1) * (yita - 1)) / 4,
                    ((kesi + 1) * (yita + 1)) / 4 + ((yita + 1) * (kesi + yita - 1)) / 4,
                    ((kesi - 1) * (yita + 1)) / 4 + ((yita + 1) * (kesi - yita + 1)) / 4, kesi * (yita - 1),
                    1 / 2 - yita * yita / 2,-kesi * (yita + 1), yita * yita / 2 - 1 / 2],
                   [- ((kesi - 1) * (yita - 1)) / 4 - ((kesi - 1) * (kesi + yita + 1)) / 4,
                    ((kesi + 1) * (yita - 1)) / 4 + ((kesi + 1) * (yita - kesi + 1)) / 4, ((kesi + 1) * (yita + 1)) / 4
                    + ((kesi + 1) * (kesi + yita - 1)) / 4, ((kesi - 1) * (kesi - yita + 1)) / 4 - ((kesi - 1) *
                    (yita + 1)) / 4, kesi * kesi / 2 - 1 / 2, -yita * (kesi + 1),1 / 2 - kesi * kesi / 2,
                    yita * (kesi - 1)]])
    J = NN @ xy
    return J



# 函数4：定义颜色插值函数
def color(vari):
    """vari 为需绘图的分量列表"""
    norm = plt.Normalize(vari.min(), vari.max())
    colors = plt.cm.jet(norm(vari))    # 返回的 RGB 颜色值列表
    return colors



# 函数5：调用 OPenGL 绘制应力云图
def draw_S():
    glClear(GL_COLOR_BUFFER_BIT | GL_DEPTH_BUFFER_BIT)   # 清除屏幕和深度缓冲
    for i in range(numEle):
```

```python
        # 获取单元 x 坐标、y 坐标列表
        x = [NodeCoordx[EleNode[i][0] - 1], NodeCoordx[EleNode[i][1] - 1], NodeCoordx[EleNode[i][2] - 1],
             NodeCoordx[EleNode[i][3] - 1],
             NodeCoordx[EleNode[i][4] - 1], NodeCoordx[EleNode[i][5] - 1], NodeCoordx[EleNode[i][6] - 1],
             NodeCoordx[EleNode[i][7] - 1]]
        y = [NodeCoordy[EleNode[i][0] - 1], NodeCoordy[EleNode[i][1] - 1], NodeCoordy[EleNode[i][2] - 1],
             NodeCoordy[EleNode[i][3] - 1],
             NodeCoordy[EleNode[i][4] - 1], NodeCoordy[EleNode[i][5] - 1], NodeCoordy[EleNode[i][6] - 1],
             NodeCoordy[EleNode[i][7] - 1]]
        # 绘制单元云图
        glBegin(GL_POLYGON)
        glColor3f(color_S[8 * i][0], color_S[8 * i][1], color_S[8 * i][2])
        glVertex2f(x[0], y[0])
        glColor3f(color_S[8 * i + 4][0], color_S[8 * i + 4][1], color_S[8 * i + 4][2])
        glVertex2f(x[4], y[4])
        glColor3f(color_S[8 * i + 1][0], color_S[8 * i + 1][1], color_S[8 * i + 1][2])
        glVertex2f(x[1], y[1])
        glColor3f(color_S[8 * i + 5][0], color_S[8 * i + 5][1], color_S[8 * i + 5][2])
        glVertex2f(x[5], y[5])
        glColor3f(color_S[8 * i + 2][0], color_S[8 * i + 2][1], color_S[8 * i + 2][2])
        glVertex2f(x[2], y[2])
        glColor3f(color_S[8 * i + 6][0], color_S[8 * i + 6][1], color_S[8 * i + 6][2])
        glVertex2f(x[6], y[6])
        glColor3f(color_S[8 * i + 3][0], color_S[8 * i + 3][1], color_S[8 * i + 3][2])
        glVertex2f(x[3], y[3])
        glColor3f(color_S[8 * i + 7][0], color_S[8 * i + 7][1], color_S[8 * i + 7][2])
        glVertex2f(x[7], y[7])
        glEnd()

        # 绘制单元轮廓
        glBegin(GL_LINE_STRIP)
        glColor3f(0, 0, 0)
        glVertex2f(x[0], y[0])
        glVertex2f(x[4], y[4])
        glVertex2f(x[1], y[1])
        glVertex2f(x[5], y[5])
        glVertex2f(x[2], y[2])
        glVertex2f(x[6], y[6])
        glVertex2f(x[3], y[3])
        glVertex2f(x[7], y[7])
        glVertex2f(x[0], y[0])
        glEnd()
    glFlush()


# 函数 6：调用 OPenGL 绘制位移云图
def draw_U():
    glClear(GL_COLOR_BUFFER_BIT | GL_DEPTH_BUFFER_BIT)    # 清除屏幕和深度缓冲
    for i in range(numEle):
        x = [NodeCoordx[EleNode[i][0] - 1], NodeCoordx[EleNode[i][1] - 1], NodeCoordx[EleNode[i][2] - 1],
             NodeCoordx[EleNode[i][3] - 1],
             NodeCoordx[EleNode[i][4] - 1], NodeCoordx[EleNode[i][5] - 1], NodeCoordx[EleNode[i][6] - 1],
             NodeCoordx[EleNode[i][7] - 1]]
        y = [NodeCoordy[EleNode[i][0] - 1], NodeCoordy[EleNode[i][1] - 1], NodeCoordy[EleNode[i][2] - 1],
             NodeCoordy[EleNode[i][3] - 1],
             NodeCoordy[EleNode[i][4] - 1], NodeCoordy[EleNode[i][5] - 1], NodeCoordy[EleNode[i][6] - 1],
             NodeCoordy[EleNode[i][7] - 1]]
        # 绘制位移分量云图
        glBegin(GL_POLYGON)
        glColor3f(color_U[EleNode[i][0] - 1][0], color_U[EleNode[i][0] - 1][1], color_U[EleNode[i][0] - 1][2])
        glVertex2f(x[0], y[0])
```

```
            glColor3f(color_U[EleNode[i][4] - 1][0], color_U[EleNode[i][4] - 1][1], color_U[EleNode[i][4] - 1][2])
            glVertex2f(x[4], y[4])
            glColor3f(color_U[EleNode[i][1] - 1][0], color_U[EleNode[i][1] - 1][1], color_U[EleNode[i][1] - 1][2])
            glVertex2f(x[1], y[1])
            glColor3f(color_U[EleNode[i][5] - 1][0], color_U[EleNode[i][5] - 1][1], color_U[EleNode[i][5] - 1][2])
            glVertex2f(x[5], y[5])
            glColor3f(color_U[EleNode[i][2] - 1][0], color_U[EleNode[i][2] - 1][1], color_U[EleNode[i][2] - 1][2])
            glVertex2f(x[2], y[2])
            glColor3f(color_U[EleNode[i][6] - 1][0], color_U[EleNode[i][6] - 1][1], color_U[EleNode[i][6] - 1][2])
            glVertex2f(x[6], y[6])
            glColor3f(color_U[EleNode[i][3] - 1][0], color_U[EleNode[i][3] - 1][1], color_U[EleNode[i][3] - 1][2])
            glVertex2f(x[3], y[3])
            glColor3f(color_U[EleNode[i][7] - 1][0], color_U[EleNode[i][7] - 1][1], color_U[EleNode[i][7] - 1][2])
            glVertex2f(x[7], y[7])
            glEnd()

            # 绘制单元轮廓
            glBegin(GL_LINE_STRIP)
            glColor3f(0, 0, 0)
            glVertex2f(x[0], y[0])
            glVertex2f(x[4], y[4])
            glVertex2f(x[1], y[1])
            glVertex2f(x[5], y[5])
            glVertex2f(x[2], y[2])
            glVertex2f(x[6], y[6])
            glVertex2f(x[3], y[3])
            glVertex2f(x[7], y[7])
            glVertex2f(x[0], y[0])
            glEnd()
    glFlush()


# 二、读取模型建模几何信息文件并对相关数据进行处理，获取初始单元节点、被约束节点、加载点等坐标列表数据
# 定义储存模型几何信息列表
NodeCoordx = []            # 定义储存节点 x 坐标值的向量列表
NodeCoordy = []            # 定义储存节点 y 坐标值的向量列表
EleNode = []               # 定义储存单元节点索引列表
# 定义储存被约束节点索引列表
ConstrainedNode1 = []
ConstrainedNode2 = []
LoadNode = []              # 定义储存荷载施加节点索引列表

# 读取 txt 文件，获取节点坐标、单元节点编号列表
filename = 'bracket.txt'   # 将建模几何信息文件名赋值给变量 filename
with open(filename, 'r', ) as file_object:
    # 初始化读取数据判定条件
    read_Coord = False
    read_Node = False
    read_ConstrainedNode1 = False
    read_ConstrainedNode2 = False
    read_LoadNode = False

    # 开始按行读取 txt 文件数据
    for line in file_object.readlines():
        # 获取节点 x, y 坐标值的向量列表
        if '*Node end' in line:
            read_Coord = False
        if read_Coord:
            lineCoord = re.split('\s+|,', line)
            NodeCoordx.append(float(lineCoord[3]))
            NodeCoordy.append(float(lineCoord[5]))
```

```python
    if '*Node begin' in line:
        read_Coord = True

    # 获取单元节点索引列表
    if '*Element end' in line:
        read_Node = False
    if read_Node:
        lineNode = re.split(',|\n', line)
        del lineNode[0]
        del lineNode[-1]
        for idx, i in enumerate(lineNode):
            lineNode[idx] = int(i)
        EleNode.append(lineNode)
    if '*Element begin' in line:
        read_Node = True

    # 获取被约束节点编号列表
    if '*ConstrainedNode1 end' in line:
        read_ConstrainedNode1 = False
    if read_ConstrainedNode1:
        lineConstrainedNode1 = re.split(',|\n', line)
        del lineConstrainedNode1[-1]
        for i in lineConstrainedNode1:
            ConstrainedNode1.append(int(i))
    if '*ConstrainedNode1 begin' in line:
        read_ConstrainedNode1 = True

    if '*ConstrainedNode2 end' in line:
        read_ConstrainedNode2 = False
    if read_ConstrainedNode2:
        lineConstrainedNode2 = re.split(',|\n', line)
        del lineConstrainedNode2[-1]
        for i in lineConstrainedNode2:
            ConstrainedNode2.append(int(i))
    if '*ConstrainedNode2 begin' in line:
        read_ConstrainedNode2 = True

    # 获取荷载加载节点编号列表
    if '*LoadNode end' in line:
        read_LoadNode = False
    if read_LoadNode:
        lineLoadNode = re.split(',|\n', line)
        del lineLoadNode[-1]
        for i in lineLoadNode:
            LoadNode.append(int(i))
        # print(lineNode)
    if '*LoadNode begin' in line:
        read_LoadNode = True

# 三、输入信息
# 定义构件材料、截面属性
E = 2.0E+05    # 弹性模量
v = 0.3        # 泊松比
t = 1          # 厚度

# 计算单元、节点和自由度数量
numEle = len(EleNode)
numNode = len(NodeCoordx)
numDof = 2 * numNode

# 获取约束自由度编号
```

```python
# ①设置第一个区域约束自由度编号
ConstrainedDof1 = np.zeros([1, len(ConstrainedNode1) * 2], dtype='int')
for idx, i in enumerate(ConstrainedNode1):
    ConstrainedDof1[0][2 * idx] = 2 * i - 1
    ConstrainedDof1[0][2 * idx + 1] = 2 * i
# ②设置第二个区域约束自由度编号
ConstrainedDof2 = np.zeros([1, len(ConstrainedNode2) * 2], dtype='int')
for idx, i in enumerate(ConstrainedNode2):    # 自由度编号从 1 开始
    ConstrainedDof2[0][2 * idx] = 2 * i - 1
    ConstrainedDof2[0][2 * idx + 1] = 2 * i
# ③拼装约束自由度编号数组
ConstrainedDof = np.sort(np.hstack((ConstrainedDof1, ConstrainedDof2)))

# 定义整体位移向量
displacement = np.zeros((1, numDof))

# 定义整体荷载向量
force = np.zeros((1, numDof))
q = -1000
for i in LoadNode:
    force[0][2 * int(i) - 1] = q

# 积分点及积分点权重
kesi_yita = np.array([[-np.sqrt(15) / 5, -np.sqrt(15) / 5],
                      [0, -np.sqrt(15) / 5],
                      [np.sqrt(15) / 5, -np.sqrt(15) / 5],
                      [-np.sqrt(15) / 5, 0],
                      [0, 0],
                      [np.sqrt(15) / 5, 0],
                      [-np.sqrt(15) / 5, np.sqrt(15) / 5],
                      [0, np.sqrt(15) / 5],
                      [np.sqrt(15) / 5, np.sqrt(15) / 5]])
w = np.array([0.555555555555556, 0.888888888888889, 0.555555555555556])
ww = np.array([w[0] * w[0], w[1] * w[0], w[2] * w[0], w[0] * w[1], w[1] * w[1], w[2] * w[1], w[0] * w[2], w[1] * w[2],
               w[2] * w[2]])

# 四、计算分析
# 定义总体刚度矩阵
stiffness_sum = np.zeros((numDof, numDof))       # 创建一个大小为 numDOF × numDOF 的全零数组,用于存储
                                                 #   整体刚度矩阵
D = (E / (1 - v * v)) * np.array([[1, v, 0],     # 弹性矩阵
                                  [v, 1, 0],
                                  [0, 0, (1 - v) / 2]])
for i in range(numEle):
    noindex = EleNode[i]                         # 获取第 i 个单元的节点索引
    xy = np.zeros([8, 2])                        # 定义一个 8 × 2 数组,储存单元节点坐标
    for j in range(8):
        xy[j, 0] = NodeCoordx[int(noindex[j]) - 1]   # 获取第 i 个单元中第 j 个节点的 x 坐标
        xy[j, 1] = NodeCoordy[int(noindex[j]) - 1]   # 获取第 i 个单元中第 j 个节点的 y 坐标
    eleK = np.zeros((16, 16))                    # 定义储存单元刚度矩阵数组 eleK
    for m in range(9):
        kesi = kesi_yita[m][0]
        yita = kesi_yita[m][1]
        J = Q8_J(kesi, yita, xy)                 # 计算雅克比矩阵 J
        A = (1 / np.linalg.det(J)) * np.array([[J[1, 1], -1 * J[0, 1], 0, 0],      # 计算转换矩阵 A
                                               [0, 0, -1 * J[1, 0], J[0, 0]],
                                               [-1 * J[1, 0], J[0, 0], J[1, 1], -1 * J[0, 1]]])
        G = Q8_G(kesi, yita)
        B = A @ G
        eleK = eleK + ww[m] * B.T @ D @ B * t * np.linalg.det(J)     # 计算单元刚度矩阵
    # 根据单元节点编号,确定单元自由度
```

```python
            eleDof = np.array(
                [noindex[0] * 2 - 2, noindex[0] * 2 - 1, noindex[1] * 2 - 2, noindex[1] * 2 - 1, noindex[2] * 2 - 2,
                 noindex[2] * 2 - 1,
                 noindex[3] * 2 - 2, noindex[3] * 2 - 1, noindex[4] * 2 - 2, noindex[4] * 2 - 1, noindex[5] * 2 - 2,
                 noindex[5] * 2 - 1,
                 noindex[6] * 2 - 2, noindex[6] * 2 - 1, noindex[7] * 2 - 2, noindex[7] * 2 - 1])
            # 将单元刚度矩阵组装到整体刚度矩阵
            for i in range(16):
                for j in range(16):
                    stiffness_sum[int(eleDof[i]), int(eleDof[j])] = stiffness_sum[int(eleDof[i]), int(eleDof[j])] + eleK[i][j]
# 根据给定的约束条件，删除指定被约束自由度对应的行和列，将整体刚度矩阵进行简化处理
stiffness_sum_sim = np.delete(stiffness_sum, ConstrainedDof - 1, 0)
stiffness_sum_sim = np.delete(stiffness_sum_sim, ConstrainedDof - 1, 1)

# 解方程，求位移
activeDof = np.delete(np.arange(numDof) + 1, ConstrainedDof - 1)
displacement[0][activeDof - 1] = np.array(np.mat(stiffness_sum_sim).I * np.mat(force[0][activeDof - 1]).T).T
# 按节点编号输出两个方向的节点位移分量，格式：节点号，位移1，位移2
Nodeindex = np.arange(1, numNode + 1).reshape(numNode, 1)
tempdisp = np.hstack((Nodeindex, displacement.reshape(numNode, 2)))

# 计算节点应力
stress_Node = np.zeros((numEle * 8, 5))
kesi_yita_Node = np.array([[-1, -1], [1, -1], [1, 1], [-1, 1], [0, -1], [1, 0], [0, 1], [-1, 0]])
for i in range(numEle):
    noindex = EleNode[i]
    xy_node = np.zeros((8, 2))
    d = np.zeros((16, 1))
    for j in range(8):
        xy_node[(j, 0)] = NodeCoordx[int(noindex[j]) - 1]
        xy_node[(j, 1)] = NodeCoordy[int(noindex[j]) - 1]
        d[int(2 * j)] = displacement[0][int(noindex[j] - 1) * 2]
        d[int(2 * j + 1)] = displacement[0][int(noindex[j] - 1) * 2 + 1]
    for m in range(8):
        kesi = kesi_yita_Node[m][0]
        yita = kesi_yita_Node[m][1]
        J = Q8_J(kesi, yita, xy_node)
        A = (1 / np.linalg.det(J)) * np.array([[J[1, 1], -1 * J[0, 1], 0, 0],
                                                [0, 0, -1 * J[1, 0], J[0, 0]],
                                                [-1 * int(J[1, 0]), J[0, 0], J[1, 1], -1 * J[0, 1]]])
        G = Q8_G(kesi, yita)
        B = A @ G
        sima = D @ B @ d
        # 储存节点应力
        stress_Node[int(i * 8 + m)] = np.asarray([i + 1, noindex[m], sima[0], sima[1], sima[2]], dtype=object)
# 计算支座反力
reation = np.zeros((ConstrainedDof.size, 1))
for i in range(ConstrainedDof.size):
    rownum = ConstrainedDof[0][i]
    reation[i] = stiffness_sum[rownum - 1] @ displacement.T - force[0][rownum - 1]

# 五、绘制应力、位移云图
#   定义需要绘制云图的应力分量、位移分量列表
S11 = stress_Node[:, 2]
S22 = stress_Node[:, 3]
S12 = stress_Node[:, 4]
U1 = tempdisp[:, 1]
U2 = tempdisp[:, 2]

# 初始化绘图参数设置
glutInit()    # 启动glut
```

```
glutInitDisplayMode(GLUT_SINGLE | GLUT_RGBA)    # 指定窗口模式仅使用 RGB 颜色

# 绘制位移分量云图
glutInitWindowSize(1000, 2000)                  # 设置位移云图窗口尺寸
glutCreateWindow("位移分量 U1".encode("gb2312"))  # 设置绘图窗口标题
color_U = color(U1)                             # 获取位移分量对应的 RGB 颜色值列表
glutDisplayFunc(draw_U)                         # 调用位移云图绘图函数, 绘制 U1 位移分量云图
glClearColor(1.0, 1.0, 1.0, 1.0)                # 定义背景为白色
# 定义 x、y 坐标轴范围
gluOrtho2D(min(NodeCoordx) - 200, max(NodeCoordx) + 200, min(NodeCoordy) - 200, max(NodeCoordy) + 200)

# 绘制应力分量云图
glutInitWindowSize(1000, 2000)                  # 设置应力云图窗口尺寸
glutCreateWindow("应力分量 S11".encode("gb2312")) # 设置绘图窗口标题
color_S = color(S11)                            # 获取应力分量对应的 RGB 颜色值列表
glutDisplayFunc(draw_S)                         # 调用应力云图绘图函数, 绘制 S11 应力分量云图
glClearColor(1.0, 1.0, 1.0, 1.0)                # 定义背景为白色
# 定义 x、y 坐标轴范围
gluOrtho2D(min(NodeCoordx) - 200, max(NodeCoordx) + 200, min(NodeCoordy) - 200, max(NodeCoordy) + 200)
glutMainLoop()    # 进入 GLUT 事件处理循环
```

算例代码运行结果与 ABAQUS 计算结果云图基本一致，如图 7.6-1 及图 7.6-2 所示。

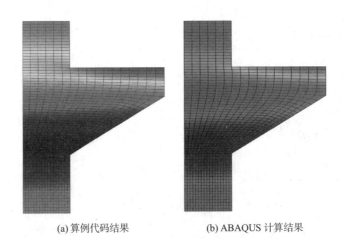

(a) 算例代码结果　　　　　　(b) ABAQUS 计算结果

图 7.6-1　位移分量 U1 对比

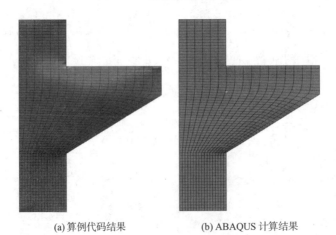

(a) 算例代码结果　　　　　　(b) ABAQUS 计算结果

图 7.6-2　应力分量 S11 对比

7.7 小结

本章首先介绍了小变形弹性 Q8 平面应力单元的基本列式。然后通过悬臂梁与牛腿薄板两个算例的 Python 有限元程序编制，介绍了采用 Q4 单元进行平面应力问题有限元求解的一般过程。

第 8 章

2D 3 节点三角形单元（CST）

8.1 CST 单元介绍

3 节点三角形单元有 3 个节点和 3 个边，单元内应力为常数，因此称为常应力三角形单元，即 Constant Stress Triangle Element，简称 CST 单元。本章介绍平面应力 CST 单元的单元列式推导及编程过程。

8.2 基本列式

8.2.1 基本方程

平面应力 CST 单元属于平面应力单元的一种，其几何方程、物理方程与上一章介绍的 Q4 单元相同，此处不再赘述。

8.2.2 位移场

常应变三角形单元（CST）有 3 个节点和 3 个直边，每个节点有两个平动自由度，令单元节点位移向量$\{a\} = \{u_1 \quad v_1 \quad u_2 \quad v_2 \quad u_3 \quad v_3\}^T$，则单元中任意一点的节点位移$(u,v)$可表示为：

$$\begin{cases} u = N_1 u_1 + N_2 u_2 + N_3 u_3 \\ v = N_1 v_1 + N_2 v_2 + N_3 v_3 \end{cases} \tag{8.2-1}$$

用矩阵表示为：

$$\begin{Bmatrix} u \\ v \end{Bmatrix} = \begin{bmatrix} N_1 & 0 & N_2 & 0 & N_3 & 0 \\ 0 & N_1 & 0 & N_2 & 0 & N_3 \end{bmatrix} \begin{Bmatrix} u_1 \\ v_1 \\ u_2 \\ v_2 \\ u_3 \\ v_3 \end{Bmatrix} = [N]\{a\} \tag{8.2-2}$$

将单元节点按图 8.2-1 所示进行编号，并用自然坐标表示，此时单元形函数N_i为：

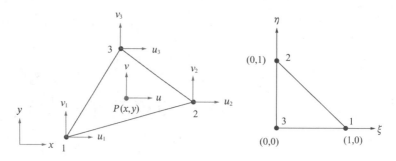

图 8.2-1 3 节点三角形单元

$$\begin{cases} N_1 = \xi \\ N_2 = \eta \\ N_3 = 1 - \xi - \eta \end{cases} \tag{8.2-3}$$

其中 $\xi \in [0,1]$，$\eta \in [0,1]$。可以看出在单元节点 i 处，$N_i = 0$。

基于单元节点坐标，使用相同的形函数 N 对单元内任意一点的几何坐标 (x, y) 进行插值（等参单元），可以得到单元内任意一点的几何坐标表达式：

$$\begin{cases} x = N_1 x_1 + N_2 x_2 + N_3 x_3 \\ y = N_1 y_1 + N_2 y_2 + N_3 y_3 \end{cases} \tag{8.2-4}$$

雅克比矩阵

采用上一章同样的方法，可以求得 CST 单元雅克比矩阵及其逆矩阵：

$$[J] = \begin{bmatrix} \dfrac{\partial x}{\partial \xi} & \dfrac{\partial y}{\partial \xi} \\ \dfrac{\partial x}{\partial \eta} & \dfrac{\partial y}{\partial \eta} \end{bmatrix} = \begin{bmatrix} \sum_{i=1}^{3} \dfrac{\partial N_i}{\partial \xi} x_i & \sum_{i=1}^{3} \dfrac{\partial N_i}{\partial \xi} y_i \\ \sum_{i=1}^{3} \dfrac{\partial N_i}{\partial \eta} x_i & \sum_{i=1}^{3} \dfrac{\partial N_i}{\partial \eta} y_i \end{bmatrix} \tag{8.2-5}$$

$$[J]^{-1} = \dfrac{1}{\det([J])} \begin{bmatrix} J_{22} & -J_{12} \\ -J_{21} & J_{11} \end{bmatrix} \tag{8.2-6}$$

8.2.3 几何方程与应变矩阵

根据几何方程，将单元内任意一点的应变 $\{\varepsilon\}$ 表示为单元节点位移 $\{a\}$ 的函数，即

$$\{\varepsilon\} = [B]\{a\} \tag{8.2-7}$$

式中 $\{\varepsilon\} = \{\varepsilon_x \quad \varepsilon_y \quad \gamma_{xy}\}^T$，$[B]$ 称为应变矩阵，$\{a\}$ 为此前定义的单元节点位移向量。CST 单元的应变矩阵推导过程与 Q4 单元思路相同，具体如下：

$$\{\varepsilon\} = \begin{Bmatrix} \varepsilon_x \\ \varepsilon_y \\ \gamma_{xy} \end{Bmatrix} = \begin{Bmatrix} \dfrac{\partial u}{\partial x} \\ \dfrac{\partial u}{\partial y} \\ \dfrac{\partial u}{\partial y} + \dfrac{\partial v}{\partial x} \end{Bmatrix} = \dfrac{1}{\det([J])} \begin{bmatrix} J_{22} & -J_{12} & 0 & 0 \\ 0 & 0 & -J_{21} & J_{11} \\ -J_{21} & J_{11} & J_{22} & -J_{12} \end{bmatrix} \begin{Bmatrix} \dfrac{\partial u}{\partial \xi} \\ \dfrac{\partial u}{\partial \eta} \\ \dfrac{\partial v}{\partial \xi} \\ \dfrac{\partial v}{\partial \eta} \end{Bmatrix}$$

$$= \frac{1}{\det([J])} \begin{bmatrix} J_{22} & -J_{12} & 0 & 0 \\ 0 & 0 & -J_{21} & J_{11} \\ -J_{21} & J_{11} & J_{22} & -J_{12} \end{bmatrix} \begin{bmatrix} \frac{\partial N_1}{\partial \xi} & 0 & \frac{\partial N_2}{\partial \xi} & 0 & \frac{\partial N_3}{\partial \xi} & 0 \\ \frac{\partial N_1}{\partial \eta} & 0 & \frac{\partial N_2}{\partial \eta} & 0 & \frac{\partial N_3}{\partial \eta} & 0 \\ 0 & \frac{\partial N_1}{\partial \xi} & 0 & \frac{\partial N_2}{\partial \xi} & 0 & \frac{\partial N_3}{\partial \xi} \\ 0 & \frac{\partial N_1}{\partial \eta} & 0 & \frac{\partial N_2}{\partial \eta} & 0 & \frac{\partial N_3}{\partial \eta} \end{bmatrix} \begin{Bmatrix} u_1 \\ v_1 \\ u_2 \\ v_2 \\ u_3 \\ v_3 \end{Bmatrix}$$

(8.2-8)

令$[B] = [A][G]$，则上式可简写为

$$\{\varepsilon\} = [A][G]\{a\} \tag{8.2-9}$$

其中

$$[A] = \frac{1}{\det([J])} \begin{bmatrix} J_{22} & -J_{12} & 0 & 0 \\ 0 & 0 & -J_{21} & J_{11} \\ -J_{21} & J_{11} & J_{22} & -J_{12} \end{bmatrix} \tag{8.2-10}$$

$$[G] = \begin{bmatrix} \frac{\partial N_1}{\partial \xi} & 0 & \frac{\partial N_2}{\partial \xi} & 0 & \frac{\partial N_3}{\partial \xi} & 0 \\ \frac{\partial N_1}{\partial \eta} & 0 & \frac{\partial N_2}{\partial \eta} & 0 & \frac{\partial N_3}{\partial \eta} & 0 \\ 0 & \frac{\partial N_1}{\partial \xi} & 0 & \frac{\partial N_2}{\partial \xi} & 0 & \frac{\partial N_3}{\partial \xi} \\ 0 & \frac{\partial N_1}{\partial \eta} & 0 & \frac{\partial N_2}{\partial \eta} & 0 & \frac{\partial N_3}{\partial \eta} \end{bmatrix} \tag{8.2-11}$$

对于 CST 单元，矩阵$[A]$和$[G]$均为常数矩阵，则应变矩阵$[B]$也为常数矩阵。

8.2.4 物理方程与应力矩阵

CST 单元应力应变关系和弹性矩阵$[D]$与 Q4 单元相同，参考 6.2.5 节，此处不再赘述。

8.2.5 单元刚度矩阵

单元的应变能可表示为：

$$\begin{aligned} U &= \frac{1}{2} \int_V \{\sigma\}^\mathrm{T} \{\varepsilon\} \, \mathrm{d}V \\ &= \frac{1}{2} \{a\}^\mathrm{T} \left[\int_V [B]^\mathrm{T}[D][B] \, \mathrm{d}V \right] \{a\} \\ &= \frac{1}{2} \{a\}^\mathrm{T} \left[t \int_0^1 \int_0^{1-\eta} [B]^\mathrm{T}[D][B] \det([J]) \, \mathrm{d}\xi \, \mathrm{d}\eta \right] \{a\} \end{aligned} \tag{8.2-12}$$

由最小势能原理（参考第 1 章的 1.2.3.4 节）可得单元的刚度矩阵$[k]$：

$$[k] = t \int_0^1 \int_0^{1-\eta} [B]^\mathrm{T}[D][B] \det([J]) \, \mathrm{d}\xi \, \mathrm{d}\eta = A_\mathrm{e}[B]^\mathrm{T}[D][B]t \tag{8.2-13}$$

其中t为单元厚度，$A_\mathrm{e} = \frac{1}{2}\det([J])$，等于 CST 单元的面积。对于特定的 CST 单元，式

中各项均为常数矩阵,因此可直接计算单元刚度矩阵,无需数值积分,这点与 Q4 单元不同。

8.2.6 单元荷载列阵及等效节点力

单元的荷载主要包括面力(分布在单元边上的面力)、体力(分布在单位体积上的力)及温度作用等。以体力$\{f_v\}$为例,给出其等效节点荷载$\{f\}$的计算方法。

单元的体力表示为$\{f_v\} = \{f_{vx}, f_{vy}\}^T$。单元体力$\{f_v\}$在单元变形$\{u\}$上做的外力功势能可表示为:

$$W = -\int_V \{u\}^T \{f_v\} dV \tag{8.2-14}$$

由最小势能原理可得(参考第 1 章的 1.2.3.4 节)可得,CST 单元体力的等效节点荷载列阵为:

$$\{f\} = \int_V [N]^T \{f_v\} dV = t \left[\int_0^1 \int_0^{1-\eta} [N]^T \det([J]) d\xi\, d\eta \right] \{f_v\} \tag{8.2-15}$$

积分得到 CST 单元荷载列阵$\{f\}$:

$$\{f\} = \frac{tA_e}{3} \begin{Bmatrix} f_v \\ f_v \\ f_v \end{Bmatrix} \tag{8.2-16}$$

8.3 算例一问题描述

图 8.3-1 是本章的算例结构,是一根xz平面内的悬臂梁,悬臂长度 2.0m,梁高 0.5m,梁宽 0.2m。梁左端嵌固,右端受到$-z$方向的集中力 1000kN。材料弹性模量$E = 200000$MPa,材料泊松比为 0.3。下面将给出采用 CST 平面应力单元对该悬臂梁进行弹性静力分析的 Python 编程过程。

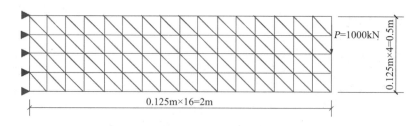

图 8.3-1 结构模型示意(立面视图)

8.4 Python 代码与注释

对上述结构进行分析的 Python 代码如下:

```
# 2D 常应力三角形单元:悬臂梁受力分析
# Website : www.jdcui.com
# 导入 numpy 库、matplotlib.pyplot 等库
```

```python
import numpy as np
import matplotlib.pyplot as plt
import matplotlib.tri as tri
from collections import OrderedDict

# 一、定义函数
# 定义计算雅克比矩阵函数
def CST_J(xy):
    NN = np.array([[1, 0, -1], [0, 1, -1]])
    J = NN@xy
    return J


# 二、输入信息
# 定义构件材料、截面属性
E = 2.000E+08
v = 0.3
L = 2
H = 0.5
t = 0.2

# 网格划分
DoE = 0.125    # 单元划分尺度参数
NEofH = np.round(H/DoE)
NEofL = np.round(L/DoE)
NodeCoord = np.zeros([int((NEofH+1)*(NEofL+1)), 2])
EleNode = np.zeros([int(NEofH*NEofL*2), 3])
# 定义节点坐标
for i in range(1, int(NEofL)+2):
    for j in range(1, int(NEofH)+2):
        NodeCoord[((i-1)*(int(NEofH)+1)+j)-1, 0] = (L/NEofL)*(i-1)
        NodeCoord[((i-1)*(int(NEofH)+1)+j)-1, 1] = (H/NEofH)*(j-1)

# 定义单元节点
for i in range(1, int(NEofL)+1):
    for j in range(1, int(NEofH)+1):
        EleNode[(i-1)*int(NEofH)*2+2*j-2, 0] = (NEofH+1)*(i-1)+1+(j-1)
        EleNode[(i-1)*int(NEofH)*2+2*j-2, 1] = (NEofH+1)*i+1+(j-1)
        EleNode[(i-1)*int(NEofH)*2+2*j-2, 2] = (NEofH+1)*(i-1)+2+(j-1)
        EleNode[(i-1)*int(NEofH)*2+2*j-1, 0] = (NEofH+1)*(i-1)+2+(j-1)
        EleNode[(i-1)*int(NEofH)*2+2*j-1, 1] = (NEofH+1)*i+1+(j-1)
        EleNode[(i-1)*int(NEofH)*2+2*j-1, 2] = (NEofH+1)*i+2+(j-1)


# 单元和节点数量
numEle = EleNode.shape[0]
numNode = NodeCoord.shape[0]
# 节点坐标值(x, y)向量
xx = NodeCoord[:, 0]
yy = NodeCoord[:, 1]
# 自由度数量
numDOF = numNode*2

# 约束自由度
ConstrainedDof = np.zeros([1, 2*(int(NEofH)+1)], dtype='int')
for i in range(1, 2*(int(NEofH)+1)+1):
    ConstrainedDof[0][i-1] = i

# 定义整体位移向量
displacement = np.zeros((1, numDOF))

# 定义整体荷载向量
force = np.zeros((1, numDOF))
```

```python
P = -1000
force[0][int(numDOF)-int(NEofH)-1] = P

# 三、计算分析
# 定义总体刚度矩阵
stiffness_sum = np.zeros((numDOF, numDOF))      # 创建一个大小为 numDOF × numDOF 的全零数组，用于存储整
                                                  体刚度矩阵
D = (E/(1-v*v))*np.array([[1, v, 0],            # 定义弹性矩阵 D
                          [v, 1, 0],
                          [0, 0, (1-v)/2]])
# 遍历单元，求解单元刚度矩阵
for i in range(numEle):
    noindex = EleNode[i]                         # 获取第 i 个单元的节点索引
    xy = np.zeros([3, 2])                        # 定义一个 3 × 2 数组，储存单元节点坐标
    for j in range(3):
        xy[j, 0] = xx[int(noindex[j])-1]         # 获取第 i 个单元中第 j 个节点的 x 坐标
        xy[j, 1] = yy[int(noindex[j])-1]         # 获取第 i 个单元中第 j 个节点的 y 坐标
    J = CST_J(xy)                                # 计算雅克比矩阵 J
    Ae = 1/2*np.linalg.det(J)                    # 计算单元面积 Ae
    A = (1/np.linalg.det(J))*np.array([[J[1, 1], -1*J[0, 1], 0, 0],   # 计算转换矩阵 A
                                        [0, 0, -1*J[1, 0], J[0, 0]],
                                        [-1*J[1, 0], J[0, 0], J[1, 1], -1*J[0, 1]]])
    G = np.array([[1, 0, 0, 0, -1, 0], [0, 0, 1, 0, -1, 0], [0, 1, 0, 0, 0, -1], [0, 0, 0, 1, 0, -1]])
    B = A@G
    eleK = t * Ae * B.T @ D @ B       # 计算单元刚度矩阵
    # 根据单元节点编号，确定单元自由度
    eleDof = np.array([noindex[0]*2-2, noindex[0]*2-1, noindex[1]*2-2, noindex[1]*2-1, noindex[2]*2-2, noindex[2]*2-1])
    # 将单元刚度矩阵组装到整体刚度矩阵
    for i in range(6):
        for j in range(6):
            stiffness_sum[int(eleDof[i]), int(eleDof[j])] = stiffness_sum[int(eleDof[i]), int(eleDof[j])] + eleK[i][j]
# 根据给定的约束条件，删除指定被约束自由度对应的行和列，将整体刚度矩阵进行简化处理
stiffness_sum_sim = np.delete(stiffness_sum, ConstrainedDof-1, 0)
stiffness_sum_sim = np.delete(stiffness_sum_sim, ConstrainedDof-1, 1)

# 解方程，求位移
activeDof = np.delete((np.arange(numDOF)+1), ConstrainedDof-1)          # 获取活动自由度编号列表
displacement[0][activeDof-1] = np.array(np.mat(stiffness_sum_sim).I * np.mat(force[0][activeDof - 1]).T).T
# 按节点编号输出两个方向的节点位移分量，格式：节点号，位移1，位移2
Nodeindex = (np.arange(0, numNode)+1).reshape(numNode, 1)
tempdisp = np.hstack((Nodeindex, displacement.reshape(numNode, 2)))

# 计算节点应力
stress_Node = np.zeros((numEle*3, 5))
for i in range(numEle):
    noindex = EleNode[i]
    xy_node = np.zeros((3, 2))
    d = np.zeros((6, 1))
    for j in range(3):
        xy_node[(j, 0)] = xx[int(noindex[j])-1]
        xy_node[(j, 1)] = yy[int(noindex[j])-1]
        d[int(2*j)] = displacement[0][int(noindex[j]-1)*2]
        d[int(2*j+1)] = displacement[0][int(noindex[j]-1)*2+1]
    J = CST_J(xy_node)
    A = (1/np.linalg.det(J))*np.array([[J[1, 1], -1*J[0, 1], 0, 0],
                                        [0, 0, -1*J[1, 0], J[0, 0]],
                                        [-1*int(J[1, 0]), J[0, 0], J[1, 1], -1*J[0, 1]]])
    G = np.array([[1, 0, 0, 0, -1, 0], [0, 0, 1, 0, -1, 0], [0, 1, 0, 0, 0, -1], [0, 0, 0, 1, 0, -1]])
    B = A@G
    sima = D @ B @ d     # 计算节点应力
    # 储存节点应力
```

```python
        stress_Node[int(i)*3+0] = np.asarray([i+1, noindex[0], sima[0], sima[1], sima[2]], dtype=object)
        stress_Node[int(i)*3+1] = np.asarray([i+1, noindex[1], sima[0], sima[1], sima[2]], dtype=object)
        stress_Node[int(i)*3+2] = np.asarray([i+1, noindex[2], sima[0], sima[1], sima[2]], dtype=object)

# 计算支座反力
reation = np.zeros((ConstrainedDof.size, 1))
for i in range(ConstrainedDof.size):
    rownum = ConstrainedDof[0][i]
    reation[i] = stiffness_sum[rownum-1] @ displacement.T - force[0][rownum - 1]

# 四、计算用于绘图相关参数
# 计算各单元最大长度 maxlen
maxlen = -1
for i in range(numEle):
    noindex = EleNode[i]
    deltax = xx[int(noindex[1]-1)]-xx[int(noindex[0]-1)]
    deltay = yy[int(noindex[1]-1)]-yy[int(noindex[0]-1)]
    L = np.sqrt(deltax * deltax + deltay * deltay)
    if L > maxlen:
        maxlen = L

# 计算节点最大绝对位移
maxabsDisp = np.sqrt((displacement[0][0]*displacement[0][0])+(displacement[0][1]*displacement[0][1]))
for i in range(numNode):
    indexU = 2*(i+1)-2
    indexV = 2*(i+1)-1
    dispU = displacement[0][indexU]
    dispV = displacement[0][indexV]
    Disp = np.sqrt(dispU*dispU+dispV*dispV)
    if Disp > maxabsDisp:
        maxabsDisp = Disp

# 计算变形图变形放大系数
factor = 0.1
scalefactor = 0.2
if maxabsDisp > 1e-30:
    factor = scalefactor*maxlen/maxabsDisp

# 五、绘制图形
fig = plt.figure(figsize=(15, 6))              # 创建一个图形对象, 并设置大小
plt.subplots_adjust(left=0.1, right=1)         # 调整子图间距

# 绘制未变形的结构线条
for i in range(numEle):
    noindex = np.concatenate([EleNode[i], [EleNode[i][0]]])     # 获取第 i 个单元的节点索引
    x = xx[noindex[:].astype('int')-1]                           # 获取节点的 x 坐标
    y = yy[noindex[:].astype('int')-1]                           # 获取节点的 y 坐标
    line1 = plt.plot(x, y, label='Undeformed Shape', color='grey', linestyle='--')   # 绘制线条 (未变形的结构)

# 绘制变形后的结构
xx_Deformed = np.empty_like(xx)         # 创建一个与 xx 大小相同的数组, 用于存储变形后的 x 坐标
yy_Deformed = np.empty_like(yy)         # 创建一个与 yy 大小相同的数组, 用于存储变形后的 y 坐标
for i in range(numEle):
    # 获取第 i 个单元的节点索引, 闭合曲线需要重复第一个节点
    noindex = np.concatenate([EleNode[i], [EleNode[i][0]]])
    indexU = 2*noindex[:].astype('int')-2              # 获取节点在位移数组中的 x 方向索引
    indexV = 2*noindex[:].astype('int')-1              # 获取节点在位移数组中的 y 方向索引
    dispU = displacement[0][indexU]                    # 获取节点在 x 方向的位移
    dispV = displacement[0][indexV]                    # 获取节点在 y 方向的位移
    xxDeformed = xx[noindex[:].astype('int')-1] + dispU*factor    # 计算变形后的 x 坐标
    yyDeformed = yy[noindex[:].astype('int')-1] + dispV*factor    # 计算变形后的 y 坐标
```

```python
        xx_Deformed[noindex.astype('int')-1] = xxDeformed        # 将变形后的 x 坐标存储到对应的数组位置
        yy_Deformed[noindex.astype('int')-1] = yyDeformed        # 将变形后的 y 坐标存储到对应的数组位置
        middlex = 0.5*(xxDeformed[1]+xxDeformed[0])              # 计算变形后两个节点之间连线的中点 x 坐标
        middley = 0.5*(yyDeformed[1]+yyDeformed[0])              # 计算变形后两个节点之间连线的中点 y 坐标
        # 绘制线条（变形后的结构）
        line2 = plt.plot(xxDeformed, yyDeformed, label='Deformed Shape', color='black', marker='o', mfc='w',)
# 标注单元节点编号
for i in range(numNode):
        # 在图形上标记节点编号
        plt.text(xx_Deformed[i]+0.03, yy_Deformed[i], i+1, color='r', ha='center', va='center')
# 设置坐标格式，使得图形以适合的比例进行显示
max_xx = max(max(xx), max(xx_Deformed))                          # 获取 x 坐标的最大值
max_yy = max(max(yy), max(yy_Deformed))                          # 获取 y 坐标的最大值
min_xx = min(min(xx), min(xx_Deformed))                          # 获取 x 坐标的最小值
min_yy = min(min(yy), min(yy_Deformed))                          # 获取 y 坐标的最小值
minx = -0.2*(max_xx-min_xx)+min_xx                               # 计算 x 坐标的显示最小值
maxx = 0.2*(max_xx-min_xx)+max_xx                                # 计算 x 坐标的显示最大值
miny = -0.2*(max_yy-min_yy)+min_yy                               # 计算 y 坐标的显示最小值
maxy = 0.2*(max_yy-min_yy)+max_yy                                # 计算 y 坐标的显示最大值
plt.xlim(0.2*minx, 0.89*maxx)                                    # 设置 x 坐标范围
plt.ylim(miny, maxy)                                             # 设置 y 坐标范围
plt.xticks(np.arange(0, 2.2, 0.2))                               # 设置 x 坐标轴刻度
plt.xlabel('X')                                                  # 设置 x 坐标轴标签
plt.ylabel('Y')                                                  # 设置 y 坐标轴标签

# 绘制应力云图
sima_x = np.zeros((numNode, 1))                                  # 创建一个大小为 numNode × 1 的全零数组，用于存储 x 方向应力
for stress_Node_sl in stress_Node:
    sima_x[int(stress_Node_sl[1])-1] = stress_Node_sl[2]         # 将节点应力中的 x 方向应力存储到对应数组位置
Z = sima_x                                                       # 将 x 方向应力数组赋值给变量 Z
x = xx.flatten()                                                 # 将 x 坐标数组展平为一维数组
y = yy.flatten()                                                 # 将 y 坐标数组展平为一维数组
z = Z.flatten()                                                  # 将应力数组展平为一维数组
triang = tri.Triangulation(x, y)                                 # 构建三角剖分对象
tt=plt.tricontourf(triang, z,cmap="viridis")                     # 绘制应力云图并保存为 tt 对象
plt.colorbar(tt)                                                 # 绘制应力云图的颜色条

#去掉重复标签
handles, labels = plt.gca().get_legend_handles_labels()          # 获取图例句柄和标签
by_label = OrderedDict(zip(labels, handles))                     # 按照标签和句柄创建有序字典
plt.legend(by_label.values(), by_label.keys(), loc='upper right') # 绘制图例，并设置位置为右上角
plt.show()
```

代码运行结果见图 8.4-1。

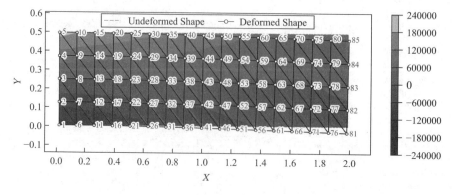

图 8.4-1　代码运行结果

8.5 算例二问题描述

图 8.5-1 是本章的算例结构，是一根 xy 平面内的简支梁，其中梁中开了两个矩形洞。简支梁尺寸详见图 8.5-1。梁左端及右端均为铰支，梁中间位置受到 Y 方向的竖向线荷载（计算模型以单元节点集中加载，单元节点数为 26，集中力大小为 100N）。材料弹性模量 E = 200000MPa，材料泊松比为 0.3。下面将给出采用 CST 平面应力单元对该简支深梁进行弹性静力分析的 Python 编程过程。

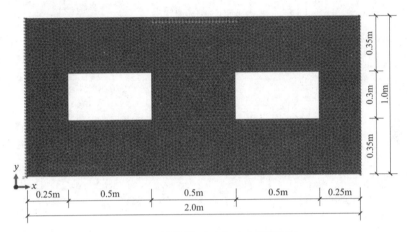

图 8.5-1 结构模型示意（立面视图）

8.6 Python 代码与注释

对上述结构进行分析的 Python 代码如下：

```python
# 2D 3 节点三角形单元:深梁开孔受力分析
# Website : www.jdcui.com
# 导入 numpy 库、matplotlib.pyplot、OpenGL 等库
import re
import numpy as np
import matplotlib.pyplot as plt
from OpenGL.GL import *
from OpenGL.GLU import *
from OpenGL.GLUT import *

# 一、定义函数
#函数1：定义计算雅克比函数
def CST_J(xy):
    NN = np.array([[1, 0, -1], [0, 1, -1]])
    J = NN @ xy
    return J

# 函数2：定义颜色插值函数
def color(vari):
    """vari 为需绘图的分量列表"""
    norm = plt.Normalize(vari.min(), vari.max())
    colors = plt.cm.jet(norm(vari))
```

```python
        return colors    # 返回 RGB 颜色值列表


# 函数 3：定义绘制应力分量云图函数
def draw_S():
    """numEle 为单元节点索引列表；NodeCoordx 为 x 坐标列表；NodeCoordy 为 y 坐标列表"""
    glClear(GL_COLOR_BUFFER_BIT | GL_DEPTH_BUFFER_BIT)    # 清除屏幕和深度缓冲
    for i in range(numEle):
        # 单元 x 坐标列表
        x = [NodeCoordx[EleNode[i][0] - 1], NodeCoordx[EleNode[i][1] - 1], NodeCoordx[EleNode[i][2] - 1]]
        # 单元 y 坐标列表
        y = [NodeCoordy[EleNode[i][0] - 1], NodeCoordy[EleNode[i][1] - 1], NodeCoordy[EleNode[i][2] - 1]]
        # 绘制应力分量云图
        glBegin(GL_TRIANGLE_STRIP)
        glColor3f(color_S[3 * i][0], color_S[3 * i][1], color_S[3 * i][2])
        glVertex2f(x[0], y[0])
        glColor3f(color_S[3 * i + 1][0], color_S[3 * i + 1][1], color_S[3 * i + 1][2])
        glVertex2f(x[1], y[1])
        glColor3f(color_S[3 * i + 2][0], color_S[3 * i + 2][1], color_S[3 * i + 2][2])
        glVertex2f(x[2], y[2])
        glEnd()

        # 绘制单元轮廓
        glBegin(GL_LINE_STRIP)
        glColor3f(0, 0, 0)
        glVertex2f(x[0], y[0])
        glVertex2f(x[1], y[1])
        glVertex2f(x[2], y[2])
        glVertex2f(x[0], y[0])
        glEnd()
    glFlush()


# 函数 4：定义绘制位移量云图函数
def draw_U():
    """numEle 为单元节点索引列表；NodeCoordx 为 x 坐标列表；NodeCoordy 为 y 坐标列表"""
    glClear(GL_COLOR_BUFFER_BIT | GL_DEPTH_BUFFER_BIT)    # 清除屏幕和深度缓冲
    for i in range(numEle):
        # 单元 x 坐标列表
        x = [NodeCoordx[EleNode[i][0] - 1], NodeCoordx[EleNode[i][1] - 1], NodeCoordx[EleNode[i][2] - 1]]
        # 单元 y 坐标列表
        y = [NodeCoordy[EleNode[i][0] - 1], NodeCoordy[EleNode[i][1] - 1], NodeCoordy[EleNode[i][2] - 1]]
        # 绘制位移分量云图
        glBegin(GL_TRIANGLE_STRIP)
        glColor3f(color_U[EleNode[i][0] - 1][0], color_U[EleNode[i][0] - 1][1], color_U[EleNode[i][0] - 1][2])
        glVertex2f(x[0], y[0])
        glColor3f(color_U[EleNode[i][1] - 1][0], color_U[EleNode[i][1] - 1][1], color_U[EleNode[i][1] - 1][2])
        glVertex2f(x[1], y[1])
        glColor3f(color_U[EleNode[i][2] - 1][0], color_U[EleNode[i][2] - 1][1], color_U[EleNode[i][2] - 1][2])
        glVertex2f(x[2], y[2])
        glEnd()

        # 绘制单元轮廓
        glBegin(GL_LINE_STRIP)
        glColor3f(0, 0, 0)
        glVertex2f(x[0], y[0])
        glVertex2f(x[1], y[1])
        glVertex2f(x[2], y[2])
        glVertex2f(x[0], y[0])
        glEnd()
    glFlush()
```

```python
# 二、导入模型信息文件
# 定义储存模型信息列表
NodeCoordx = []          # 定义存储节点的 x 坐标值列表
NodeCoordy = []          # 定义存储节点的 y 坐标值列表
EleNode = []             # 定义存储单元的节点编号列表
RestraindedNode = []     # 定义存储被约束的节点编号列表
LoadNode = []            # 定义存储荷载施加的节点编号列表

# 读取 txt 文件,获取节点坐标、单元节点编号列表
filename = 'beamrole.txt'              # 定义将文件名赋值给变量 filename
with open(filename, 'r') as file_object:    # 打开文件
    # 初始化读取文件信息判定条件
    read_Coord = False
    read_Node = False
    read_ConstrainedNode = False
    read_LoadNode = False

    # 逐行读取文件内容
    for line in file_object.readlines():
        # 获取节点坐标值(x,y)的向量列表
        if '*Node end' in line:
            read_Coord = False                  # 停止读取节点坐标信息
        if read_Coord:
            lineCoord = re.split('\s+|,', line)  # 使用正则表达式按空格和逗号分割每行内容
            # 将节点的 x 坐标值转换为浮点型并添加到 NodeCoordx 列表中
            NodeCoordx.append(float(lineCoord[3]))
            # 将节点的 y 坐标值转换为浮点型并添加到 NodeCoordy 列表中
            NodeCoordy.append(float(lineCoord[5]))
        if '*Node begin' in line:
            read_Coord = True    # 开始读取节点坐标信息

        # 获取单元节点编号列表
        if '*Element end' in line:
            read_Node = False                   # 停止读取单元节点编号信息
        if read_Node:
            lineNode = re.split(',|\n', line)   # 使用正则表达式按逗号和换行符分割每行内容
            del lineNode[0]                     # 删除第一个元素
            del lineNode[-1]                    # 删除最后一个元素
            for idx, i in enumerate(lineNode):  # 遍历列表 lineNode 中的元素和索引
                lineNode[idx] = int(i)          # 将元素转换为整型后重新赋值给列表 lineNode 的对应元素
            EleNode.append(lineNode)            # 将列表 lineNode 添加到 EleNode 列表中
        if '*Element begin' in line:
            read_Node = True                    # 开始读取单元节点编号信息

        # 获取被约束节点编号列表
        if '*ConstrainedNode end' in line:
            read_ConstrainedNode = False        # 停止读取被约束节点编号信息
        if read_ConstrainedNode:
            lineRestraindedNode = re.split(',|\n', line)  # 使用正则表达式按逗号和换行符分割每行内容
            del lineRestraindedNode[-1]         # 删除最后一个元素
            for i in lineRestraindedNode:
                RestraindedNode.append(int(i))  # 将元素转换为整型后添加到 RestraindedNode 列表中
        if '*ConstrainedNode begin' in line:
            read_ConstrainedNode = True         # 开始读取被约束节点编号信息

        # 获取荷载加载节点编号列表
        if '*LoadNode end' in line:
            read_LoadNode = False               # 停止读取荷载施加节点编号信息
        if read_LoadNode:
            lineLoadNode = re.split(',|\n', line)  # 使用正则表达式按逗号和换行符分割每行内容
            del lineLoadNode[-1]                # 删除最后一个元素
```

```python
        for i in lineLoadNode:
            LoadNode.append(int(i))         # 将元素转换为整型后添加到 LoadNode 列表中
    if '*LoadNode begin' in line:
        read_LoadNode = True                # 开始读取荷载施加节点编号信息

# 三、信息输入
# 定义构件材料、截面属性
E = 2.0E+05     # 构件的弹性模量（杨氏模量）
v = 0.3         # 构件的泊松比
t = 1           # 构件的截面厚度

# 单元、节点和自由度数量
numEle = len(EleNode)           # 单元数量
numNode = len(NodeCoordx)       # 节点数量
numDof = 2 * numNode            # 自由度数量

# 约束自由度
ConstrainedDof = np.zeros([1, len(RestraindedNode) * 2], dtype='int')
for idx, i in enumerate(RestraindedNode):
    # 将对应的约束自由度的编号（偶数位）存储到约束自由度矩阵的相应位置
    ConstrainedDof[0][2 * idx] = 2 * i - 1
    # 将对应的约束自由度的编号（奇数位）存储到约束自由度矩阵的相应位置
    ConstrainedDof[0][2 * idx + 1] = 2 * i
# 定义整体位移向量
displacement = np.zeros((1, numDof))  # 创建一个大小为 (1, numDof) 的零矩阵，用于存储整体位移

# 定义整体荷载向量
force = np.zeros((1, numDof))   # 创建一个大小为 (1, numDof) 的零矩阵，用于存储整体荷载
q = -100                        # 荷载的大小
for i in LoadNode:
    force[0][2 * int(i) - 1] = q    # 将荷载大小存储到对应的自由度位置上

# 四、计算分析
# 定义总体刚度矩阵
stiffness_sum = np.zeros((numDof, numDof))  # 创建一个大小为 (numDof, numDof) 的零矩阵，用于存储刚度矩阵
                                            #  的总和
D = (E / (1 - v * v)) * np.array([[1, v, 0], [v, 1, 0], [0, 0, (1 - v) / 2]])   # 计算弹性矩阵 D
for i in range(numEle):
    noindex = EleNode[i]    # 获取当前单元的节点编号
    xy = np.zeros([3, 2])   # 创建一个大小为 (3, 2) 的零矩阵，用于存储当前单元的节点坐标
    for j in range(3):
        xy[j, 0] = NodeCoordx[int(noindex[j]) - 1]  # 将当前节点的 x 坐标值存储到 xy 数组中
        xy[j, 1] = NodeCoordy[int(noindex[j]) - 1]  # 将当前节点的 y 坐标值存储到 xy 数组中
    J = CST_J(xy)           # 计算雅克比矩阵 J
    Ae = 1 / 2 * np.linalg.det(J)   # 计算单元面积 Ae
    A = (1 / np.linalg.det(J)) * np.array([[J[1, 1], -1 * J[0, 1], 0, 0],
                                            [0, 0, -1 * J[1, 0], J[0, 0]],
                                            [-1 * J[1, 0], J[0, 0], J[1, 1], -1 * J[0, 1]]])
    G = np.array([[1, 0, 0, 0, -1, 0], [0, 0, 1, 0, -1, 0], [0, 1, 0, 0, 0, -1], [0, 0, 0, 1, 0, -1]])
    B = A @ G
    eleK = t * Ae * B.T @ D @ B     # 计算单元刚度矩阵
    # 根据单元节点编号，确定单元自由度
    eleDof = np.array([noindex[0] * 2 - 2, noindex[0] * 2 - 1, noindex[1] * 2 - 2,
                        noindex[1] * 2 - 1, noindex[2] * 2 - 2, noindex[2] * 2 - 1])
    # 将单元刚度矩阵组装到整体刚度矩阵
    for i in range(6):
        for j in range(6):
            stiffness_sum[int(eleDof[i]), int(eleDof[j])] = stiffness_sum[int(eleDof[i]), int(eleDof[j])] + eleK[i][j]
# 根据给定的约束条件，删除指定被约束自由度对应的行和列，将整体刚度矩阵进行简化处理
stiffness_sum_sim = np.delete(stiffness_sum, ConstrainedDof - 1, 0)         # 删除约束自由度所在的行
stiffness_sum_sim = np.delete(stiffness_sum_sim, ConstrainedDof - 1, 1)     # 删除约束自由度所在的列
```

```python
# 解方程, 求位移
activeDof = np.delete(np.arange(numDof) + 1, ConstrainedDof - 1)
displacement[0][activeDof - 1] = np.array(np.mat(stiffness_sum_sim).I * np.mat(force[0][activeDof - 1]).T).T
# 按节点编号输出两个方向的节点位移分量, 格式: 节点号, 位移1, 位移2
Nodeindex = (np.arange(0, numNode) + 1).reshape(numNode, 1)
tempdisp = np.hstack((Nodeindex, displacement.reshape(numNode, 2)))
# 计算节点应力
stress_Node = np.zeros((numEle * 3, 5))
for i in range(numEle):
    noindex = EleNode[i]
    # print(noindex)
    xy_node = np.zeros((3, 2))
    d = np.zeros((6, 1))
    for j in range(3):
        xy_node[(j, 0)] = NodeCoordx[int(noindex[j])] - 1
        xy_node[(j, 1)] = NodeCoordy[int(noindex[j])] - 1
        d[int(2 * j)] = displacement[0][int(noindex[j]) - 1) * 2]
        d[int(2 * j + 1)] = displacement[0][int(noindex[j]) - 1) * 2 + 1]
    J = CST_J(xy_node)
    A = (1 / np.linalg.det(J)) * np.array([[J[1, 1], -1 * J[0, 1], 0, 0],
                                            [0, 0, -1 * J[1, 0], J[0, 0]],
                                            [-1 * int(J[1, 0]), J[0, 0], J[1, 1], -1 * J[0, 1]]])
    G = np.array([[1, 0, 0, 0, -1, 0], [0, 0, 1, 0, -1, 0], [0, 1, 0, 0, 0, -1], [0, 0, 0, 1, 0, -1]])
    B = A @ G
    sima = D @ B @ d
    # 储存节点应力
    stress_Node[int(i)*3+0] = np.asarray([i+1, noindex[0], sima[0], sima[1], sima[2]], dtype=object)
    stress_Node[int(i)*3+1] = np.asarray([i+1, noindex[1], sima[0], sima[1], sima[2]], dtype=object)
    stress_Node[int(i)*3+2] = np.asarray([i+1, noindex[2], sima[0], sima[1], sima[2]], dtype=object)
# 计算支座反力
reation = np.zeros((ConstrainedDof.size, 1))
for i in range(ConstrainedDof.size):
    rownum = ConstrainedDof[0][i]
    reation[i] = stiffness_sum[rownum - 1] @ (displacement.T) - force[0][rownum - 1]

# 五、绘制应力、位移云图
# 定义需要绘制云图的应力分量、位移分量列表
S11 = stress_Node[:, 2]
S22 = stress_Node[:, 3]
S12 = stress_Node[:, 4]
U1 = tempdisp[:, 1]
U2 = tempdisp[:, 2]


glutInit()   # 启动 glut
# 绘制位移分量 U1 云图
glutInitDisplayMode(GLUT_SINGLE | GLUT_RGBA)    # 指定窗口模式仅使用 RGB 颜色
glutInitWindowSize(1600, 800)                    # 设置窗口大小
glutCreateWindow("位移分量 U1".encode("gb2312"))  # 创建窗口, 并设置标题
glClearColor(1.0, 1.0, 1.0, 1.0)                 # 定义背景为白色
# 定义 x、y 轴范围
gluOrtho2D(min(NodeCoordx) - 200, max(NodeCoordx) + 200, min(NodeCoordy) - 200, max(NodeCoordy) + 200)
color_U = color(U1)                # 计算位移分量 U1 的颜色
glutDisplayFunc(draw_U)            # 绘制位移分量 U1

# 绘制应力分量 S11 云图
glutInitWindowSize(1600, 800)                     # 设置窗口大小
glutCreateWindow("应力分量 S11".encode("gb2312")) # 创建窗口, 并设置标题
color_S = color(S11)               # 计算应力分量 S11 的颜色
glutDisplayFunc(draw_S)            # 绘制应力分量 S11
glClearColor(1.0, 1.0, 1.0, 1.0)                  # 定义背景为白色
```

```
# 定义 x、y 轴范围
gluOrtho2D(min(NodeCoordx) - 200, max(NodeCoordx) + 200, min(NodeCoordy) - 200, max(NodeCoordy) + 200)
glutMainLoop()    # 进入 GLUT 事件处理循环
```

算例代码运行结果与 ABAQUS 计算结果云图基本一致，如图 8.6-1 及图 8.6-2 所示。

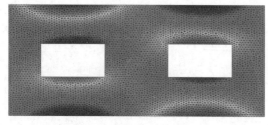

(a) 算例代码结果 　　　　　　　　　　(b) ABAQUS 计算结果

图 8.6-1　位移分量 U1 对比

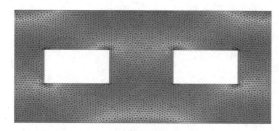

(a) 算例代码结果 　　　　　　　　　　(b) ABAQUS 计算结果

图 8.6-2　应力分量 S11 对比

8.7　小结

本章介绍了小变形弹性 2D 3 节点三角形单元的基本列式。然后通过悬臂梁与开洞深梁两个算例的 Python 有限元程序编制，介绍了采用 CST 单元进行平面应力问题有限元求解的一般过程。

第 9 章

2D 6 节点三角形单元（LST）

9.1 LST 单元介绍

6 节点三角形单元有 3 个节点和 3 个边，与上一章的 CST 单元不同，LST 单元内的应力不是常数，而是线性变化的，因此也叫线性应力三角形单元。本章介绍平面应力 LST 单元的单元列式推导及编程过程。

9.2 基本列式

9.2.1 基本方程

LST 单元属于平面应力单元的一种，其几何方程、物理方程与上面介绍的 CST 单元相同，此处不再赘述。

9.2.2 位移场

线性应力三角形单元（LST）有 6 个节点和 6 个直边，每个节点有两个平动自由度，令单元节点位移向量 $\{a\} = \{u_1 \ v_1 \ u_2 \ v_2 \ u_3 \ v_3 \ u_4 \ v_4 \ u_5 \ v_5 \ u_6 \ v_6\}^{\mathrm{T}}$，则单元中任意一点的节点位移 (u, v) 可表示为：

$$\begin{cases} u = N_1 u_1 + N_2 u_2 + \cdots + N_5 u_5 + N_6 u_6 \\ v = N_1 v_1 + N_2 v_2 + \cdots + N_5 v_5 + N_6 v_6 \end{cases} \tag{9.2-1}$$

用矩阵表示为：

$$\begin{Bmatrix} u \\ v \end{Bmatrix} = \begin{bmatrix} N_1 & 0 & N_2 & \cdots & N_6 & 0 \\ 0 & N_1 & 0 & \cdots & 0 & N_6 \end{bmatrix} \begin{Bmatrix} u_1 \\ v_1 \\ u_2 \\ \vdots \\ u_6 \\ v_6 \end{Bmatrix} = [N]\{a\} \tag{9.2-2}$$

将单元节点按图 9.2-1 所示进行编号，并用自然坐标表示，此时单元形函数 N_i 为：

$$\begin{cases} N_1 = \xi(2\xi - 1) \\ N_2 = \eta(2\eta - 1) \\ N_3 = (1 - \xi - \eta)[2(1 - \xi - \eta) - 1] \\ N_4 = 4\xi\eta \\ N_5 = 4\eta(1 - \xi - \eta) \\ N_6 = 4\xi(1 - \xi - \eta) \end{cases} \tag{9.2-3}$$

其中 $\xi \in [0,1]$，$\eta \in [0,1]$。可以看出在单元节点 i 处，$N_i = 0$。

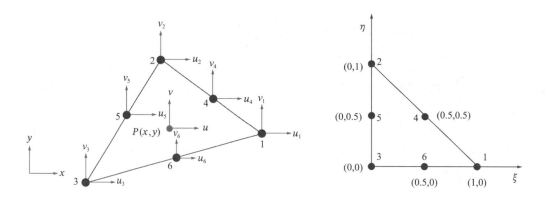

图 9.2-1 6 节点三角形单元

基于单元节点坐标，使用相同的形函数 N 对单元内任意一点的几何坐标 (x,y) 进行插值（等参单元），可以得到单元内任意一点的几何坐标表达式：

$$\begin{cases} x = N_1 x_1 + N_2 x_2 + \cdots + N_5 x_5 + N_6 x_6 \\ y = N_1 y_1 + N_2 y_2 + \cdots + N_5 y_5 + N_6 y_6 \end{cases} \tag{9.2-4}$$

雅克比矩阵

采用上一章同样的方法，可以求得 LST 单元雅克比矩阵及其逆矩阵：

$$[J] = \begin{bmatrix} \dfrac{\partial x}{\partial \xi} & \dfrac{\partial y}{\partial \xi} \\ \dfrac{\partial x}{\partial \eta} & \dfrac{\partial y}{\partial \eta} \end{bmatrix} = \begin{bmatrix} \sum_{i=1}^{6} \dfrac{\partial N_i}{\partial \xi} x_i & \sum_{i=1}^{6} \dfrac{\partial N_i}{\partial \xi} y_i \\ \sum_{i=1}^{6} \dfrac{\partial N_i}{\partial \eta} x_i & \sum_{i=1}^{6} \dfrac{\partial N_i}{\partial \eta} y_i \end{bmatrix} \tag{9.2-5}$$

$$[J]^{-1} = \frac{1}{\det([J])} \begin{bmatrix} J_{22} & -J_{12} \\ -J_{21} & J_{11} \end{bmatrix} \tag{9.2-6}$$

9.2.3 几何方程与应变矩阵

根据几何方程，将单元内任意一点的应变 $\{\varepsilon\}$ 表示为单元节点位移 $\{a\}$ 的函数，即：

$$\{\varepsilon\} = [B]\{a\} \tag{9.2-7}$$

式中 $\{\varepsilon\} = \{\varepsilon_x \quad \varepsilon_y \quad \gamma_{xy}\}^T$，$[B]$ 称为应变矩阵，$\{a\}$ 为此前定义的单元节点位移向量。则有：

$$\{\varepsilon\} = \begin{Bmatrix} \varepsilon_x \\ \varepsilon_y \\ \gamma_{xy} \end{Bmatrix} = \begin{Bmatrix} \dfrac{\partial u}{\partial x} \\ \dfrac{\partial u}{\partial y} \\ \dfrac{\partial u}{\partial y} + \dfrac{\partial v}{\partial x} \end{Bmatrix} = \dfrac{1}{\det(J)} \begin{bmatrix} J_{22} & -J_{12} & 0 & 0 \\ 0 & 0 & -J_{21} & J_{11} \\ -J_{21} & J_{11} & J_{22} & -J_{12} \end{bmatrix} \begin{Bmatrix} \dfrac{\partial u}{\partial \xi} \\ \dfrac{\partial u}{\partial \eta} \\ \dfrac{\partial v}{\partial \xi} \\ \dfrac{\partial v}{\partial \eta} \end{Bmatrix} \quad (9.2\text{-}8)$$

令 $[A] = \dfrac{1}{\det(J)} \begin{bmatrix} J_{22} & -J_{12} & 0 & 0 \\ 0 & 0 & -J_{21} & J_{11} \\ -J_{21} & J_{11} & J_{22} & -J_{12} \end{bmatrix}$，为 3×4 矩阵，与 CST 单元相同。

公式(9.2-8)中$[A]$的右边项可表示为：

$$\begin{Bmatrix} \dfrac{\partial u}{\partial \xi} \\ \dfrac{\partial u}{\partial \eta} \\ \dfrac{\partial v}{\partial \xi} \\ \dfrac{\partial v}{\partial \eta} \end{Bmatrix} = \begin{bmatrix} \dfrac{\partial N_1}{\partial \xi} & 0 & \dfrac{\partial N_2}{\partial \xi} & \cdots & \dfrac{\partial N_6}{\partial \xi} & 0 \\ \dfrac{\partial N_1}{\partial \eta} & 0 & \dfrac{\partial N_2}{\partial \eta} & \cdots & \dfrac{\partial N_6}{\partial \eta} & 0 \\ 0 & \dfrac{\partial N_1}{\partial \xi} & 0 & \cdots & 0 & \dfrac{\partial N_6}{\partial \xi} \\ 0 & \dfrac{\partial N_1}{\partial \eta} & 0 & \cdots & 0 & \dfrac{\partial N_6}{\partial \eta} \end{bmatrix} \begin{Bmatrix} u_1 \\ v_1 \\ u_2 \\ \cdots \\ u_6 \\ v_6 \end{Bmatrix} \quad (9.2\text{-}9)$$

令 $[G] = \begin{bmatrix} \dfrac{\partial N_1}{\partial \xi} & 0 & \dfrac{\partial N_2}{\partial \xi} & \cdots & \dfrac{\partial N_6}{\partial \xi} & 0 \\ \dfrac{\partial N_1}{\partial \eta} & 0 & \dfrac{\partial N_2}{\partial \eta} & \cdots & \dfrac{\partial N_6}{\partial \eta} & 0 \\ 0 & \dfrac{\partial N_1}{\partial \xi} & 0 & \cdots & 0 & \dfrac{\partial N_6}{\partial \xi} \\ 0 & \dfrac{\partial N_1}{\partial \eta} & 0 & \cdots & 0 & \dfrac{\partial N_6}{\partial \eta} \end{bmatrix}$，为 4×12 矩阵。

则公式(9.2-7)可简写为：

$$\{\varepsilon\} = [A][G]\{a\} \quad (9.2\text{-}10)$$

9.2.4 物理方程与应力矩阵

LST 单元应力应变关系和弹性矩阵$[D]$与 CST 单元相同，此处不再赘述。

9.2.5 单元刚度矩阵

单元的应变能可表示为：

$$\begin{aligned} U &= \dfrac{1}{2} \int_V \{\sigma\}^\mathrm{T} \{\varepsilon\} \mathrm{d}V \\ &= \dfrac{1}{2} \{a\}^\mathrm{T} \left[\int_V [B]^\mathrm{T}[D][B] \mathrm{d}V \right] \{a\} \\ &= \dfrac{1}{2} \{a\}^\mathrm{T} \left[t \int_0^1 \int_0^{1-\eta} [B]^\mathrm{T}[D][B] \det([J]) \mathrm{d}\xi \mathrm{d}\eta \right] \{a\} \end{aligned} \quad (9.2\text{-}11)$$

由于公式(9.2-11)中的矩阵[B]和行列式det([J])都是关于ξ和η的函数，因此须采用数值积分求取单元刚度矩阵。以 3 节点 Gauss 积分为例，三个积分点位置分别为$\left(\frac{2}{3},\frac{1}{6},\frac{1}{6}\right)$，$\left(\frac{1}{6},\frac{2}{3},\frac{1}{6}\right)$，$\left(\frac{1}{6},\frac{1}{6},\frac{2}{3}\right)$，积分点权重均为$\frac{1}{6}$。则单元刚度矩阵可表示为：

$$[k] = t \sum_{i=1}^{3} w_i [B(\xi_i, \eta_i)]^T [D] [B(\xi_i, \eta_i)] \det[J(\xi_i, \eta_i)] \tag{9.2-12}$$

其中w_i为积分点权重。

9.2.6 单元荷载列阵及等效节点力

LST 单元荷载列阵与上述各章平面应力单元的荷载列阵类似，以体力为例，下面直接给出积分公式：

$$\{f\} = t \sum_{i=1}^{3} w_i [N(\xi_i, \eta_j)]^T \det[J(\xi_i, \eta_j)] \{f_v\} \tag{9.2-13}$$

9.3 算例一问题描述

本节采用的算例结构尺寸和材料与上一章悬臂梁算例（第 8.3 节）相同，采用 LST 平面应力单元对该悬臂梁进行弹性静力分析。

9.4 Python 代码与注释

```python
# 2D 线性应力三角形单元:悬臂梁受力分析
# Website : www.jdcui.com
# 导入 numpy 库、matplotlib.pyplot 等库
import numpy as np
import matplotlib.pyplot as plt
import matplotlib.tri as tri
from collections import OrderedDict
import re

# 一、定义函数
# 函数1: 计算形函数矩阵 N
def LST_N(kesi, yita):
    N1 = kesi * (2 * kesi - 1)
    N2 = yita * (2 * yita - 1)
    N3 = (1 - kesi - yita) * (2 * (1 - kesi - yita) - 1)
    N4 = 4 * kesi * yita
    N5 = 4 * yita * (1 - kesi - yita)
    N6 = 4 * (1 - kesi - yita) * kesi
    N = np.array([[N1, 0, N2, 0, N3, 0, N4, 0, N5, 0, N6, 0],
                  [0, N1, 0, N2, 0, N3, 0, N4, 0, N5, 0, N6]])
    return N

# 函数2: 计算形矩阵 G, 用于计算应变矩阵
def LST_G(kesi, yita):
    G = np.array(
        [[4 * kesi - 1, 0, 0, 0, 4 * kesi + 4 * yita - 3, 0, 4 * yita, 0, -4 * yita, 0, 4 - 4 * yita - 8 * kesi, 0],
         [0, 0, 4 * yita - 1, 0, 4 * kesi + 4 * yita - 3, 0, 4 * kesi, 0, 4 - 8 * yita - 4 * kesi, 0, -4 * kesi, 0],
```

```python
                    [0, 4 * kesi - 1, 0, 0, 0, 4 * kesi + 4 * yita - 3, 0, 4 * yita, 0, -4 * yita, 0, 4 - 4 * yita - 8 * kesi],
                    [0, 0, 0, 4 * yita - 1, 0, 4 * kesi + 4 * yita - 3, 0, 4 * kesi, 0, 4 - 8 * yita - 4 * kesi, 0, -4 * kesi]])
    return G

# 函数3：计算雅克比矩阵 J
def LST_J(kesi, yita, xy):
    NN = np.array([[4 * kesi - 1, 0, 4 * kesi + 4 * yita - 3, 4 * yita, -4 * yita, 4 - 4 * yita - 8 * kesi],
                   [0, 4 * yita - 1, 4 * kesi + 4 * yita - 3, 4 * kesi, 4 - 8 * yita - 4 * kesi, -4 * kesi]])
    J = NN @ xy
    return J

# 二、输入信息
NodeCoordx = []          # 定义储存节点 x 坐标值的向量列表
NodeCoordy = []          # 定义储存节点 y 坐标值的向量列表
EleNode = []             # 定义储存单元节点索引列表
ConstrainedNode = []     # 定义储存被约束节点索引列表
LoadNode = []            # 定义储存荷载施加节点索引列表
filename = 'LST-cantilever beam.txt'   # 将建模几何信息文件名赋值给变量 filename
with open(filename, 'r', encoding='utf-8') as file_object:
    # 初始化读取数据判定条件
    read_Coord = False
    read_Node = False
    read_ConstrainedNode = False
    read_LoadNode = False

    # 开始按行读取 txt 文件数据
    for line in file_object.readlines():
        # 获取节点 x, y 坐标值的向量列表
        if '*Node end' in line:
            read_Coord = False
        if read_Coord:
            lineCoord = re.split('\s+|,', line)
            NodeCoordx.append(float(lineCoord[2]))
            NodeCoordy.append(float(lineCoord[4]))
        if '*Node begin' in line:
            read_Coord = True

        # 获取单元节点索引列表
        if '*Element end' in line:
            read_Node = False
        if read_Node:
            lineNode = re.split(',|\n', line)
            del lineNode[0]
            del lineNode[-1]
            for idx, i in enumerate(lineNode):
                lineNode[idx] = int(i)
            EleNode.append(lineNode)
        if '*Element begin' in line:
            read_Node = True

        # 获取单元节点索引列表
        if '*ConstrainedNode end' in line:
            read_ConstrainedNode = False
        if read_ConstrainedNode:
            lineConstrainedNode = re.split(',|\n', line)
            del lineConstrainedNode[-1]
            for i in lineConstrainedNode:
                ConstrainedNode.append(int(i))
        if '*ConstrainedNode begin' in line:
            read_ConstrainedNode = True
```

```python
            # 获取荷载加载节点编号列表
            if '*LoadNode end' in line:
                read_LoadNode = False
            if read_LoadNode:
                lineLoadNode = re.split(',|\n', line)
                del lineLoadNode[-1]
                for i in lineLoadNode:
                    LoadNode.append(int(i))
            if '*LoadNode begin' in line:
                read_LoadNode = True
# 定义构件材料、截面属性
E = 2.000E+08    # 弹性模量
v = 0.3          # 泊松比
L = 2            # 悬臂梁长度
H = 0.5          # 悬臂梁高度
t = 0.2          # 悬臂梁厚度
# 计算单元、节点和自由度数量
numEle = len(EleNode)
numNode = len(NodeCoordx)
numDof = 2 * numNode
# 约束自由度
ConstrainedDof = np.zeros([1, len(ConstrainedNode) * 2], dtype='int')
for idx, i in enumerate(ConstrainedNode):
    ConstrainedDof[0][2 * idx] = 2 * i - 1
    ConstrainedDof[0][2 * idx + 1] = 2 * i
# 定义整体位移向量
displacement = np.zeros((1, numDof))
# 定义整体荷载向量
force = np.zeros((1, numDof))
P = -1000
for i in LoadNode:
    force[0][2 * int(i) - 1] = P

# 积分点及积分权重
kesi_yita = np.array([[2 / 3, 1 / 6, 1 / 6],
                      [1 / 6, 2 / 3, 1 / 6],
                      [1 / 6, 1 / 6, 2 / 3]])
w = 1 / 6

# 三、计算分析
# 定义总体刚度矩阵
# 创建一个大小为 numDof × numDof 的全零数组，用于存储整体刚度矩阵
stiffness_sum = np.zeros((numDof, numDof))
D = (E / (1 - v * v)) * np.array([[1, v, 0],   # 弹性矩阵
                                  [v, 1, 0],
                                  [0, 0, (1 - v) / 2]])
# 遍历单元，求解单元刚度矩阵
for i in range(numEle):
    noindex = EleNode[i]   # 获取第 i 个单元的节点索引
    xy = np.zeros([6, 2])  # 定义一个 6 × 2 数组，储存单元节点坐标
    for j in range(6):
        xy[j, 0] = NodeCoordx[int(noindex[j]) - 1]  # 获取第 i 个单元中第 j 个节点的 x 坐标
        xy[j, 1] = NodeCoordy[int(noindex[j]) - 1]  # 获取第 i 个单元中第 j 个节点的 y 坐标
    eleK = np.zeros((12, 12))   # 定义储存单元刚度矩阵数组 eleK
    for m in range(3):
        kesi = kesi_yita[m][0]
        yita = kesi_yita[m][1]
        J = LST_J(kesi, yita, xy)   # 计算雅克比矩阵 J
        A = (1 / np.linalg.det(J)) * np.array([[J[1, 1], -1 * J[0, 1], 0, 0],   # 计算转换矩阵 A
                                               [0, 0, -1 * J[1, 0], J[0, 0]],
                                               [-1 * J[1, 0], J[0, 0], J[1, 1], -1 * J[0, 1]]])
```

第 9 章　2D 6 节点三角形单元（LST）

```python
            G = LST_G(kesi, yita)
            B = A @ G
            eleK = eleK + w * B.T @ D @ B * t * np.linalg.det(J)    # 计算单元刚度矩阵
        # 根据单元节点编号，确定单元自由度
        eleDof = np.array(
            [noindex[0] * 2 - 2, noindex[0] * 2 - 1, noindex[1] * 2 - 2, noindex[1] * 2 - 1, noindex[2] * 2 - 2,
             noindex[2] * 2 - 1,
             noindex[3] * 2 - 2, noindex[3] * 2 - 1, noindex[4] * 2 - 2, noindex[4] * 2 - 1, noindex[5] * 2 - 2,
             noindex[5] * 2 - 1])
        # 将单元刚度矩阵组装到整体刚度矩阵
        for k in range(12):
            for q in range(12):
                stiffness_sum[int(eleDof[k]), int(eleDof[q])] = stiffness_sum[int(eleDof[k]), int(eleDof[q])] + eleK[k][q]
# 根据给定的约束条件，删除指定被约束自由度对应的行和列，将整体刚度矩阵进行简化处理
stiffness_sum_sim = np.delete(stiffness_sum, ConstrainedDof - 1, 0)
stiffness_sum_sim = np.delete(stiffness_sum_sim, ConstrainedDof - 1, 1)
# 解方程，求位移
activeDof = np.delete((np.arange(numDof) + 1), ConstrainedDof - 1)
displacement[0][activeDof - 1] = np.array(np.mat(stiffness_sum_sim).I * np.mat(force[0][activeDof - 1]).T).T
# 按节点编号输出两个方向的节点位移分量，格式：节点号，位移1，位移2
Nodeindex = (np.arange(0, numNode) + 1).reshape(numNode, 1)
tempdisp = np.hstack((Nodeindex, displacement.reshape(numNode, 2)))
# 计算节点应力
stress_Node = np.zeros((numEle * 6, 5))
kesi_yita_Node = np.array([[1, 0], [0, 1], [0, 0], [0.5, 0.5], [0, 0.5], [0.5, 0]])
for i in range(numEle):
    noindex = EleNode[i]
    xy_node = np.zeros((6, 2))
    d = np.zeros((12, 1))
    for j in range(6):
        xy_node[(j, 0)] = NodeCoordx[int(noindex[j]) - 1]
        xy_node[(j, 1)] = NodeCoordy[int(noindex[j]) - 1]
        d[int(2 * j)] = displacement[0][int(noindex[j] - 1) * 2]
        d[int(2 * j + 1)] = displacement[0][int(noindex[j] - 1) * 2 + 1]
    for m in range(6):
        kesi = kesi_yita_Node[m][0]
        yita = kesi_yita_Node[m][1]
        J = LST_J(kesi, yita, xy_node)
        A = (1 / np.linalg.det(J)) * np.array([[J[1, 1], -1 * J[0, 1], 0, 0],
                                                [0, 0, -1 * J[1, 0], J[0, 0]],
                                                [-1 * int(J[1, 0]), J[0, 0], J[1, 1], -1 * J[0, 1]]])
        G = LST_G(kesi, yita)
        B = A @ G
        sima = D @ B @ d    # 计算节点应力
        # 储存节点应力
        stress_Node[int(i) * 6 + m] = np.asarray([i + 1, noindex[m], sima[0], sima[1], sima[2]], dtype=object)
# 计算支座反力
reation = np.zeros((ConstrainedDof.size, 1))
for i in range(ConstrainedDof.size):
    rownum = ConstrainedDof[0][i]
    reation[i] = stiffness_sum[rownum - 1] @ displacement.T - force[0][rownum - 1]

# 四、计算用于绘图相关参数
# 计算各单元最大长度 maxlen
maxlen = -1
for i in range(numEle):
    noindex = EleNode[i]
    deltax = NodeCoordx[int(noindex[1] - 1)] - NodeCoordx[int(noindex[0] - 1)]
    deltay = NodeCoordy[int(noindex[1] - 1)] - NodeCoordy[int(noindex[0] - 1)]
    L = np.sqrt(deltax * deltax + deltay * deltay)
    if L > maxlen:
```

```python
        maxlen = L

# 计算节点最大绝对位移
maxabsDisp = np.sqrt((displacement[0][0] * displacement[0][0]) + (displacement[0][1] * displacement[0][1]))
for i in range(numNode):
    indexU = 2 * (i + 1) - 2
    indexV = 2 * (i + 1) - 1
    dispU = displacement[0][indexU]
    dispV = displacement[0][indexV]
    Disp = np.sqrt(dispU * dispU + dispV * dispV)
    if Disp > maxabsDisp:
        maxabsDisp = Disp

# 计算变形图变形放大系数
factor = 0.1
scalefactor = 0.2
if maxabsDisp > 1e-30:
    factor = scalefactor * maxlen / maxabsDisp
# 五、绘制图形
fig = plt.figure(figsize=(15, 6))          # 创建一个图形对象，并设置大小
plt.subplots_adjust(left=0.1, right=1)     # 调整子图间距

# 绘制未变形的结构线条
for i in range(numEle):
    noindex = np.concatenate([[EleNode[i][0]], [EleNode[i][3]], [EleNode[i][1]], [EleNode[i][4]], [EleNode[i][2]],
                    [EleNode[i][5]], [EleNode[i][0]]])    # 获取第 i 个单元的节点索引
    NodeCoordx = np.array(NodeCoordx)      #列表转换为数组
    NodeCoordy = np.array(NodeCoordy)      #列表转换为数组
    x = NodeCoordx[noindex[:].astype('int') - 1]    # 获取节点的 x 坐标
    y = NodeCoordy[noindex[:].astype('int') - 1]    # 获取节点的 y 坐标
    line1 = plt.plot(x, y, label='Undeformed Shape', color='grey', linestyle='--')    # 绘制线条（未变形的结构）

# 绘制变形后的结构
xx_Deformed = np.empty_like(NodeCoordx)    # 创建一个与 NodeCoordx 大小相同的数组，存储变形后的 x 坐标
yy_Deformed = np.empty_like(NodeCoordy)    # 创建一个与 NodeCoordy 大小相同的数组，存储变形后的 y 坐标
for i in range(numEle):
    noindex = np.concatenate([[EleNode[i][0]], [EleNode[i][3]], [EleNode[i][1]], [EleNode[i][4]], [EleNode[i][2]],
                    [EleNode[i][5]], [EleNode[i][0]]])    # 获取第 i 个单元的节点索引
    indexU = 2 * noindex[:].astype('int') - 2    # 获取节点在位移数组中的 x 方向索引
    indexV = 2 * noindex[:].astype('int') - 1    # 获取节点在位移数组中的 y 方向索引
    dispU = displacement[0][indexU]              # 获取节点在 x 方向的位移
    dispV = displacement[0][indexV]              # 获取节点在 y 方向的位移
    xxDeformed = NodeCoordx[noindex[:].astype('int') - 1] + dispU * factor    # 计算变形后的 x 坐标
    yyDeformed = NodeCoordy[noindex[:].astype('int') - 1] + dispV * factor    # 计算变形后的 y 坐标
    xx_Deformed[noindex.astype('int') - 1] = xxDeformed    # 将变形后的 x 坐标存储到对应的数组位置
    yy_Deformed[noindex.astype('int') - 1] = yyDeformed    # 将变形后的 y 坐标存储到对应的数组位置
    middlex = 0.5 * (xxDeformed[1] + xxDeformed[0])        # 计算变形后两个节点之间连线的中点 x 坐标
    middley = 0.5 * (yyDeformed[1] + yyDeformed[0])        # 计算变形后两个节点之间连线的中点 y 坐标
    # 绘制线条（变形后的结构）
    line2 = plt.plot(xxDeformed, yyDeformed, label='Deformed Shape', color='black', marker='o', mfc='w', )
# 标注单元节点编号
for i in range(numNode):
    plt.text(xx_Deformed[i] + 0.03, yy_Deformed[i], i + 1, color='r', ha='center', va='center')

# 设置坐标格式，使得图形以适合的比例进行显示
max_xx = max(max(NodeCoordx), max(xx_Deformed))    # 获取 x 坐标的最大值
max_yy = max(max(NodeCoordy), max(yy_Deformed))    # 获取 y 坐标的最大值
min_xx = min(min(NodeCoordx), min(xx_Deformed))    # 获取 x 坐标的最小值
min_yy = min(min(NodeCoordy), min(yy_Deformed))    # 获取 y 坐标的最小值
minx = -0.2 * (max_xx - min_xx) + min_xx           # 计算 x 坐标的显示最小值
maxx = 0.2 * (max_xx - min_xx) + max_xx            # 计算 x 坐标的显示最大值
```

```python
        miny = -0.2 * (max_yy - min_yy) + min_yy      # 计算 y 坐标的显示最小值
        maxy = 0.2 * (max_yy - min_yy) + max_yy       # 计算 y 坐标的显示最大值
        plt.xlim(0.2 * minx, 0.89 * maxx)             # 设置 x 坐标范围
        plt.ylim(miny, maxy)                          # 设置 y 坐标范围
        plt.xticks(np.arange(0, 2.2, 0.2))            # 设置 x 坐标轴刻度
        plt.xlabel('X')                                # 设置 x 坐标轴标签
        plt.ylabel('Y')                                # 设置 y 坐标轴标签

        # 绘制应力云图
        sima_x = np.zeros((numNode, 1))    # 创建一个大小为 numNode × 1 的全零数组,用于存储 x 方向应力
        for stress_Node_sl in stress_Node:
            sima_x[int(stress_Node_sl[1]) - 1] = stress_Node_sl[2]    # 将节点应力中的 x 方向应力存储到对应数组位置
        Z = sima_x                                     # 将 x 方向应力数组赋值给变量 Z
        x = NodeCoordx.flatten()                       # 将 x 坐标数组展平为一维数组
        y = NodeCoordy.flatten()                       # 将 y 坐标数组展平为一维数组
        z = Z.flatten()                                # 将应力数组展平为一维数组
        triang = tri.Triangulation(x, y)               # 构建三角剖分对象
        tt = plt.tricontourf(triang, z, cmap="viridis")   # 绘制应力云图并保存为 tt 对象
        plt.colorbar(tt)                               # 绘制应力云图的颜色条

        # 去掉重复标签
        handles, labels = plt.gca().get_legend_handles_labels()    # 获取图例句柄和标签
        by_label = OrderedDict(zip(labels, handles))   # 按照标签和句柄创建有序字典
        # 绘制图例(显示标签和对应的句柄),并设置位置为右上角
        plt.legend(by_label.values(), by_label.keys(), loc='upper right')
        plt.show()
```

代码运行结果见图 9.4-1。

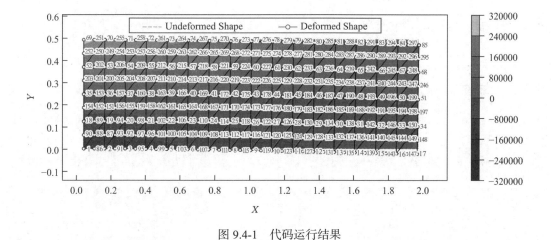

图 9.4-1 代码运行结果

9.5 算例二问题描述

图 9.5-1 是本章的第二个算例结构,是一根 xy 平面内的二桩承台。桩承台尺寸详见图 9.5-1。桩底部固接嵌固,柱底位置受到 y 方向的竖向线荷载(计算模型以单元节点集中加载,单元节点数为 15,集中力大小为 500N)。材料弹性模量 $E = 200000$ MPa,材料泊松比为 0.3。下面将给出采用 LST 平面应力单元对该桩承台进行弹性静力分析的 Python 编程过程。

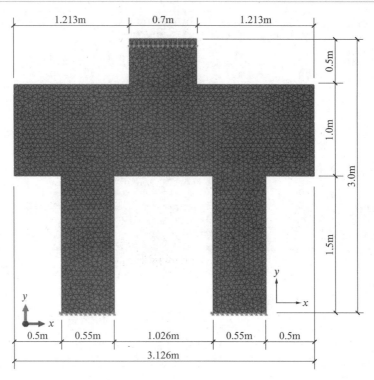

图 9.5-1 结构模型示意（立面视图）

9.6 Python 代码与注释

对上述结构进行分析的 Python 代码如下：

```
# 2D 线性应力三角形单元:桩承台受力分析
# Website : www.jdcui.com
# 导入 numpy 库、matplotlib.pyplot、OpenGL 等库
import re
import numpy as np
import matplotlib.pyplot as plt
from OpenGL.GL import *
from OpenGL.GLU import *
from OpenGL.GLUT import *

# 一、定义函数
# 函数1：计算形函数矩阵 N
def LST_N(kesi, yita):
    N1 = kesi * (2 * kesi - 1)
    N2 = yita * (2 * yita - 1)
    N3 = (1 - kesi - yita) * (2 * (1 - kesi - yita) - 1)
    N4 = 4 * kesi * yita
    N5 = 4 * yita * (1 - kesi - yita)
    N6 = 4 * (1 - kesi - yita) * kesi
    N = np.array([[N1, 0, N2, 0, N3, 0, N4, 0, N5, 0, N6, 0],
                  [0, N1, 0, N2, 0, N3, 0, N4, 0, N5, 0, N6]])
    return N

# 函数2：计算形矩阵 G，用于计算应变矩阵
```

```python
def LST_G(kesi, yita):
    G = np.array(
        [[4 * kesi - 1, 0, 0, 0, 4 * kesi + 4 * yita - 3, 0, 4 * yita, 0, -4 * yita, 0, 4 - 4 * yita - 8 * kesi, 0],
         [0, 0, 4 * yita - 1, 0, 4 * kesi + 4 * yita - 3, 0, 4 * kesi, 0, 4 - 8 * yita - 4 * kesi, 0, -4 * kesi, 0],
         [0, 4 * kesi - 1, 0, 0, 0, 4 * kesi + 4 * yita - 3, 0, 4 * yita, 0, -4 * yita, 0, 4 - 4 * yita - 8 * kesi],
         [0, 0, 0, 4 * yita - 1, 0, 4 * kesi + 4 * yita - 3, 0, 4 * kesi, 0, 4 - 8 * yita - 4 * kesi, 0, -4 * kesi]])
    return G


# 函数3：计算雅克比矩阵 J
def LST_J(kesi, yita, xy):
    NN = np.array([[4 * kesi - 1, 0, 4 * kesi + 4 * yita - 3, 4 * yita, -4 * yita, 4 - 4 * yita - 8 * kesi],
                   [0, 4 * yita - 1, 4 * kesi + 4 * yita - 3, 4 * kesi, 4 - 8 * yita - 4 * kesi, -4 * kesi]])
    J = NN @ xy
    return J


# 函数4：定义颜色插值函数
def color(vari):
    """vari 为需绘图的分量列表"""
    norm = plt.Normalize(vari.min(), vari.max())
    colors = plt.cm.jet(norm(vari))    # 返回的 RGB 颜色值列表
    return colors


# 函数5：调用 OPenGL 绘制应力云图
def draw_S():
    glClear(GL_COLOR_BUFFER_BIT | GL_DEPTH_BUFFER_BIT)  # 清除屏幕和深度缓冲
    for i in range(numEle):
        # 获取单元 x 坐标、y 坐标列表
        x = [NodeCoordx[EleNode[i][0] - 1], NodeCoordx[EleNode[i][1] - 1], NodeCoordx[EleNode[i][2] - 1],
             NodeCoordx[EleNode[i][3] - 1], NodeCoordx[EleNode[i][4] - 1], NodeCoordx[EleNode[i][5] - 1]]
        y = [NodeCoordy[EleNode[i][0] - 1], NodeCoordy[EleNode[i][1] - 1], NodeCoordy[EleNode[i][2] - 1],
             NodeCoordy[EleNode[i][3] - 1], NodeCoordy[EleNode[i][4] - 1], NodeCoordy[EleNode[i][5] - 1]]
        # 绘制单元云图
        glBegin(GL_POLYGON)
        glColor3f(color_S[6 * i][0], color_S[6 * i][1], color_S[6 * i][2])
        glVertex2f(x[0], y[0])
        glColor3f(color_S[6 * i + 3][0], color_S[6 * i + 3][1], color_S[6 * i + 3][2])
        glVertex2f(x[3], y[3])
        glColor3f(color_S[6 * i + 1][0], color_S[6 * i + 1][1], color_S[6 * i + 1][2])
        glVertex2f(x[1], y[1])
        glColor3f(color_S[6 * i + 4][0], color_S[6 * i + 4][1], color_S[6 * i + 4][2])
        glVertex2f(x[4], y[4])
        glColor3f(color_S[6 * i + 2][0], color_S[6 * i + 2][1], color_S[6 * i + 2][2])
        glVertex2f(x[2], y[2])
        glColor3f(color_S[6 * i + 5][0], color_S[6 * i + 5][1], color_S[6 * i + 5][2])
        glVertex2f(x[5], y[5])
        glEnd()

        # 绘制单元轮廓
        glBegin(GL_LINE_STRIP)
        glColor3f(0, 0, 0)
        glVertex2f(x[0], y[0])
        glVertex2f(x[3], y[3])
        glVertex2f(x[1], y[1])
        glVertex2f(x[4], y[4])
        glVertex2f(x[2], y[2])
        glVertex2f(x[5], y[5])
        glVertex2f(x[0], y[0])
        glEnd()
    glFlush()
```

```python
# 函数6：调用OPenGL绘制位移云图
def draw_U():
    glClear(GL_COLOR_BUFFER_BIT | GL_DEPTH_BUFFER_BIT)    # 清除屏幕和深度缓冲
    for i in range(numEle):
        x = [NodeCoordx[EleNode[i][0] - 1], NodeCoordx[EleNode[i][1] - 1], NodeCoordx[EleNode[i][2] - 1],
             NodeCoordx[EleNode[i][3] - 1], NodeCoordx[EleNode[i][4] - 1], NodeCoordx[EleNode[i][5] - 1]]
        y = [NodeCoordy[EleNode[i][0] - 1], NodeCoordy[EleNode[i][1] - 1], NodeCoordy[EleNode[i][2] - 1],
             NodeCoordy[EleNode[i][3] - 1], NodeCoordy[EleNode[i][4] - 1], NodeCoordy[EleNode[i][5] - 1]]
        # 绘制位移分量云图
        glBegin(GL_POLYGON)
        glColor3f(color_U[EleNode[i][0] - 1][0], color_U[EleNode[i][0] - 1][1], color_U[EleNode[i][0] - 1][2])
        glVertex2f(x[0], y[0])
        glColor3f(color_U[EleNode[i][3] - 1][0], color_U[EleNode[i][3] - 1][1], color_U[EleNode[i][3] - 1][2])
        glVertex2f(x[3], y[3])
        glColor3f(color_U[EleNode[i][1] - 1][0], color_U[EleNode[i][1] - 1][1], color_U[EleNode[i][1] - 1][2])
        glVertex2f(x[1], y[1])
        glColor3f(color_U[EleNode[i][4] - 1][0], color_U[EleNode[i][4] - 1][1], color_U[EleNode[i][4] - 1][2])
        glVertex2f(x[4], y[4])
        glColor3f(color_U[EleNode[i][2] - 1][0], color_U[EleNode[i][2] - 1][1], color_U[EleNode[i][2] - 1][2])
        glVertex2f(x[2], y[2])
        glColor3f(color_U[EleNode[i][5] - 1][0], color_U[EleNode[i][5] - 1][1], color_U[EleNode[i][5] - 1][2])
        glVertex2f(x[5], y[5])
        glEnd()

        # 绘制单元轮廓
        glBegin(GL_LINE_STRIP)
        glColor3f(0, 0, 0)
        glVertex2f(x[0], y[0])
        glVertex2f(x[3], y[3])
        glVertex2f(x[1], y[1])
        glVertex2f(x[4], y[4])
        glVertex2f(x[2], y[2])
        glVertex2f(x[5], y[5])
        glVertex2f(x[0], y[0])
        glEnd()
    glFlush()


# 二、读取模型建模几何信息文件并对相关数据进行处理，获取初始单元节点、被约束节点、加载点等坐标列表数据
# 定义储存模型几何信息列表
NodeCoordx = []            # 定义储存节点x坐标值的向量列表
NodeCoordy = []            # 定义储存节点y坐标值的向量列表
EleNode = []               # 定义储存单元节点索引列表
ConstrainedNode = []       # 定义储存被约束节点索引列表
LoadNode = []              # 定义储存荷载施加节点索引列表

# 读取txt文件，获取节点坐标、单元节点编号列表
filename = 'pilecap.txt'   # 将建模几何信息文件名赋值给变量filename
with open(filename, 'r', ) as file_object:
    # 初始化读取数据判定条件
    read_Coord = False
    read_Node = False
    read_ConstrainedNode = False
    read_LoadNode = False

    # 开始按行读取txt文件数据
    for line in file_object.readlines():
        # 获取节点x，y坐标值的向量列表
        if '*Node end' in line:
```

```python
            read_Coord = False
        if read_Coord:
            lineCoord = re.split('\s+|,', line)
            NodeCoordx.append(float(lineCoord[3]))
            NodeCoordy.append(float(lineCoord[5]))
        if '*Node begin' in line:
            read_Coord = True

        # 获取单元节点索引列表
        if '*Element end' in line:
            read_Node = False
        if read_Node:
            lineNode = re.split(',|\n', line)
            del lineNode[0]
            del lineNode[-1]
            for idx, i in enumerate(lineNode):
                lineNode[idx] = int(i)
            EleNode.append(lineNode)
        if '*Element begin' in line:
            read_Node = True

        # 获取被约束节点编号列表
        if '*ConstrainedNode end' in line:
            read_ConstrainedNode = False
        if read_ConstrainedNode:
            lineConstrainedNode = re.split(',|\n', line)
            del lineConstrainedNode[-1]
            for i in lineConstrainedNode:
                ConstrainedNode.append(int(i))
        if '*ConstrainedNode begin' in line:
            read_ConstrainedNode = True

        # 获取荷载加载节点编号列表
        if '*LoadNode end' in line:
            read_LoadNode = False
        if read_LoadNode:
            lineLoadNode = re.split(',|\n', line)
            del lineLoadNode[-1]
            for i in lineLoadNode:
                LoadNode.append(int(i))
        if '*LoadNode begin' in line:
            read_LoadNode = True

# 三、输入信息
# 定义构件材料、截面属性
E = 2.0E+05    # 弹性模量
v = 0.3        # 泊松比
t = 1          # 厚度

# 计算单元、节点和自由度数量
numEle = len(EleNode)
numNode = len(NodeCoordx)
numDOF = 2 * numNode

# 约束自由度
ConstrainedDof = np.zeros([1, len(ConstrainedNode) * 2], dtype='int')
for idx, i in enumerate(ConstrainedNode):
    ConstrainedDof[0][2 * idx] = 2 * i - 1
    ConstrainedDof[0][2 * idx + 1] = 2 * i
# 定义整体位移向量
displacement = np.zeros((1, numDOF))
```

```python
# 定义整体荷载向量
force = np.zeros((1, numDOF))
q = -500
for i in LoadNode:
    force[0][2 * int(i) - 1] = q

# 积分点及积分权重
kesi_yita = np.array([[2 / 3, 1 / 6, 1 / 6],
                      [1 / 6, 2 / 3, 1 / 6],
                      [1 / 6, 1 / 6, 2 / 3]])
w = 1 / 6

# 四、计算分析
# 定义总体刚度矩阵
stiffness_sum = np.zeros((numDOF, numDOF))          # 创建一个大小为 numDOF × numDOF 的全零数组，用于存
                                                    # 储整体刚度矩阵
D = (E / (1 - v * v)) * np.array([[1, v, 0],        # 弹性矩阵
                                  [v, 1, 0],
                                  [0, 0, (1 - v) / 2]])

# 遍历单元，求解单元刚度矩阵
for i in range(numEle):
    noindex = EleNode[i]                            # 获取第 i 个单元的节点索引
    xy = np.zeros([6, 2])                           # 定义一个 6 × 2 数组，储存单元节点坐标
    for j in range(6):
        xy[j, 0] = NodeCoordx[int(noindex[j]) - 1]  # 获取第 i 个单元中第 j 个节点的 x 坐标
        xy[j, 1] = NodeCoordy[int(noindex[j]) - 1]  # 获取第 i 个单元中第 j 个节点的 y 坐标
    eleK = np.zeros((12, 12))                       # 定义储存单元刚度矩阵数组 eleK
    for m in range(3):
        kesi = kesi_yita[m][0]
        yita = kesi_yita[m][1]
        J = LST_J(kesi, yita, xy)                   # 计算雅克比矩阵 J
        A = (1 / np.linalg.det(J)) * np.array([[J[1, 1], -1 * J[0, 1], 0, 0],   # 计算转换矩阵 A
                                               [0, 0, -1 * J[1, 0], J[0, 0]],
                                               [-1 * J[1, 0], J[0, 0], J[1, 1], -1 * J[0, 1]]])
        G = LST_G(kesi, yita)
        B = A @ G
        eleK = eleK + w * B.T @ D @ B * t * np.linalg.det(J)    # 计算单元刚度矩阵
    # 根据单元节点编号，确定单元自由度
    eleDof = np.array(
        [noindex[0] * 2 - 2, noindex[0] * 2 - 1, noindex[1] * 2 - 2, noindex[1] * 2 - 1, noindex[2] * 2 - 2,
         noindex[2] * 2 - 1,
         noindex[3] * 2 - 2, noindex[3] * 2 - 1, noindex[4] * 2 - 2, noindex[4] * 2 - 1, noindex[5] * 2 - 2,
         noindex[5] * 2 - 1])
    # 将单元刚度矩阵组装到整体刚度矩阵
    for k in range(12):
        for q in range(12):
            stiffness_sum[int(eleDof[k]), int(eleDof[q])] = stiffness_sum[int(eleDof[k]), int(eleDof[q])] + eleK[k][q]
# 根据给定的约束条件，删除指定被约束自由度对应的行和列，将整体刚度矩阵进行简化处理
stiffness_sum_sim = np.delete(stiffness_sum, ConstrainedDof - 1, 0)
stiffness_sum_sim = np.delete(stiffness_sum_sim, ConstrainedDof - 1, 1)

# 解方程，求位移
activeDof = np.delete((np.arange(numDOF) + 1), ConstrainedDof - 1)
displacement[0][activeDof - 1] = np.array(np.mat(stiffness_sum_sim).I * np.mat(force[0][activeDof - 1]).T).T
# 按节点编号输出两个方向的节点位移分量，格式：节点号，位移1，位移2
Nodeindex = (np.arange(0, numNode) + 1).reshape(numNode, 1)
tempdisp = np.hstack((Nodeindex, displacement.reshape(numNode, 2)))

# 计算节点应力
```

```python
stress_Node = np.zeros((numEle * 6, 5))
kesi_yita_Node = np.array([[1, 0], [0, 1], [0, 0], [0.5, 0.5], [0, 0.5], [0.5, 0]])
for i in range(numEle):
    noindex = EleNode[i]
    xy_node = np.zeros((6, 2))
    d = np.zeros((12, 1))
    for j in range(6):
        xy_node[(j, 0)] = NodeCoordx[int(noindex[j]) - 1]
        xy_node[(j, 1)] = NodeCoordy[int(noindex[j]) - 1]
        d[int(2 * j)] = displacement[0][int(noindex[j]) - 1) * 2]
        d[int(2 * j + 1)] = displacement[0][int(noindex[j]) - 1) * 2 + 1]
    for m in range(6):
        kesi = kesi_yita_Node[m][0]
        yita = kesi_yita_Node[m][1]
        J = LST_J(kesi, yita, xy_node)
        A = (1 / np.linalg.det(J)) * np.array([[J[1, 1], -1 * J[0, 1], 0, 0],
                                                [0, 0, -1 * J[1, 0], J[0, 0]],
                                                [-1 * int(J[1, 0]), J[0, 0], J[1, 1], -1 * J[0, 1]]])
        G = LST_G(kesi, yita)
        B = A @ G
        sima = D @ B @ d
        # 储存节点应力
        stress_Node[int(i) * 6 + m] = np.asarray([i + 1, noindex[m], sima[0], sima[1], sima[2]], dtype=object)
# 计算支座反力
reation = np.zeros((ConstrainedDof.size, 1))
for i in range(ConstrainedDof.size):
    rownum = ConstrainedDof[0][i]
    reation[i] = stiffness_sum[rownum - 1] @ displacement.T - force[0][rownum - 1]

# 五、绘制应力、位移云图
# 定义需要绘制云图的应力分量、位移分量列表
S11 = stress_Node[:, 2]
S22 = stress_Node[:, 3]
S12 = stress_Node[:, 4]
U1 = tempdisp[:, 1]
U2 = tempdisp[:, 2]

# 初始化绘图参数设置
glutInit()   # 启动 glut
glutInitDisplayMode(GLUT_SINGLE | GLUT_RGBA)   # 指定窗口模式仅使用 RGB 颜色

# 绘制位移分量云图
glutInitWindowSize(1000, 2000)                       # 设置位移云图窗口尺寸
glutCreateWindow("位移分量 U1".encode("gb2312"))     # 设置绘图窗口标题
color_U = color(U1)                                  # 获取位移分量对应的 RGB 颜色值列表
glutDisplayFunc(draw_U)                              # 调用位移云图绘图函数,绘制 U1 位移分量云图
glClearColor(1.0, 1.0, 1.0, 1.0)                     # 定义背景为白色
# 定义 x、y 坐标轴范围
gluOrtho2D(min(NodeCoordx) - 200, max(NodeCoordx) + 200, min(NodeCoordy) - 200, max(NodeCoordy) + 200)
# 绘制应力分量云图
glutInitWindowSize(1000, 2000)                       # 设置应力云图窗口尺寸
glutCreateWindow("应力分量 S11".encode("gb2312"))    # 设置绘图窗口标题
color_S = color(S11)                                 # 获取应力分量对应的 RGB 颜色值列表
glutDisplayFunc(draw_S)                              # 调用应力云图绘图函数,绘制 S11 应力分量云图
glClearColor(1.0, 1.0, 1.0, 1.0)                     # 定义背景为白色
# 定义 x、y 坐标轴范围
gluOrtho2D(min(NodeCoordx) - 200, max(NodeCoordx) + 200, min(NodeCoordy) - 200, max(NodeCoordy) + 200)
glutMainLoop()   # 进入 GLUT 事件处理循环
```

算例代码运行结果与 ABAQUS 计算结果云图基本一致,如图 9.6-1 及图 9.6-2 所示。

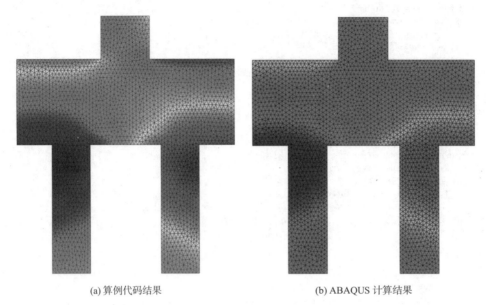

(a) 算例代码结果　　　　　　　　　(b) ABAQUS 计算结果

图 9.6-1　位移分量 U1 对比

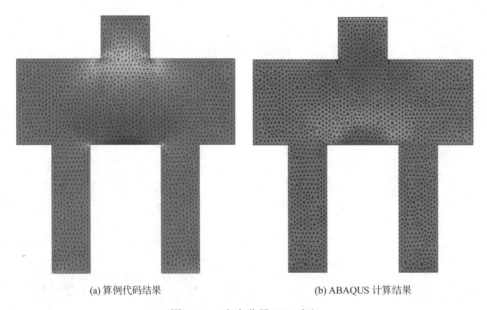

(a) 算例代码结果　　　　　　　　　(b) ABAQUS 计算结果

图 9.6-2　应力分量 S11 对比

9.7　小结

本章介绍了小变形弹性 2D 6 节点三角形线性应力单元（LST）的基本列式。然后通过悬臂梁与桩承台两个算例的 Python 有限元程序编制，介绍了采用 LST 单元进行平面应力问题有限元求解的一般过程。

第 10 章

3D 8 节点六面体单元（C3D8）

10.1　C3D8 单元介绍

此前两章介绍了平面应力单元，根据弹性力学知识，任何一个弹性体都是空间物体，且很多时候不能简化为近似的平面问题，此时需要求解空间问题。在一般空间问题中，包含 15 个未知函数，即 6 个应力分量、6 个形变分量和 3 个位移分量。本章介绍的 8 节点六面体单元（简称 C3D8 单元）即是一种空间单元。

10.2　基本列式

10.2.1　基本方程

10.2.1.1　几何方程

$$\begin{cases} \varepsilon_x = \dfrac{\partial u}{\partial x} \\[4pt] \varepsilon_y = \dfrac{\partial v}{\partial y} \\[4pt] \varepsilon_z = \dfrac{\partial w}{\partial z} \\[4pt] \gamma_{yz} = \dfrac{\partial w}{\partial y} + \dfrac{\partial v}{\partial z} \\[4pt] \gamma_{zx} = \dfrac{\partial u}{\partial z} + \dfrac{\partial w}{\partial x} \\[4pt] \gamma_{xy} = \dfrac{\partial v}{\partial x} + \dfrac{\partial u}{\partial y} \end{cases} \quad (10.2\text{-}1)$$

10.2.1.2 物理方程

$$\begin{cases} \varepsilon_x = \dfrac{1}{E}\left[\sigma_x - \mu(\sigma_y + \sigma_z)\right] \\ \varepsilon_y = \dfrac{1}{E}\left[\sigma_y - \mu(\sigma_z + \sigma_x)\right] \\ \varepsilon_z = \dfrac{1}{E}\left[\sigma_z - \mu(\sigma_x + \sigma_y)\right] \\ \gamma_{yz} = \dfrac{2(1+\mu)}{E}\tau_{yz} \\ \gamma_{zx} = \dfrac{2(1+\mu)}{E}\tau_{zx} \\ \gamma_{xy} = \dfrac{2(1+\mu)}{E}\tau_{xy} \end{cases} \tag{10.2-2}$$

10.2.2 位移场

8 节点六面体单元有 8 个节点和 12 个直边，每个节点有 3 个平动自由度，令单元节点位移向量$\{a\} = \{u_1 \quad v_1 \quad w_1 \quad u_2 \quad v_2 \quad w_2 \quad \cdots \quad u_8 \quad v_8 \quad w_8\}^\mathrm{T}$。单元中任一点的节点位移$(u, v, w)$可通过三维线性拉格朗日插值得到，即：

$$\begin{cases} u = N_1 u_1 + N_2 u_2 + N_3 u_3 + N_4 u_4 + N_5 u_5 + N_6 u_6 + N_7 u_7 + N_8 u_8 \\ v = N_1 v_1 + N_2 v_2 + N_3 v_3 + N_4 v_4 + N_5 v_5 + N_6 v_6 + N_7 v_7 + N_8 v_8 \\ w = N_1 w_1 + N_2 w_2 + N_3 w_3 + N_4 w_4 + N_5 w_5 + N_6 w_6 + N_7 w_7 + N_8 w_8 \end{cases} \tag{10.2-3}$$

用矩阵表示为：

$$\begin{Bmatrix} u \\ v \\ w \end{Bmatrix} = \begin{bmatrix} N_1 & 0 & 0 & \cdots & N_8 & 0 & 0 \\ 0 & N_1 & 0 & \cdots & 0 & N_8 & 0 \\ 0 & 0 & N_1 & \cdots & 0 & 0 & N_8 \end{bmatrix} \begin{Bmatrix} u_1 \\ v_1 \\ w_1 \\ \cdots \\ u_8 \\ v_8 \\ w_8 \end{Bmatrix} = [N]\{a\} \tag{10.2-4}$$

将单元节点按图 10.2-1 所示进行编号，并用自然坐标表示，此时单元形函数N_i为：

$$\begin{cases} N_1 = 1/8(1-\xi)(1-\eta)(1-\zeta) \\ N_2 = 1/8(1+\xi)(1-\eta)(1-\zeta) \\ N_3 = 1/8(1+\xi)(1+\eta)(1-\zeta) \\ N_4 = 1/8(1-\xi)(1+\eta)(1-\zeta) \\ N_5 = 1/8(1-\xi)(1-\eta)(1+\zeta) \\ N_6 = 1/8(1+\xi)(1-\eta)(1+\zeta) \\ N_7 = 1/8(1+\xi)(1+\eta)(1+\zeta) \\ N_8 = 1/8(1-\xi)(1+\eta)(1+\zeta) \end{cases} \tag{10.2-5}$$

其中$\xi \in [-1,1]$，$\eta \in [-1,1]$，$\zeta \in [-1,1]$。可以看出在单元节点i处，$N_i = 0$。

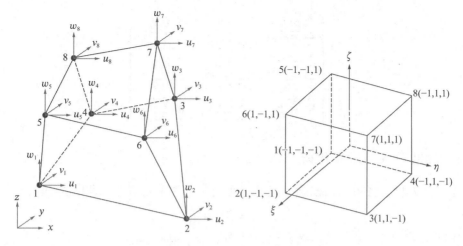

图 10.2-1 8 节点六面体单元

基于单元节点坐标，使用相同的形函数N对单元内任意一点的几何坐标(x,y,z)进行插值（等参单元），可以得到单元内任意一点的几何坐标表达式：

$$\begin{cases} x = N_1 x_1 + N_2 x_2 + N_3 x_3 + N_4 x_4 + N_5 x_5 + N_6 x_6 + N_7 x_7 + N_8 x_8 \\ y = N_1 y_1 + N_2 y_2 + N_3 y_3 + N_4 y_4 + N_5 y_5 + N_6 y_6 + N_7 y_7 + N_8 y_8 \\ z = N_1 z_1 + N_2 z_2 + N_3 z_3 + N_4 z_4 + N_5 z_5 + N_6 z_6 + N_7 z_7 + N_8 z_8 \end{cases} \quad (10.2\text{-}6)$$

雅克比矩阵

假定一般函数$f = f(x, y, z)$，它是ξ、η和ζ的隐式函数，根据链导法则可得：

$$\begin{cases} \dfrac{\partial f}{\partial \xi} = \dfrac{\partial f}{\partial x}\dfrac{\partial x}{\partial \xi} + \dfrac{\partial f}{\partial y}\dfrac{\partial y}{\partial \xi} + \dfrac{\partial f}{\partial z}\dfrac{\partial z}{\partial \xi} \\ \dfrac{\partial f}{\partial \eta} = \dfrac{\partial f}{\partial x}\dfrac{\partial x}{\partial \eta} + \dfrac{\partial f}{\partial y}\dfrac{\partial y}{\partial \eta} + \dfrac{\partial f}{\partial z}\dfrac{\partial z}{\partial \eta} \\ \dfrac{\partial f}{\partial \zeta} = \dfrac{\partial f}{\partial x}\dfrac{\partial x}{\partial \zeta} + \dfrac{\partial f}{\partial y}\dfrac{\partial y}{\partial \zeta} + \dfrac{\partial f}{\partial z}\dfrac{\partial z}{\partial \zeta} \end{cases} \quad (10.2\text{-}7)$$

写成矩阵形式：

$$\begin{Bmatrix} \dfrac{\partial f}{\partial \xi} \\ \dfrac{\partial f}{\partial \eta} \\ \dfrac{\partial f}{\partial \zeta} \end{Bmatrix} = \begin{bmatrix} \dfrac{\partial x}{\partial \xi} & \dfrac{\partial y}{\partial \xi} & \dfrac{\partial z}{\partial \xi} \\ \dfrac{\partial x}{\partial \eta} & \dfrac{\partial y}{\partial \eta} & \dfrac{\partial z}{\partial \eta} \\ \dfrac{\partial x}{\partial \zeta} & \dfrac{\partial y}{\partial \zeta} & \dfrac{\partial z}{\partial \zeta} \end{bmatrix} \begin{Bmatrix} \dfrac{\partial f}{\partial x} \\ \dfrac{\partial f}{\partial y} \\ \dfrac{\partial f}{\partial z} \end{Bmatrix} = [J] \begin{Bmatrix} \dfrac{\partial f}{\partial x} \\ \dfrac{\partial f}{\partial y} \\ \dfrac{\partial f}{\partial z} \end{Bmatrix} \quad (10.2\text{-}8)$$

对于 C3D8 单元，雅克比矩阵为：

$$[J] = \begin{bmatrix} \dfrac{\partial x}{\partial \xi} & \dfrac{\partial y}{\partial \xi} & \dfrac{\partial z}{\partial \xi} \\ \dfrac{\partial x}{\partial \eta} & \dfrac{\partial y}{\partial \eta} & \dfrac{\partial z}{\partial \eta} \\ \dfrac{\partial x}{\partial \zeta} & \dfrac{\partial y}{\partial \zeta} & \dfrac{\partial z}{\partial \zeta} \end{bmatrix}$$

$$= \begin{bmatrix} \sum_{i=1}^{8} \frac{\partial N_i}{\partial \xi} x_i & \sum_{i=1}^{8} \frac{\partial N_i}{\partial \xi} y_i & \sum_{i=1}^{8} \frac{\partial N_i}{\partial \xi} z_i \\ \sum_{i=1}^{8} \frac{\partial N_i}{\partial \eta} x_i & \sum_{i=1}^{8} \frac{\partial N_i}{\partial \eta} y_i & \sum_{i=1}^{8} \frac{\partial N_i}{\partial \eta} z_i \\ \sum_{i=1}^{8} \frac{\partial N_i}{\partial \zeta} x_i & \sum_{i=1}^{8} \frac{\partial N_i}{\partial \zeta} y_i & \sum_{i=1}^{8} \frac{\partial N_i}{\partial \zeta} z_i \end{bmatrix} \quad (10.2\text{-}9)$$

10.2.3 几何方程与应变矩阵

根据几何方程，将单元内任意一点的应变$\{\varepsilon\}$表示为单元节点位移$\{a\}$的函数，即

$$\{\varepsilon\} = [B]\{a\} \quad (10.2\text{-}10)$$

式中$\{\varepsilon\} = \{\varepsilon_x \quad \varepsilon_y \quad \varepsilon_z \quad \gamma_{xy} \quad \gamma_{yz} \quad \gamma_{zx}\}^T$，矩阵$[B]$为应变矩阵，$\{a\}$为此前定义的单元节点位移向量。

令

$$[R] = [J]^{-1} = \begin{bmatrix} R_{11} & R_{12} & R_{13} \\ R_{21} & R_{22} & R_{23} \\ R_{31} & R_{32} & R_{33} \end{bmatrix} \quad (10.2\text{-}11)$$

为雅克比矩阵的逆矩阵。

则有：

$$\{\varepsilon\} = \begin{Bmatrix} \varepsilon_x \\ \varepsilon_y \\ \varepsilon_z \\ \gamma_{yz} \\ \gamma_{zx} \\ \gamma_{xy} \end{Bmatrix} = \begin{Bmatrix} \frac{\partial u}{\partial x} \\ \frac{\partial v}{\partial y} \\ \frac{\partial w}{\partial z} \\ \frac{\partial w}{\partial y} + \frac{\partial v}{\partial z} \\ \frac{\partial u}{\partial z} + \frac{\partial w}{\partial x} \\ \frac{\partial v}{\partial x} + \frac{\partial u}{\partial y} \end{Bmatrix}$$

$$= \begin{bmatrix} R_{11} & R_{12} & R_{13} & 0 & 0 & 0 & 0 & 0 & 0 \\ 0 & 0 & 0 & R_{21} & R_{22} & R_{23} & 0 & 0 & 0 \\ 0 & 0 & 0 & 0 & 0 & 0 & R_{31} & R_{32} & R_{33} \\ 0 & 0 & 0 & R_{31} & R_{32} & R_{33} & R_{21} & R_{22} & R_{23} \\ R_{31} & R_{32} & R_{33} & 0 & 0 & 0 & R_{11} & R_{12} & R_{13} \\ R_{21} & R_{22} & R_{23} & R_{11} & R_{12} & R_{13} & 0 & 0 & 0 \end{bmatrix} \begin{Bmatrix} \frac{\partial u}{\partial \xi} \\ \frac{\partial u}{\partial \eta} \\ \frac{\partial u}{\partial \zeta} \\ \cdots \\ \frac{\partial w}{\partial \xi} \\ \frac{\partial w}{\partial \eta} \\ \frac{\partial w}{\partial \zeta} \end{Bmatrix} = [A] \begin{Bmatrix} \frac{\partial u}{\partial \xi} \\ \frac{\partial u}{\partial \eta} \\ \frac{\partial u}{\partial \zeta} \\ \cdots \\ \frac{\partial w}{\partial \xi} \\ \frac{\partial w}{\partial \eta} \\ \frac{\partial w}{\partial \zeta} \end{Bmatrix} \quad (10.2\text{-}12)$$

其中矩阵$[A]$为6×9矩阵。

结合公式(6.2-3)，可将公式(10.2-12)中$[A]$的右边项表示为：

$$\begin{Bmatrix} \frac{\partial u}{\partial \xi} \\ \frac{\partial u}{\partial \eta} \\ \frac{\partial u}{\partial \zeta} \\ \cdots \\ \frac{\partial w}{\partial \xi} \\ \frac{\partial w}{\partial \eta} \\ \frac{\partial w}{\partial \zeta} \end{Bmatrix} = \begin{bmatrix} \frac{\partial N_1}{\partial \xi} & 0 & 0 & \cdots & \frac{\partial N_8}{\partial \xi} & 0 & 0 \\ \frac{\partial N_1}{\partial \eta} & 0 & 0 & \cdots & \frac{\partial N_8}{\partial \eta} & 0 & 0 \\ \frac{\partial N_1}{\partial \zeta} & 0 & 0 & \cdots & \frac{\partial N_8}{\partial \zeta} & 0 & 0 \\ \cdots & \cdots & \cdots & \cdots & \cdots & \cdots & \cdots \\ 0 & 0 & \frac{\partial N_1}{\partial \xi} & \cdots & 0 & 0 & \frac{\partial N_8}{\partial \xi} \\ 0 & 0 & \frac{\partial N_1}{\partial \eta} & \cdots & 0 & 0 & \frac{\partial N_8}{\partial \eta} \\ 0 & 0 & \frac{\partial N_1}{\partial \zeta} & \cdots & 0 & 0 & \frac{\partial N_8}{\partial \zeta} \end{bmatrix} \begin{Bmatrix} u_1 \\ v_1 \\ w_1 \\ \cdots \\ u_8 \\ v_8 \\ w_8 \end{Bmatrix} = [G] \begin{Bmatrix} u_1 \\ v_1 \\ w_1 \\ \cdots \\ u_8 \\ v_8 \\ w_8 \end{Bmatrix} \quad (10.2\text{-}13)$$

其中$[G]$为9×24矩阵。

为便于计算应变矩阵$[B]$，令$[B]=[A][G]$，则上式可简写为：

$$\{\varepsilon\} = [A][G]\{a\} \quad (10.2\text{-}14)$$

10.2.4 物理方程与应力矩阵

根据弹性力学物理方程，单元的应力可表示为$\{\sigma\}=[D]\{\varepsilon\}$，其中，$[D]$为弹性矩阵，是对称矩阵。结合几何方程，可知单元中任意一点的应力可通过节点位移来表示，即：

$$\{\sigma\} = [D][B]\{a\} \quad (10.2\text{-}15)$$

对于空间问题，$\sigma = \{\sigma_x \quad \sigma_y \quad \sigma_z \quad \tau_{xy} \quad \tau_{yz} \quad \tau_{zx}\}^T$，

$$[D] = \frac{E(1-\mu)}{(1+\mu)(1-2\mu)} \begin{bmatrix} 1 & \frac{\mu}{1-\mu} & \frac{\mu}{1-\mu} & 0 & 0 & 0 \\ \frac{\mu}{1-\mu} & 1 & \frac{\mu}{1-\mu} & 0 & 0 & 0 \\ \frac{\mu}{1-\mu} & \frac{\mu}{1-\mu} & 1 & 0 & 0 & 0 \\ 0 & 0 & 0 & \frac{1-2\mu}{2(1-\mu)} & 0 & 0 \\ 0 & 0 & 0 & 0 & \frac{1-2\mu}{2(1-\mu)} & 0 \\ 0 & 0 & 0 & 0 & 0 & \frac{1-2\mu}{2(1-\mu)} \end{bmatrix}$$

其中$[D]$为6×6矩阵，μ为材料的泊松比。

10.2.5 单元刚度矩阵

单元的应变能可表示为：

$$U = \frac{1}{2}\int_V \{\sigma\}^T\{\varepsilon\}\,dV = \frac{1}{2}\{a\}^T\left[\int_V [B]^T[D][B]\,dV\right]\{a\}$$

$$= \frac{1}{2}\{a\}^T\left[\int_{-1}^1\int_{-1}^1\int_{-1}^1 [B]^T[D][B]\det([J])\,d\xi\,d\eta\,d\zeta\right]\{a\} \quad (10.2\text{-}16)$$

由最小势能原理（参考第 1 章的 1.2.3.4 节）可得单元的刚度矩阵$[k]$：

$$[k] = \int_{-1}^{1} \int_{-1}^{1} \int_{-1}^{1} [B]^T [D][B] \det([J]) \, d\xi \, d\eta \, d\zeta \tag{10.2-17}$$

由于矩阵$[B]$和行列式$\det([J])$都是关于ξ、η和ζ的函数，因此须采用数值积分求取单元刚度矩阵$[k]$。对于六面体单元，采用$2 \times 2 \times 2$个积分点的 Gauss 积分可求得精确结果。则上式可表示为：

$$[k] = \sum_{i=1}^{2} \sum_{j=1}^{2} \sum_{k=1}^{2} w_i w_j w_k [B(\xi_i, \eta_j, \zeta_k)]^T [D][B(\xi_i, \eta_j, \zeta_k)] \det[J(\xi_i, \eta_j, \zeta_k)] \tag{10.2-18}$$

其中w_i、w_j、w_k为积分点权重。

10.2.6 单元荷载列阵及等效节点力

单元的荷载主要包括面力（分布在单元边上的面力）、体力（分布在单位体积上的力）及温度作用等。以体力$\{f_v\}$为例，给出其等效节点荷载$\{f\}$的计算方法。

单元的体力表示为$\{f_v\} = \{f_{vx} \quad f_{vy} \quad f_{vz}\}^T$。单元体力$\{f_v\}$在单元变形$\{u\}$上做的外力功势能可表示为：

$$W = -\int_V \{u\}^T \{f_v\} dV \tag{10.2-19}$$

由最小势能原理可得（参考第 1 章的 1.2.3.4 节）可得，8 节点六面体单元的等效节点荷载列阵为：

$$\{f\} = \int_V [N]^T \{f_v\} dV = \left[\int_{-1}^{1} \int_{-1}^{1} \int_{-1}^{1} [N]^T \det([J]) \, d\xi \, d\eta \, d\zeta \right] \{f_v\} \tag{10.2-20}$$

与刚度矩阵类似，上式计算可通过数值积分完成，即：

$$\{f\} = \sum_{i=1}^{2} \sum_{j=1}^{2} \sum_{k=1}^{2} w_i w_j w_k [N(\xi_i, \eta_j, \zeta_k)]^T \det[J(\xi_i, \eta_j, \zeta_k)] \{f_v\} \tag{10.2-21}$$

10.3 问题描述

如图 10.3-1 所示，本章的算例结构是一根悬臂梁，悬臂长度 2.0m，梁高 0.5m，梁宽 0.2m。梁左端嵌固，受重力作用。材料弹性模量$E = 200000$MPa，材料泊松比为 0.3。接下来将给出采用 8 节点六面体单元对该悬臂梁进行弹性静力分析的 Python 编程过程。

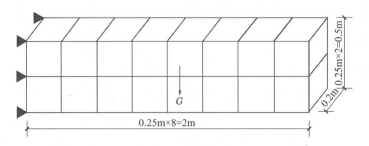

图 10.3-1 结构模型示意

10.4 Python 代码与注释

对上述结构进行分析的 Python 代码如下：

```python
# 3D 8 节点六面体单元:悬臂梁受力分析
# Website : www.jdcui.com
# 导入 numpy 库、OpenGL 库、sys 库等
import numpy as np
import matplotlib.pyplot as plt
from OpenGL.GL import *
from OpenGL.GLUT import *
from OpenGL.GLU import *
import sys

# 一、定义函数
# 函数 1：计算雅克比矩阵 J
def HEX_J(kesi, yita, zeta, xyz):
    NN = np.array([[-((yita - 1) * (zeta - 1)) / 8, ((yita - 1) * (zeta - 1)) / 8, -((yita + 1) * (zeta - 1)) / 8,
                    ((yita + 1) * (zeta - 1)) / 8, ((yita - 1) * (zeta + 1)) / 8, -((yita - 1) * (zeta + 1)) / 8,
                    ((yita + 1) * (zeta + 1)) / 8, -((yita + 1) * (zeta + 1)) / 8],
                   [-(kesi / 8 - 1 / 8) * (zeta - 1), (kesi / 8 + 1 / 8) * (zeta - 1), -(kesi / 8 + 1 / 8) * (zeta - 1),
                    (kesi / 8 - 1 / 8) * (zeta - 1), (kesi / 8 - 1 / 8) * (zeta + 1), -(kesi / 8 + 1 / 8) * (zeta + 1),
                    (kesi / 8 + 1 / 8) * (zeta + 1), -(kesi / 8 - 1 / 8) * (zeta + 1)],
                   [-(kesi / 8 - 1 / 8) * (yita - 1), (kesi / 8 + 1 / 8) * (yita - 1), -(kesi / 8 + 1 / 8) * (yita + 1),
                    (kesi / 8 - 1 / 8) * (yita + 1), (kesi / 8 - 1 / 8) * (yita - 1), -(kesi / 8 + 1 / 8) * (yita - 1),
                    (kesi / 8 + 1 / 8) * (yita + 1), -(kesi / 8 - 1 / 8) * (yita + 1)]])
    J = NN @ xyz
    return J


# 函数 2：计算形函数矩阵 N
def HEX_N(kesi, yita, zeta):
    N1 = 1 / 8 * (1 - kesi) * (1 - yita) * (1 - zeta)
    N2 = 1 / 8 * (1 + kesi) * (1 - yita) * (1 - zeta)
    N3 = 1 / 8 * (1 + kesi) * (1 + yita) * (1 - zeta)
    N4 = 1 / 8 * (1 - kesi) * (1 + yita) * (1 - zeta)
    N5 = 1 / 8 * (1 - kesi) * (1 - yita) * (1 + zeta)
    N6 = 1 / 8 * (1 + kesi) * (1 - yita) * (1 + zeta)
    N7 = 1 / 8 * (1 + kesi) * (1 + yita) * (1 + zeta)
    N8 = 1 / 8 * (1 - kesi) * (1 + yita) * (1 + zeta)
    N = np.array([[N1, 0, 0, N2, 0, 0, N3, 0, 0, N4, 0, 0, N5, 0, 0, N6, 0, 0, N7, 0, 0, N8, 0, 0],
                  [0, N1, 0, 0, N2, 0, 0, N3, 0, 0, N4, 0, 0, N5, 0, 0, N6, 0, 0, N7, 0, 0, N8, 0],
                  [0, 0, N1, 0, 0, N2, 0, 0, N3, 0, 0, N4, 0, 0, N5, 0, 0, N6, 0, 0, N7, 0, 0, N8]])
    return N


# 函数 3：计算形矩阵 G，用于计算应变矩阵
def HEX_G(kesi, yita, zeta):
    G = np.array([[-((yita - 1) * (zeta - 1)) / 8, 0, 0, ((yita - 1) * (zeta - 1)) / 8, 0, 0,
                   -((yita + 1) * (zeta - 1)) / 8, 0, 0, ((yita + 1) * (zeta - 1)) / 8, 0, 0,
                   ((yita - 1) * (zeta + 1)) / 8, 0, 0, -((yita - 1) * (zeta + 1)) / 8, 0, 0,
                   ((yita + 1) * (zeta + 1)) / 8, 0, 0, -((yita + 1) * (zeta + 1)) / 8, 0, 0],
                  [-(kesi / 8 - 1 / 8) * (zeta - 1), 0, 0, (kesi / 8 + 1 / 8) * (zeta - 1), 0, 0,
                   -(kesi / 8 + 1 / 8) * (zeta - 1), 0, 0, (kesi / 8 - 1 / 8) * (zeta - 1), 0, 0,
                   (kesi / 8 - 1 / 8) * (zeta + 1), 0, 0, -(kesi / 8 + 1 / 8) * (zeta + 1), 0, 0,
                   (kesi / 8 + 1 / 8) * (zeta + 1), 0, 0, -(kesi / 8 - 1 / 8) * (zeta + 1), 0, 0],
                  [-(kesi / 8 - 1 / 8) * (yita - 1), 0, 0, (kesi / 8 + 1 / 8) * (yita - 1), 0, 0,
                   -(kesi / 8 + 1 / 8) * (yita + 1), 0, 0, (kesi / 8 - 1 / 8) * (yita + 1), 0, 0,
```

```
                   (kesi / 8 - 1 / 8) * (yita - 1), 0, 0, -(kesi / 8 + 1 / 8) * (yita - 1), 0, 0,
                   (kesi / 8 + 1 / 8) * (yita + 1), 0, 0, -(kesi / 8 - 1 / 8) * (yita + 1), 0, 0],
                  [0, -((yita - 1) * (zeta - 1)) / 8, 0, 0, ((yita - 1) * (zeta - 1)) / 8, 0, 0,
                   -((yita + 1) * (zeta - 1)) / 8, 0, 0, ((yita + 1) * (zeta - 1)) / 8, 0, 0,
                   ((yita - 1) * (zeta + 1)) / 8, 0, 0, -((yita - 1) * (zeta + 1)) / 8, 0, 0,
                   ((yita + 1) * (zeta + 1)) / 8, 0, 0, -((yita + 1) * (zeta + 1)) / 8, 0],
                  [0, -(kesi / 8 - 1 / 8) * (zeta - 1), 0, 0, (kesi / 8 + 1 / 8) * (zeta - 1), 0, 0,
                   -(kesi / 8 + 1 / 8) * (zeta - 1), 0, 0, (kesi / 8 - 1 / 8) * (zeta - 1), 0, 0,
                   (kesi / 8 - 1 / 8) * (zeta + 1), 0, 0, -(kesi / 8 + 1 / 8) * (zeta + 1), 0, 0,
                   (kesi / 8 + 1 / 8) * (zeta + 1), 0, 0, -(kesi / 8 - 1 / 8) * (zeta + 1), 0],
                  [0, -(kesi / 8 - 1 / 8) * (yita - 1), 0, 0, (kesi / 8 + 1 / 8) * (yita - 1), 0, 0,
                   -(kesi / 8 + 1 / 8) * (yita + 1), 0, 0, (kesi / 8 - 1 / 8) * (yita + 1), 0, 0,
                   (kesi / 8 - 1 / 8) * (yita - 1), 0, 0, -(kesi / 8 + 1 / 8) * (yita - 1), 0, 0,
                   (kesi / 8 + 1 / 8) * (yita + 1), 0, 0, -(kesi / 8 - 1 / 8) * (yita + 1), 0],
                  [0, 0, -((yita - 1) * (zeta - 1)) / 8, 0, 0, ((yita - 1) * (zeta - 1)) / 8, 0, 0,
                   -((yita + 1) * (zeta - 1)) / 8, 0, 0, ((yita + 1) * (zeta - 1)) / 8, 0, 0,
                   ((yita - 1) * (zeta + 1)) / 8, 0, 0, -((yita - 1) * (zeta + 1)) / 8, 0, 0,
                   ((yita + 1) * (zeta + 1)) / 8, 0, 0, -((yita + 1) * (zeta + 1)) / 8],
                  [0, 0, -(kesi / 8 - 1 / 8) * (zeta - 1), 0, 0, (kesi / 8 + 1 / 8) * (zeta - 1), 0, 0,
                   -(kesi / 8 + 1 / 8) * (zeta - 1), 0, 0, (kesi / 8 - 1 / 8) * (zeta - 1), 0, 0,
                   (kesi / 8 - 1 / 8) * (zeta + 1), 0, 0, -(kesi / 8 + 1 / 8) * (zeta + 1), 0, 0,
                   (kesi / 8 + 1 / 8) * (zeta + 1), 0, 0, -(kesi / 8 - 1 / 8) * (zeta + 1)],
                  [0, 0, -(kesi / 8 - 1 / 8) * (yita - 1), 0, 0, (kesi / 8 + 1 / 8) * (yita - 1), 0, 0,
                   -(kesi / 8 + 1 / 8) * (yita + 1), 0, 0, (kesi / 8 - 1 / 8) * (yita + 1), 0, 0,
                   (kesi / 8 - 1 / 8) * (yita - 1), 0, 0, -(kesi / 8 + 1 / 8) * (yita - 1), 0, 0,
                   (kesi / 8 + 1 / 8) * (yita + 1), 0, 0, -(kesi / 8 - 1 / 8) * (yita + 1)]])
    return G


# 函数4：OPenGL 绘图初始化设置
def init_condition():
    glutInitWindowSize(800, 800)                # 设置窗口大小为800×800 像素
    glutCreateWindow(b"Hello OpenGL")           # 创建窗口并设置标题为"Hello OpenGL"
    glClearColor(0.0, 0.0, 0.0, 0.0)            # 定义背景颜色为黑色
    glClearDepth(1.0)                           # 设置深度缓冲区清除值为1.0
    glDepthFunc(GL_LESS)                        # 设置深度比较函数
    glEnable(GL_MULTISAMPLE)                    # 启用多重采样（抗锯齿）
    glEnable(GL_DEPTH_TEST)                     # 启用深度测试
    glShadeModel(GL_SMOOTH)                     # 设置颜色渐变着色模式
    glMatrixMode(GL_PROJECTION)                 # 选择投影矩阵为当前矩阵模式
    glLoadIdentity()                            # 重置当前矩阵为单位矩阵
    glMatrixMode(GL_MODELVIEW)                  # 选择模型视图矩阵为当前矩阵模式


# 函数5：定义颜色插值函数
def color(vari):
    """vari 为需绘图的分量列表"""
    norm = plt.Normalize(vari.min(), vari.max())
    colors = plt.cm.jet(norm(vari))
    return colors    # 返回RGB 颜色值列表


# 函数6：调用OPenGL 绘制应力云图
def draw_geometry():
    glClear(GL_COLOR_BUFFER_BIT | GL_DEPTH_BUFFER_BIT)  # 清除屏幕和深度缓冲
    glLoadIdentity()                            # 重置视图
    glViewport(100, 100, 600, 600)              # 设置视口位置和大小
    glRotatef(135, 1.0, 0.0, 0.0)               # 绕x 轴旋转135 度
    glRotatef(5, 0.0, 1.0, 0.0)                 # 绕y 轴旋转5 度
    glRotatef(5, 0.0, 0.0, 1.0)                 # 绕z 轴旋转5 度
    gluOrtho2D(-1.1, 1.1, -1.1, 1.1)            # 设置正交投影
```

```
glEnable(GL_CULL_FACE)              # 启用面剔除

# 绘制应力云图
for i in range(numEle):
    # 获取单元 x 坐标、y 坐标、z 坐标列表
    x = [xx[EleNode[i][0] - 1], xx[EleNode[i][1] - 1], xx[EleNode[i][2] - 1], xx[EleNode[i][3] - 1],
         xx[EleNode[i][4] - 1], xx[EleNode[i][5] - 1], xx[EleNode[i][6] - 1], xx[EleNode[i][7] - 1]]
    y = [yy[EleNode[i][0] - 1], yy[EleNode[i][1] - 1], yy[EleNode[i][2] - 1], yy[EleNode[i][3] - 1],
         yy[EleNode[i][4] - 1], yy[EleNode[i][5] - 1], yy[EleNode[i][6] - 1], yy[EleNode[i][7] - 1]]
    z = [zz[EleNode[i][0] - 1], zz[EleNode[i][1] - 1], zz[EleNode[i][2] - 1], zz[EleNode[i][3] - 1],
         zz[EleNode[i][4] - 1], zz[EleNode[i][5] - 1], zz[EleNode[i][6] - 1], zz[EleNode[i][7] - 1]]

    # 按单元面绘制单元云图
    glBegin(GL_QUADS)
    glColor3f(color_S[8 * i][0], color_S[8 * i][1], color_S[8 * i][2])
    glVertex3f(x[0], y[0], z[0])
    glColor3f(color_S[8 * i + 1][0], color_S[8 * i + 1][1], color_S[8 * i + 1][2])
    glVertex3f(x[1], y[1], z[1])
    glColor3f(color_S[8 * i + 2][0], color_S[8 * i + 2][1], color_S[8 * i + 2][2])
    glVertex3f(x[2], y[2], z[2])
    glColor3f(color_S[8 * i + 3][0], color_S[8 * i + 3][1], color_S[8 * i + 3][2])
    glVertex3f(x[3], y[3], z[3])

    glColor3f(color_S[8 * i + 4][0], color_S[8 * i + 4][1], color_S[8 * i + 4][2])
    glVertex3f(x[4], y[4], z[4])
    glColor3f(color_S[8 * i + 5][0], color_S[8 * i + 5][1], color_S[8 * i + 5][2])
    glVertex3f(x[5], y[5], z[5])
    glColor3f(color_S[8 * i + 6][0], color_S[8 * i + 6][1], color_S[8 * i + 6][2])
    glVertex3f(x[6], y[6], z[6])
    glColor3f(color_S[8 * i + 7][0], color_S[8 * i + 7][1], color_S[8 * i + 7][2])
    glVertex3f(x[7], y[7], z[7])

    glColor3f(color_S[8 * i][0], color_S[8 * i][1], color_S[8 * i][2])
    glVertex3f(x[0], y[0], z[0])
    glColor3f(color_S[8 * i + 1][0], color_S[8 * i + 1][1], color_S[8 * i + 1][2])
    glVertex3f(x[1], y[1], z[1])
    glColor3f(color_S[8 * i + 5][0], color_S[8 * i + 5][1], color_S[8 * i + 5][2])
    glVertex3f(x[5], y[5], z[5])
    glColor3f(color_S[8 * i + 4][0], color_S[8 * i + 4][1], color_S[8 * i + 4][2])
    glVertex3f(x[4], y[4], z[4])

    glColor3f(color_S[8 * i + 1][0], color_S[8 * i + 1][1], color_S[8 * i + 1][2])
    glVertex3f(x[1], y[1], z[1])
    glColor3f(color_S[8 * i + 2][0], color_S[8 * i + 2][1], color_S[8 * i + 2][2])
    glVertex3f(x[2], y[2], z[2])
    glColor3f(color_S[8 * i + 6][0], color_S[8 * i + 6][1], color_S[8 * i + 6][2])
    glVertex3f(x[6], y[6], z[6])
    glColor3f(color_S[8 * i + 5][0], color_S[8 * i + 5][1], color_S[8 * i + 5][2])
    glVertex3f(x[5], y[5], z[5])

    glColor3f(color_S[8 * i + 2][0], color_S[8 * i + 2][1], color_S[8 * i + 2][2])
    glVertex3f(x[2], y[2], z[2])
    glColor3f(color_S[8 * i + 3][0], color_S[8 * i + 3][1], color_S[8 * i + 3][2])
    glVertex3f(x[3], y[3], z[3])
    glColor3f(color_S[8 * i + 7][0], color_S[8 * i + 7][1], color_S[8 * i + 7][2])
    glVertex3f(x[7], y[7], z[7])
    glColor3f(color_S[8 * i + 6][0], color_S[8 * i + 6][1], color_S[8 * i + 6][2])
    glVertex3f(x[6], y[6], z[6])

    glColor3f(color_S[8 * i + 3][0], color_S[8 * i + 3][1], color_S[8 * i + 3][2])
    glVertex3f(x[3], y[3], z[3])
```

```python
                glColor3f(color_S[8 * i][0], color_S[8 * i][1], color_S[8 * i][2])
                glVertex3f(x[0], y[0], z[0])
                glColor3f(color_S[8 * i + 4][0], color_S[8 * i + 4][1], color_S[8 * i + 4][2])
                glVertex3f(x[4], y[4], z[4])
                glColor3f(color_S[8 * i + 7][0], color_S[8 * i + 7][1], color_S[8 * i + 7][2])
                glVertex3f(x[7], y[7], z[7])
                glEnd()

                # 绘制单元轮廓线
                glColor3f(1.0, 1.0, 1.0)    # 设置单元轮廓线颜色
                glBegin(GL_LINE_STRIP)
                glVertex3f(x[0], y[0], z[0])
                glVertex3f(x[1], y[1], z[1])
                glVertex3f(x[2], y[2], z[2])
                glVertex3f(x[3], y[3], z[3])
                glVertex3f(x[0], y[0], z[0])
                glEnd()

                glBegin(GL_LINE_STRIP)
                glVertex3f(x[4], y[4], z[4])
                glVertex3f(x[5], y[5], z[5])
                glVertex3f(x[6], y[6], z[6])
                glVertex3f(x[7], y[7], z[7])
                glVertex3f(x[4], y[4], z[4])
                glEnd()

                glBegin(GL_LINES)
                glVertex3f(x[0], y[0], z[0])
                glVertex3f(x[4], y[4], z[4])
                glVertex3f(x[1], y[1], z[1])
                glVertex3f(x[5], y[5], z[5])
                glVertex3f(x[2], y[2], z[2])
                glVertex3f(x[6], y[6], z[6])
                glVertex3f(x[3], y[3], z[3])
                glVertex3f(x[7], y[7], z[7])
                glEnd()
    glFlush()


# 二、输入信息
# 定义构件材料、截面属性
E = 2.000E+08
v = 0.3
scalefactor = 0.2

# 节点坐标
NodeCoord = np.array([[-1, 0, 0],
                      [1, 0, 0],
                      [1, 0, 0.5],
                      [-1, 0, 0.5],
                      [-0.75, 0, 0],
                      [-0.75, 0, 0.25],
                      [-1, 0, 0.25],
                      [-0.75, 0, 0.5],
                      [-0.5, 0, 0],
                      [-0.5, 0, 0.25],
                      [-0.5, 0, 0.5],
                      [-0.25, 0, 0],
                      [-0.25, 0, 0.25],
                      [-0.25, 0, 0.5],
                      [0, 0, 0],
```

```
                        [0, 0, 0.25],
                        [0, 0, 0.5],
                        [0.25, 0, 0],
                        [0.25, 0, 0.25],
                        [0.25, 0, 0.5],
                        [0.5, 0, 0],
                        [0.5, 0, 0.25],
                        [0.5, 0, 0.5],
                        [0.75, 0, 0],
                        [0.75, 0, 0.25],
                        [0.75, 0, 0.5],
                        [1, 0, 0.25],
                        [-1, -0.2, 0],
                        [-0.75, -0.2, 0],
                        [-1, -0.2, 0.25],
                        [-0.75, -0.2, 0.25],
                        [-1, -0.2, 0.5],
                        [-0.75, -0.2, 0.5],
                        [-0.5, -0.2, 0],
                        [-0.5, -0.2, 0.25],
                        [-0.5, -0.2, 0.5],
                        [-0.25, -0.2, 0],
                        [-0.25, -0.2, 0.25],
                        [-0.25, -0.2, 0.5],
                        [0, -0.2, 0],
                        [0, -0.2, 0.25],
                        [0, -0.2, 0.5],
                        [0.25, -0.2, 0],
                        [0.25, -0.2, 0.25],
                        [0.25, -0.2, 0.5],
                        [0.5, -0.2, 0],
                        [0.5, -0.2, 0.25],
                        [0.5, -0.2, 0.5],
                        [0.75, -0.2, 0],
                        [0.75, -0.2, 0.25],
                        [0.75, -0.2, 0.5],
                        [1, -0.2, 0],
                        [1, -0.2, 0.25],
                        [1, -0.2, 0.5]
                        ])

# 单元节点
EleNode = np.array([[1, 5, 6, 7, 28, 29, 31, 30],
                    [7, 6, 8, 4, 30, 31, 33, 32],
                    [5, 9, 10, 6, 29, 34, 35, 31],
                    [6, 10, 11, 8, 31, 35, 36, 33],
                    [9, 12, 13, 10, 34, 37, 38, 35],
                    [10, 13, 14, 11, 35, 38, 39, 36],
                    [12, 15, 16, 13, 37, 40, 41, 38],
                    [13, 16, 17, 14, 38, 41, 42, 39],
                    [15, 18, 19, 16, 40, 43, 44, 41],
                    [16, 19, 20, 17, 41, 44, 45, 42],
                    [18, 21, 22, 19, 43, 46, 47, 44],
                    [19, 22, 23, 20, 44, 47, 48, 45],
                    [21, 24, 25, 22, 46, 49, 50, 47],
                    [22, 25, 26, 23, 47, 50, 51, 48],
                    [24, 2, 27, 25, 49, 52, 53, 50],
                    [25, 27, 3, 26, 50, 53, 54, 51]
                    ])

# 单元和节点数量
```

```python
numEle = EleNode.shape[0]
numNode = NodeCoord.shape[0]

# 节点坐标值(x, y)向量
xx = NodeCoord[:, 0]
yy = NodeCoord[:, 1]
zz = NodeCoord[:, 2]

numDOF = numNode * 3    # 自由度数量
restrainedDof = np.array([1, 2, 3, 10, 11, 12, 19, 20, 21, 82, 83, 84, 88, 89, 90, 94, 95, 96])    # 被约束自由度
displacement = np.zeros((1, numDOF))    # 定义整体位移向量

# 积分点及积分点权重
kesi_yita = np.array([[-1 / np.sqrt(3), -1 / np.sqrt(3), -1 / np.sqrt(3)],
                      [1 / np.sqrt(3), -1 / np.sqrt(3), -1 / np.sqrt(3)],
                      [1 / np.sqrt(3), 1 / np.sqrt(3), -1 / np.sqrt(3)],
                      [-1 / np.sqrt(3), 1 / np.sqrt(3), -1 / np.sqrt(3)],
                      [-1 / np.sqrt(3), -1 / np.sqrt(3), 1 / np.sqrt(3)],
                      [1 / np.sqrt(3), -1 / np.sqrt(3), 1 / np.sqrt(3)],
                      [1 / np.sqrt(3), 1 / np.sqrt(3), 1 / np.sqrt(3)],
                      [-1 / np.sqrt(3), 1 / np.sqrt(3), 1 / np.sqrt(3)]
                      ])
w = np.array([1, 1])
ww = np.array([w[0] * w[0] * w[0], w[1] * w[0] * w[0], w[0] * w[0] * w[0], w[0] * w[1] * w[0], w[0] * w[0] * w[1],
               w[1] * w[0] * w[1], w[0] * w[0] * w[1], w[0] * w[1] * w[1]])

# 定义荷载
# 定义整体荷载向量
force_sum = np.zeros((1, numDOF))    # 初始化总力为一个全零数组
fv = np.array([0, 0, -77.0085])    # 定义施加在每个单元上的力向量
for i in range(numEle):
    noindex = EleNode[i]    # 获取当前单元的节点编号
    xyz = np.zeros([8, 3])    # 初始化当前单元的节点坐标数组
    for j in range(8):
        # 将节点的坐标值赋给 xyz 数组
        xyz[j, 0] = xx[int(noindex[j]) - 1]
        xyz[j, 1] = yy[int(noindex[j]) - 1]
        xyz[j, 2] = zz[int(noindex[j]) - 1]
    elef = np.zeros((1, 24))    # 初始化当前单元的局部力数组
    for m in range(8):
        kesi = np.array(kesi_yita[m, 0])
        yita = np.array(kesi_yita[m, 1])
        zeta = np.array(kesi_yita[m, 2])
        J = HEX_J(kesi, yita, zeta, xyz)    # 计算8节点六面体的雅可比矩阵
        elef = elef + ww[m] * np.linalg.det(J) * HEX_N(kesi, yita, zeta).T @ fv    # 计算当前采样点的力
    eleDof = np.array(
        [noindex[0] * 3 - 2, noindex[0] * 3 - 1, noindex[0] * 3, noindex[1] * 3 - 2, noindex[1] * 3 - 1,
         noindex[1] * 3,
         noindex[2] * 3 - 2, noindex[2] * 3 - 1, noindex[2] * 3, noindex[3] * 3 - 2, noindex[3] * 3 - 1,
         noindex[3] * 3,
         noindex[4] * 3 - 2, noindex[4] * 3 - 1, noindex[4] * 3, noindex[5] * 3 - 2, noindex[5] * 3 - 1,
         noindex[5] * 3,
         noindex[6] * 3 - 2, noindex[6] * 3 - 1, noindex[6] * 3, noindex[7] * 3 - 2, noindex[7] * 3 - 1,
         noindex[7] * 3])    # 计算当前单元的自由度编号
    force_sl = np.zeros((1, numDOF))    # 初始化当前单元的力数组
    for eleDof_idx, Dof in enumerate(eleDof):    # 循环遍历当前单元的自由度
        force_sl[0][Dof - 1] = elef[0][eleDof_idx]    # 将局部力分配到整体力数组中的相应位置
    force_sum = force_sum + force_sl    # 将当前单元的力叠加到总力中

# 三、计算分析
# 定义总体刚度矩阵
```

```python
    stiffness_sum = np.zeros((numDOF, numDOF))
    D = ((1 - v) * E / ((1 + v) * (1 - 2 * v))) * np.array([[1, v / (1 - v), v / (1 - v), 0, 0, 0],    # 定义弹性矩阵 D
                                                           [v / (1 - v), 1, v / (1 - v), 0, 0, 0],
                                                           [v / (1 - v), v / (1 - v), 1, 0, 0, 0],
                                                           [0, 0, 0, (1 - 2 * v) / (2 - 2 * v), 0, 0],
                                                           [0, 0, 0, 0, (1 - 2 * v) / (2 - 2 * v), 0],
                                                           [0, 0, 0, 0, 0, (1 - 2 * v) / (2 - 2 * v)]])
    for i in range(numEle):
        noindex = EleNode[i]
        xyz = np.zeros([8, 3])
        for j in range(8):
            xyz[j, 0] = xx[int(noindex[j]) - 1]
            xyz[j, 1] = yy[int(noindex[j]) - 1]
            xyz[j, 2] = zz[int(noindex[j]) - 1]
        eleK = np.zeros((24, 24))
        for m in range(8):
            kesi = np.array(kesi_yita[m, 0])
            yita = np.array(kesi_yita[m, 1])
            zeta = np.array(kesi_yita[m, 2])
            J = HEX_J(kesi, yita, zeta, xyz)
            R = np.linalg.inv(J)
            A = np.array([[R[0, 0], R[0, 1], R[0, 2], 0, 0, 0, 0, 0, 0],
                          [0, 0, 0, R[1, 0], R[1, 1], R[1, 2], 0, 0, 0],
                          [0, 0, 0, 0, 0, 0, R[2, 0], R[2, 1], R[2, 2]],
                          [0, 0, 0, R[2, 0], R[2, 1], R[2, 2], R[1, 0], R[1, 1], R[1, 2]],
                          [R[2, 0], R[2, 1], R[2, 2], 0, 0, 0, R[0, 0], R[0, 1], R[0, 2]],
                          [R[1, 0], R[1, 1], R[1, 2], R[0, 0], R[0, 1], R[0, 2], 0, 0, 0]], dtype='int')
            G = HEX_G(kesi, yita, zeta)
            B = A @ G
            eleK = eleK + ww[m] * B.T @ D @ B * (np.linalg.det(J))    # 计算单元刚度矩阵
        # 根据单元节点编号，确定单元自由度
        eleDof = np.array(
            [noindex[0] * 3 - 3, noindex[0] * 3 - 2, noindex[0] * 3 - 1, noindex[1] * 3 - 3, noindex[1] * 3 - 2,
             noindex[1] * 3 - 1,
             noindex[2] * 3 - 3, noindex[2] * 3 - 2, noindex[2] * 3 - 1, noindex[3] * 3 - 3, noindex[3] * 3 - 2,
             noindex[3] * 3 - 1,
             noindex[4] * 3 - 3, noindex[4] * 3 - 2, noindex[4] * 3 - 1, noindex[5] * 3 - 3, noindex[5] * 3 - 2,
             noindex[5] * 3 - 1,
             noindex[6] * 3 - 3, noindex[6] * 3 - 2, noindex[6] * 3 - 1, noindex[7] * 3 - 3, noindex[7] * 3 - 2,
             noindex[7] * 3 - 1])
        # 将单元刚度矩阵组装到整体刚度矩阵
        for i in range(24):
            for j in range(24):
                stiffness_sum[int(eleDof[i]), int(eleDof[j])] = stiffness_sum[int(eleDof[i]), int(eleDof[j])] + eleK[i][j]
# 根据给定的约束条件，删除指定被约束自由度对应的行和列，将整体刚度矩阵进行简化处理
stiffness_sum_sim = np.delete(stiffness_sum, restrainedDof - 1, 0)
stiffness_sum_sim = np.delete(stiffness_sum_sim, restrainedDof - 1, 1)

# 解方程，求位移
activeDof = np.delete((np.arange(numDOF) + 1), restrainedDof - 1)    # 获取活动自由度编号列表
displacement[0][activeDof - 1] = np.linalg.solve(stiffness_sum_sim, force_sum[0][activeDof - 1])
# 按节点编号输出两个方向的节点位移分量，格式：节点号，位移1，位移2，位移3
Nodeindex = (np.arange(0, numNode) + 1).reshape(numNode, 1)
tempdisp = np.hstack((Nodeindex, displacement.reshape(numNode, 3)))

# 计算节点应力
stress_Node = np.zeros((numEle * 8, 8))
kesi_yita_Node = np.array([[-1, -1, -1],
                           [1, -1, -1],
                           [1, 1, -1],
                           [-1, 1, -1],
```

```python
                            [-1, -1, 1],
                            [1, -1, 1],
                            [1, 1, 1],
                            [-1, 1, 1]])
for i in range(numEle):
    noindex = EleNode[i]
    xyz_node = np.zeros([8, 3])
    d = np.zeros((24, 1))
    for j in range(8):
        xyz_node[j, 0] = xx[int(noindex[j]) - 1]
        xyz_node[j, 1] = yy[int(noindex[j]) - 1]
        xyz_node[j, 2] = zz[int(noindex[j]) - 1]
        d[int(3 * (j + 1) - 3)] = displacement[0][int((noindex[j] - 1) * 3)]
        d[int(3 * (j + 1) - 2)] = displacement[0][int((noindex[j] - 1) * 3 + 1)]
        d[int(3 * (j + 1) - 1)] = displacement[0][int((noindex[j] - 1) * 3 + 2)]
    for m in range(8):
        kesi = np.array(kesi_yita_Node[m, 0])
        yita = np.array(kesi_yita_Node[m, 1])
        zeta = np.array(kesi_yita_Node[m, 2])
        J = HEX_J(kesi, yita, zeta, xyz_node)
        R = np.linalg.inv(J)
        A = np.array([[R[0, 0], R[0, 1], R[0, 2], 0, 0, 0, 0, 0, 0],
                      [0, 0, 0, R[1, 0], R[1, 1], R[1, 2], 0, 0, 0],
                      [0, 0, 0, 0, 0, 0, R[2, 0], R[2, 1], R[2, 2]],
                      [0, 0, 0, R[2, 0], R[2, 1], R[2, 2], R[1, 0], R[1, 1], R[1, 2]],
                      [R[2, 0], R[2, 1], R[2, 2], 0, 0, 0, R[0, 0], R[0, 1], R[0, 2]],
                      [R[1, 0], R[1, 1], R[1, 2], R[0, 0], R[0, 1], R[0, 2], 0, 0, 0]], dtype='int')
        G = HEX_G(kesi, yita, zeta)
        B = A @ G
        sigma = D @ B @ d   # 计算节点应力
        # 储存节点应力
        stress_Node[int(i) * 8 + m] = np.asarray([i + 1, noindex[m], sigma[0], sigma[1], sigma[2], sigma[3], sigma[4],
                                                  sigma[5]], dtype=object)

# 节点应力平均
stress_Node_ave = np.zeros((numEle * 8, 8))    # 初始化保存节点应力平均值的数组,大小为(numEle * 8, 8)
stress_Node_ave0 = np.zeros((numNode, 7))      # 初始化保存每个节点的标识和平均应力值的数组
for i in range(numNode):
    temp = np.zeros(6)          # 初始化临时数组,用于累加应力值
    same_node = 0               # 初始化节点计数器
    for j in range(numEle * 8):
        if stress_Node[j, 1] == (i + 1):                    # 判断当前应力值是否属于当前节点
            for k in range(6):                              # 循环累加应力值
                temp[k] = temp[k] + stress_Node[j, k + 2]
            same_node += 1                                  # 节点计数器增加
    stress_Node_ave0[i, 0] = (i + 1)                        # 存储节点标识
    for k in range(6):                                      # 计算节点的平均应力值
        stress_Node_ave0[i, k + 1] = temp[k] / same_node
for i in range(numEle * 8):                                 # 循环遍历每个应力值
    for j in range(numNode):                                # 循环遍历每个节点应力平均值
        if stress_Node[i, 1] == stress_Node_ave0[j, 0]:     # 判断应力值所属的节点索引
            for k in range(6):                              # 更新应力值为节点的平均应力值
                stress_Node[i, k + 2] = stress_Node_ave0[j, k + 1]

# 计算支座反力
reaction = np.zeros((restrainedDof.size, 1))
for i in range(restrainedDof.size):
    rownum = restrainedDof[i]
    reaction[i] = stiffness_sum[rownum - 1] @ displacement.T - force_sum[0][rownum - 1]

# 四、绘制应力云图
```

```
glutInit()                              # 启动 glut
init_condition()                        # 调用初始化绘图参数函数
S11 = stress_Node[:, 2]                 # 定义需要绘图的应力分量列表
color_S = color(S11)                    # 获取应力分量对应的 RGB 颜色值列表
glutDisplayFunc(draw_geometry)          # 调用绘图函数进行绘图
glutMainLoop()                          # 进入 GLUT 事件处理循环
```

代码运行结果见图 10.4-1。

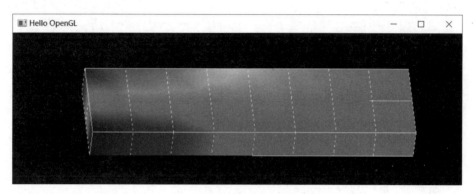

图 10.4-1　代码运行结果

10.5　小结

本章介绍了小变形弹性 8 节点六面体单元的基本列式，然后通过悬臂梁算例的 Python 有限元程序编制，介绍了采用六面体单元进行有限元求解的一般过程。

第 11 章

3D 四面体单元（TET4）

11.1 TET4 单元介绍

四面体单元（TET4）由 4 个节点和 6 个直边组成。

11.2 基本列式

11.2.1 基本方程

四面体单元（TET4 单元）是一种空间单元，其几何方程、物理方程和平衡方程与上一章介绍的六面体单元相同，此处不再赘述。

11.2.2 位移场

常应变四面体单元（TET4）有 4 个节点和 6 个直边，每个节点有 3 个平动自由度，令单元节点位移向量$\{a\} = \{u_1 \quad v_1 \quad w_1 \quad u_2 \quad v_2 \quad w_2 \quad \cdots \quad u_4 \quad v_4 \quad w_4\}^T$，单元中任意一点的节点位移$(u, v, w)$可通过三维线性拉格朗日插值得到，即：

$$\begin{cases} u = N_1 u_1 + N_2 u_2 + N_3 u_3 + N_4 u_4 \\ v = N_1 v_1 + N_2 v_2 + N_3 v_3 + N_4 v_4 \\ w = N_1 w_1 + N_2 w_2 + N_3 w_3 + N_4 w_4 \end{cases} \quad (11.2\text{-}1)$$

用矩阵表示为：

$$\begin{Bmatrix} u \\ v \\ w \end{Bmatrix} = \begin{bmatrix} N_1 & 0 & 0 & \cdots & N_4 & 0 & 0 \\ 0 & N_1 & 0 & \cdots & 0 & N_4 & 0 \\ 0 & 0 & N_1 & \cdots & 0 & 0 & N_4 \end{bmatrix} \begin{Bmatrix} u_1 \\ v_1 \\ w_1 \\ \cdots \\ u_4 \\ v_4 \\ w_4 \end{Bmatrix} = [N]\{a\} \quad (11.2\text{-}2)$$

将单元节点按图 11.2-1 所示进行编号，并用自然坐标表示，此时单元形函数N_i为：

$$\begin{cases} N_1 = \xi \\ N_2 = \eta \\ N_3 = \zeta \\ N_4 = 1 - \xi - \eta - \zeta \end{cases} \quad (11.2\text{-}3)$$

其中 $\xi \in [0,1]$，$\eta \in [0,1]$，$\zeta \in [0,1]$。可以看出在单元节点 i 处，$N_i = 0$。

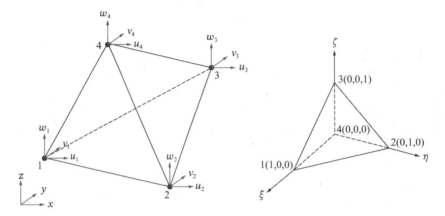

图 11.2-1　四面体单元及基准单元

基于单元节点坐标，使用相同的形函数 N 对单元内任意一点的几何坐标 (x,y,z) 进行插值（等参单元），可以得到单元内任意一点的几何坐标表达式：

$$\begin{cases} x = N_1 x_1 + N_2 x_2 + N_3 x_3 + N_4 x_4 \\ y = N_1 y_1 + N_2 y_2 + N_3 y_3 + N_4 y_4 \\ z = N_1 z_1 + N_2 z_2 + N_3 z_3 + N_4 z_4 \end{cases} \quad (11.2\text{-}4)$$

雅克比矩阵

假定一般函数 $f = f(x,y,z)$，它是 ξ、η 和 ζ 的隐式函数，根据链导法则可得：

$$\begin{cases} \dfrac{\partial f}{\partial \xi} = \dfrac{\partial f}{\partial x}\dfrac{\partial x}{\partial \xi} + \dfrac{\partial f}{\partial y}\dfrac{\partial y}{\partial \xi} + \dfrac{\partial f}{\partial z}\dfrac{\partial z}{\partial \xi} \\ \dfrac{\partial f}{\partial \eta} = \dfrac{\partial f}{\partial x}\dfrac{\partial x}{\partial \eta} + \dfrac{\partial f}{\partial y}\dfrac{\partial y}{\partial \eta} + \dfrac{\partial f}{\partial z}\dfrac{\partial z}{\partial \eta} \\ \dfrac{\partial f}{\partial \zeta} = \dfrac{\partial f}{\partial x}\dfrac{\partial x}{\partial \zeta} + \dfrac{\partial f}{\partial y}\dfrac{\partial y}{\partial \zeta} + \dfrac{\partial f}{\partial z}\dfrac{\partial z}{\partial \zeta} \end{cases} \quad (11.2\text{-}5)$$

写成矩阵形式：

$$\begin{Bmatrix} \dfrac{\partial f}{\partial \xi} \\ \dfrac{\partial f}{\partial \eta} \\ \dfrac{\partial f}{\partial \zeta} \end{Bmatrix} = \begin{bmatrix} \dfrac{\partial x}{\partial \xi} & \dfrac{\partial y}{\partial \xi} & \dfrac{\partial z}{\partial \xi} \\ \dfrac{\partial x}{\partial \eta} & \dfrac{\partial y}{\partial \eta} & \dfrac{\partial z}{\partial \eta} \\ \dfrac{\partial x}{\partial \zeta} & \dfrac{\partial y}{\partial \zeta} & \dfrac{\partial z}{\partial \zeta} \end{bmatrix} \begin{Bmatrix} \dfrac{\partial f}{\partial x} \\ \dfrac{\partial f}{\partial y} \\ \dfrac{\partial f}{\partial z} \end{Bmatrix} = [J] \begin{Bmatrix} \dfrac{\partial f}{\partial x} \\ \dfrac{\partial f}{\partial y} \\ \dfrac{\partial f}{\partial z} \end{Bmatrix} \quad (11.2\text{-}6)$$

对于 TET4 单元，雅克比矩阵为：

$$[J] = \begin{bmatrix} \frac{\partial x}{\partial \xi} & \frac{\partial y}{\partial \xi} & \frac{\partial z}{\partial \xi} \\ \frac{\partial x}{\partial \eta} & \frac{\partial y}{\partial \eta} & \frac{\partial z}{\partial \eta} \\ \frac{\partial x}{\partial \zeta} & \frac{\partial y}{\partial \zeta} & \frac{\partial z}{\partial \zeta} \end{bmatrix} = \begin{bmatrix} \sum_{i=1}^{4} \frac{\partial N_i}{\partial \xi} x_i & \sum_{i=1}^{4} \frac{\partial N_i}{\partial \xi} y_i & \sum_{i=1}^{4} \frac{\partial N_i}{\partial \xi} z_i \\ \sum_{i=1}^{4} \frac{\partial N_i}{\partial \eta} x_i & \sum_{i=1}^{4} \frac{\partial N_i}{\partial \eta} y_i & \sum_{i=1}^{4} \frac{\partial N_i}{\partial \eta} z_i \\ \sum_{i=1}^{4} \frac{\partial N_i}{\partial \zeta} x_i & \sum_{i=1}^{4} \frac{\partial N_i}{\partial \zeta} y_i & \sum_{i=1}^{4} \frac{\partial N_i}{\partial \zeta} z_i \end{bmatrix} \quad (11.2\text{-}7)$$

11.2.3 几何方程与应变矩阵

根据几何方程，将单元内任意一点的应变$\{\varepsilon\}$表示为单元节点位移$\{a\}$的函数，即：

$$\{\varepsilon\} = [B]\{a\} \quad (11.2\text{-}8)$$

式中$\{\varepsilon\} = \{\varepsilon_x \quad \varepsilon_y \quad \varepsilon_z \quad \gamma_{xy} \quad \gamma_{yz} \quad \gamma_{zx}\}^T$，矩阵$[B]$为应变矩阵，$\{a\}$为单元节点位移向量。

令

$$[R] = [J]^{-1} = \begin{bmatrix} R_{11} & R_{12} & R_{13} \\ R_{21} & R_{22} & R_{23} \\ R_{31} & R_{32} & R_{33} \end{bmatrix} \quad (11.2\text{-}9)$$

则有：

$$\{\varepsilon\} = \begin{Bmatrix} \varepsilon_x \\ \varepsilon_y \\ \varepsilon_z \\ \gamma_{yz} \\ \gamma_{zx} \\ \gamma_{xy} \end{Bmatrix} = \begin{Bmatrix} \frac{\partial u}{\partial x} \\ \frac{\partial v}{\partial y} \\ \frac{\partial w}{\partial z} \\ \frac{\partial w}{\partial y} + \frac{\partial v}{\partial z} \\ \frac{\partial u}{\partial z} + \frac{\partial w}{\partial x} \\ \frac{\partial v}{\partial x} + \frac{\partial u}{\partial y} \end{Bmatrix}$$

$$= \begin{bmatrix} R_{11} & R_{12} & R_{13} & 0 & 0 & 0 & 0 & 0 & 0 \\ 0 & 0 & 0 & R_{21} & R_{22} & R_{23} & 0 & 0 & 0 \\ 0 & 0 & 0 & 0 & 0 & 0 & R_{31} & R_{32} & R_{33} \\ 0 & 0 & 0 & R_{31} & R_{32} & R_{33} & R_{21} & R_{22} & R_{23} \\ R_{31} & R_{32} & R_{33} & 0 & 0 & 0 & R_{11} & R_{12} & R_{13} \\ R_{21} & R_{22} & R_{23} & R_{11} & R_{12} & R_{13} & 0 & 0 & 0 \end{bmatrix} \begin{Bmatrix} \frac{\partial u}{\partial \xi} \\ \frac{\partial u}{\partial \eta} \\ \frac{\partial u}{\partial \zeta} \\ \cdots \\ \frac{\partial w}{\partial \xi} \\ \frac{\partial w}{\partial \eta} \\ \frac{\partial w}{\partial \zeta} \end{Bmatrix} = [A] \begin{Bmatrix} \frac{\partial u}{\partial \xi} \\ \frac{\partial u}{\partial \eta} \\ \frac{\partial u}{\partial \zeta} \\ \cdots \\ \frac{\partial w}{\partial \xi} \\ \frac{\partial w}{\partial \eta} \\ \frac{\partial w}{\partial \zeta} \end{Bmatrix} \quad (11.2\text{-}10)$$

其中矩阵$[A]$为6×9矩阵。

将公式(11.2-10)中$[A]$的右边项表示为：

$$\begin{Bmatrix} \dfrac{\partial u}{\partial \xi} \\ \dfrac{\partial u}{\partial \eta} \\ \dfrac{\partial u}{\partial \zeta} \\ \cdots \\ \dfrac{\partial w}{\partial \xi} \\ \dfrac{\partial w}{\partial \eta} \\ \dfrac{\partial w}{\partial \zeta} \end{Bmatrix} = \begin{bmatrix} \dfrac{\partial N_1}{\partial \xi} & 0 & 0 & \cdots & \dfrac{\partial N_4}{\partial \xi} & 0 & 0 \\ \dfrac{\partial N_1}{\partial \eta} & 0 & 0 & \cdots & \dfrac{\partial N_4}{\partial \eta} & 0 & 0 \\ \dfrac{\partial N_1}{\partial \zeta} & 0 & 0 & \cdots & \dfrac{\partial N_4}{\partial \zeta} & 0 & 0 \\ \cdots & & & & & & \\ 0 & 0 & \dfrac{\partial N_1}{\partial \xi} & \cdots & 0 & 0 & \dfrac{\partial N_4}{\partial \xi} \\ 0 & 0 & \dfrac{\partial N_1}{\partial \eta} & \cdots & 0 & 0 & \dfrac{\partial N_4}{\partial \eta} \\ 0 & 0 & \dfrac{\partial N_1}{\partial \zeta} & \cdots & 0 & 0 & \dfrac{\partial N_4}{\partial \zeta} \end{bmatrix} \begin{Bmatrix} u_1 \\ v_1 \\ w_1 \\ \cdots \\ u_4 \\ v_4 \\ w_4 \end{Bmatrix} = [G] \begin{Bmatrix} u_1 \\ v_1 \\ w_1 \\ \cdots \\ u_4 \\ v_4 \\ w_4 \end{Bmatrix} \quad (11.2\text{-}11)$$

其中$[G]$为 9×12 矩阵。

对于 TET4 单元，矩阵$[A]$和$[G]$均为常数矩阵。为便于计算应变矩阵$[B]$，令$[B] = [A][G]$，则上式可简写为：

$$\{\varepsilon\} = [A][G]\{a\} \quad (11.2\text{-}12)$$

则矩阵$[B]$也为常数矩阵。

11.2.4 物理方程与应力矩阵

TET4 单元应力应变关系和弹性矩阵$[D]$与 C3D8 单元相同，具体参考 10.2.4 节，此处不再赘述。

11.2.5 单元刚度矩阵

单元的应变能可表示为：

$$\begin{aligned} U &= \frac{1}{2} \int_V \{\sigma\}^\mathrm{T} \{\varepsilon\} \mathrm{d}V = \frac{1}{2} \{a\}^\mathrm{T} \left[\int_V [B]^\mathrm{T}[D][B] \mathrm{d}V \right] \{a\} \\ &= \frac{1}{2} \{a\}^\mathrm{T} \left[\int_0^1 \int_0^{1-\zeta} \int_0^{1-\eta-\zeta} [B]^\mathrm{T}[D][B] \det([J]) \mathrm{d}\xi \mathrm{d}\eta \mathrm{d}\zeta \right] \{a\} \end{aligned} \quad (11.2\text{-}13)$$

由最小势能原理（参考第 1 章的 1.2.3.4 节）可得，单元的刚度矩阵$[k]$：

$$[k] = \int_0^1 \int_0^{1-\zeta} \int_0^{1-\eta-\zeta} [B]^\mathrm{T}[D][B] \det([J]) \mathrm{d}\xi \mathrm{d}\eta \mathrm{d}\zeta = V_e [B]^\mathrm{T}[D][B] \quad (11.2\text{-}14)$$

其中$V_e = \frac{1}{6}\det([J])$，等于 TET4 单元的体积。对于一定的 TET4 单元，式中各项均为常数矩阵，因此可直接计算单元刚度矩阵，无需数值积分。

11.2.6 单元荷载列阵及等效节点力

单元的荷载主要包括面力（分布在单元边上的面力）、体力（分布在单位体积上的力）及温度作用等。以体力$\{f_v\}$为例，给出其等效节点荷载$\{f\}$的计算方法。

单元的体力表示为$\{f_v\} = \{f_{vx} \quad f_{vy} \quad f_{vz}\}^\mathrm{T}$。单元体力$\{f_v\}$在单元变形$\{u\}$上做的外力功势能可表示为：

$$W = -\int_V \{u\}^\mathrm{T}\{f_v\}\mathrm{d}V \tag{11.2-15}$$

由最小势能原理可得（参考第 1 章的 1.2.3.4 节）可得，TET4 单元体力的等效节点荷载列阵为：

$$\{f\} = \int_V [N]^\mathrm{T}\{f_v\}\mathrm{d}V = \left[\int_0^1 \int_0^{1-\zeta} \int_0^{1-\eta-\zeta} [N]^\mathrm{T} \det([J])\,\mathrm{d}\xi\,\mathrm{d}\eta\,\mathrm{d}\zeta\right]\{f_v\} \tag{11.2-16}$$

积分得到 TET4 单元荷载列阵$\{f\}$：

$$\{f\} = \frac{V_e}{4}\begin{Bmatrix} f_v \\ f_v \\ f_v \\ f_v \end{Bmatrix} \tag{11.2-17}$$

11.3 问题描述

如图 11.3-1 所示，本章的算例结构是一根悬臂梁，悬臂长度 2.0m，梁高 0.5m，梁宽 0.2m。梁左端嵌固，受重力作用。材料弹性模量 $E = 200000$MPa，材料泊松比为 0.3。下面将给出采用 4 节点四面体单元对该悬臂梁进行弹性静力分析的 Python 编程过程。

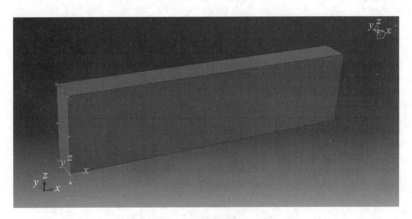

图 11.3-1 结构模型示意

11.4 Python 代码与注释

对上述结构进行分析的 Python 代码如下：

```
# 3D 常应变四面体单元:悬臂梁受力分析
# Website : www.jdcui.com
# 导入 numpy 库、OpenGL 库、re 库等
import numpy as np
import matplotlib.pyplot as plt
from OpenGL.GL import *
from OpenGL.GLUT import *
from OpenGL.GLU import *
import re
```

```python
# 一、定义函数
# 函数1：计算雅克比矩阵 J
def TET_J(xyz):
    NN = np.array([[1, 0, 0, -1],
                   [0, 1, 0, -1],
                   [0, 0, 1, -1]])
    J = NN @ xyz
    return J


# 函数2：定义颜色插值函数
def color(vari):
    """vari 为需绘图的分量列表"""
    norm = plt.Normalize(vari.min(), vari.max())
    colors = plt.cm.jet(norm(vari))
    return colors   # 返回 RGB 颜色值列表

# 函数3：OPenGL 绘图初始化设置
def init_condition():
    glutInitWindowSize(800, 800)              # 设置窗口大小为 800×800 像素
    glutCreateWindow(b"Hello OpenGL")         # 创建窗口并设置标题为"Hello OpenGL"
    glClearColor(0.0, 0.0, 0.0, 0.0)          # 定义背景颜色为黑色
    glClearDepth(1.0)                         # 设置深度缓冲区清除值为1.0
    glDepthFunc(GL_LESS)                      # 设置深度比较函数
    glEnable(GL_MULTISAMPLE)                  # 启用多重采样（抗锯齿）
    glEnable(GL_DEPTH_TEST)                   # 启用深度测试
    glShadeModel(GL_SMOOTH)                   # 设置颜色渐变着色模式
    glMatrixMode(GL_PROJECTION)               # 选择投影矩阵为当前矩阵模式
    glLoadIdentity()                          # 重置当前矩阵为单位矩阵
    glMatrixMode(GL_MODELVIEW)                # 选择模型视图矩阵为当前矩阵模式


# 函数4：调用 OPenGL 绘制应力云图
def draw_geometry():
    glClear(GL_COLOR_BUFFER_BIT | GL_DEPTH_BUFFER_BIT)   # 清除屏幕和深度缓冲
    glLoadIdentity()                          # 重置视图
    glViewport(100, 100, 600, 600)            # 设置视口位置和大小
    glRotatef(-105, 1.0, 0.0, 0.0)            # 绕 x 轴旋转 105 度
    glRotatef(5, 0.0, 1.0, 0.0)               # 绕 y 轴旋转 5 度
    glRotatef(-15, 0.0, 0.0, 1.0)             # 绕 z 轴旋转 15 度
    gluOrtho2D(-0.1, 2.1, -1.0, 1.0)          # 设置正交投影
    glEnable(GL_CULL_FACE)                    # 启用面剔除

    # 绘制应力云图
    for i in range(numEle):
        # 获取单元 x 坐标、y 坐标、z 坐标列表
        x = [NodeCoordx[EleNode[i][0] - 1], NodeCoordx[EleNode[i][1] - 1], NodeCoordx[EleNode[i][2] - 1],
             NodeCoordx[EleNode[i][3] - 1]]
        y = [NodeCoordy[EleNode[i][0] - 1], NodeCoordy[EleNode[i][1] - 1], NodeCoordy[EleNode[i][2] - 1],
             NodeCoordy[EleNode[i][3] - 1]]
        z = [NodeCoordz[EleNode[i][0] - 1], NodeCoordz[EleNode[i][1] - 1], NodeCoordz[EleNode[i][2] - 1],
             NodeCoordz[EleNode[i][3] - 1]]
        # 按单元面绘制单元云图
        glBegin(GL_TRIANGLES)
        glColor3f(color_S[4 * i][0], color_S[4 * i][1], color_S[4 * i][2])
        glVertex3f(x[0], y[0], z[0])
        glColor3f(color_S[4 * i + 1][0], color_S[4 * i + 1][1], color_S[4 * i + 1][2])
        glVertex3f(x[1], y[1], z[1])
        glColor3f(color_S[4 * i + 2][0], color_S[4 * i + 2][1], color_S[4 * i + 2][2])
        glVertex3f(x[2], y[2], z[2])
```

```
            glColor3f(color_S[4 * i + 1][0], color_S[4 * i + 1][1], color_S[4 * i + 1][2])
            glVertex3f(x[1], y[1], z[1])
            glColor3f(color_S[4 * i + 2][0], color_S[4 * i + 2][1], color_S[4 * i + 2][2])
            glVertex3f(x[2], y[2], z[2])
            glColor3f(color_S[4 * i + 3][0], color_S[4 * i + 3][1], color_S[4 * i + 3][2])
            glVertex3f(x[3], y[3], z[3])

            glColor3f(color_S[4 * i][0], color_S[4 * i][1], color_S[4 * i][2])
            glVertex3f(x[0], y[0], z[0])
            glColor3f(color_S[4 * i + 1][0], color_S[4 * i + 1][1], color_S[4 * i + 1][2])
            glVertex3f(x[1], y[1], z[1])
            glColor3f(color_S[4 * i + 3][0], color_S[4 * i + 3][1], color_S[4 * i + 3][2])
            glVertex3f(x[3], y[3], z[3])

            glColor3f(color_S[4 * i][0], color_S[4 * i][1], color_S[4 * i][2])
            glVertex3f(x[0], y[0], z[0])
            glColor3f(color_S[4 * i + 2][0], color_S[4 * i + 2][1], color_S[4 * i + 2][2])
            glVertex3f(x[2], y[2], z[2])
            glColor3f(color_S[4 * i + 3][0], color_S[4 * i + 3][1], color_S[4 * i + 3][2])
            glVertex3f(x[3], y[3], z[3])
            glEnd()

            # 绘制单元轮廓线
            glColor3f(1.0, 1.0, 1.0)       # 设置单元轮廓线颜色
            glBegin(GL_LINE_STRIP)
            glVertex3f(x[0], y[0], z[0])
            glVertex3f(x[1], y[1], z[1])
            glVertex3f(x[2], y[2], z[2])
            glVertex3f(x[0], y[0], z[0])
            glEnd()

            glBegin(GL_LINES)
            glVertex3f(x[0], y[0], z[0])
            glVertex3f(x[3], y[3], z[3])
            glVertex3f(x[1], y[1], z[1])
            glVertex3f(x[3], y[3], z[3])
            glVertex3f(x[2], y[2], z[2])
            glVertex3f(x[3], y[3], z[3])
            glEnd()
    glFlush()


# 二、输入信息
NodeCoordx = []          # 定义储存节点 x 坐标值的向量列表
NodeCoordy = []          # 定义储存节点 y 坐标值的向量列表
NodeCoordz = []          # 定义储存节点 z 坐标值的向量列表
EleNode = []             # 定义储存单元节点索引列表
ConstrainedNode = []     # 定义储存被约束节点索引列表
LoadNode = []            # 定义储存荷载施加节点索引列表
filename = 'TET4-cantilever beam.txt'   # 将建模几何信息文件名赋值给变量 filename
with open(filename, 'r',encoding='utf-8' ) as file_object:
    # 初始化读取数据判定条件
    read_Coord = False
    read_Node = False
    read_ConstrainedNode = False
    read_LoadNode = False

    # 开始按行读取 txt 文件数据
    for line in file_object.readlines():
        # 获取节点 x, y 坐标值的向量列表
        if '*Node end' in line:
```

```python
                read_Coord = False
            if read_Coord:
                lineCoord = re.split('\s+|,', line)
                NodeCoordx.append(float(lineCoord[2]))
                NodeCoordy.append(float(lineCoord[4]))
                NodeCoordz.append(float(lineCoord[6]))
            if '*Node begin' in line:
                read_Coord = True

            # 获取单元节点索引列表
            if '*Element end' in line:
                read_Node = False
            if read_Node:
                lineNode = re.split(',|\n', line)
                del lineNode[0]
                del lineNode[-1]
                for idx, i in enumerate(lineNode):
                    lineNode[idx] = int(i)
                EleNode.append(lineNode)
            if '*Element begin' in line:
                read_Node = True

            # 获取被约束节点索引列表
            if '*ConstrainedNode end' in line:
                read_ConstrainedNode = False
            if read_ConstrainedNode:
                lineConstrainedNode = re.split(',|\n', line)
                del lineConstrainedNode[-1]
                for i in lineConstrainedNode:
                    ConstrainedNode.append(int(i))
            if '*ConstrainedNode begin' in line:
                read_ConstrainedNode = True

# 定义构件材料、截面属性
E = 2.000E+08
v = 0.3
# 计算单元、节点和自由度数量
numEle = len(EleNode)
numNode = len(NodeCoordx)
numDof = 3 * numNode

# 约束自由度
ConstrainedDof = np.zeros([1, len(ConstrainedNode) * 3], dtype='int')
for idx, i in enumerate(ConstrainedNode):
    ConstrainedDof[0][3 * idx] = 3 * i - 2
    ConstrainedDof[0][3 * idx + 1] = 3 * i - 1
    ConstrainedDof[0][3 * idx + 2] = 3 * i

# 定义整体位移向量
displacement = np.zeros((1, numDof))
# 定义整体荷载向量
force = np.zeros((1, numDof))
# 自重
fv = np.array([[0], [0], [-77.0085]])      # 定义施加在每个单元上的力向量
for i in range(numEle):
    force_sl = np.zeros((1, numDof))       # 初始化当前单元的力数组
    noindex = EleNode[i]                   # 获取当前单元的节点编号
    xyz = np.zeros((4, 3))                 # 初始化当前单元的节点坐标数组
    for j in range(4):
        xyz[j, 0] = NodeCoordx[int(noindex[j]) - 1]
        xyz[j, 1] = NodeCoordy[int(noindex[j]) - 1]
```

```python
            xyz[j, 2] = NodeCoordz[int(noindex[j]) - 1]
        J = TET_J(xyz)
        Ve = 1 / 6 * np.linalg.det(J)
        elef = 1 / 4 * Ve * np.vstack((fv, fv, fv, fv))      # 计算当前采样点的力
        eleDof = np.array([noindex[0] * 3 - 2, noindex[0] * 3 - 1, noindex[0] * 3,
                           noindex[1] * 3 - 2, noindex[1] * 3 - 1, noindex[1] * 3,
                           noindex[2] * 3 - 2, noindex[2] * 3 - 1, noindex[2] * 3,
                           noindex[3] * 3 - 2, noindex[3] * 3 - 1, noindex[3] * 3])   # 计算当前单元的自由度编号
        for rowidx, aforce in enumerate(elef):
            force_sl[0][int(eleDof[rowidx] - 1)] = aforce    # 将局部力分配到整体力数组中的相应位置
        force = force + force_sl    # 将当前单元的力叠加到总力中

# 三、计算分析
# 定义总体刚度矩阵
stiffness_sum = np.zeros((numDof, numDof))
D = (1 - v) * E / (1 + v) / (1 - 2 * v) * np.array([[1, v / (1 - v), v / (1 - v), 0, 0, 0],    # 定义弹性矩阵 D
                                                    [v / (1 - v), 1, v / (1 - v), 0, 0, 0],
                                                    [v / (1 - v), v / (1 - v), 1, 0, 0, 0],
                                                    [0, 0, 0, (1 - 2 * v) / 2 / (1 - v), 0, 0],
                                                    [0, 0, 0, 0, (1 - 2 * v) / 2 / (1 - v), 0],
                                                    [0, 0, 0, 0, 0, (1 - 2 * v) / 2 / (1 - v)]])
for i in range(numEle):
    stiffness_sl = np.zeros((numDof, numDof))
    noindex = EleNode[i]
    xyz = np.zeros((4, 3))
    for j in range(4):
        xyz[j, 0] = NodeCoordx[int(noindex[j]) - 1]
        xyz[j, 1] = NodeCoordy[int(noindex[j]) - 1]
        xyz[j, 2] = NodeCoordz[int(noindex[j]) - 1]
    J = TET_J(xyz)
    Ve = 1 / 6 * np.linalg.det(J)
    R = np.linalg.inv(J)
    A = np.array([[R[0, 0], R[0, 1], R[0, 2], 0, 0, 0, 0, 0, 0],
                  [0, 0, 0, R[1, 0], R[1, 1], R[1, 2], 0, 0, 0],
                  [0, 0, 0, 0, 0, 0, R[2, 0], R[2, 1], R[2, 2]],
                  [0, 0, 0, R[2, 0], R[2, 1], R[2, 2], R[1, 0], R[1, 1], R[1, 2]],
                  [R[2, 0], R[2, 1], R[2, 2], 0, 0, 0, R[0, 0], R[0, 1], R[0, 2]],
                  [R[1, 0], R[1, 1], R[1, 2], R[0, 0], R[0, 1], R[0, 2], 0, 0, 0]])
    G = np.array([[1, 0, 0, 0, 0, 0, 0, 0, 0, -1, 0, 0],
                  [0, 0, 0, 1, 0, 0, 0, 0, 0, 0, -1, 0],
                  [0, 0, 0, 0, 0, 0, 1, 0, 0, -1, 0, 0],
                  [0, 1, 0, 0, 0, 0, 0, 0, 0, 0, -1, 0],
                  [0, 0, 0, 0, 1, 0, 0, 0, 0, 0, -1, 0],
                  [0, 0, 0, 0, 0, 0, 0, 1, 0, 0, -1, 0],
                  [0, 0, 1, 0, 0, 0, 0, 0, 0, 0, 0, -1],
                  [0, 0, 0, 0, 0, 1, 0, 0, 0, 0, 0, -1],
                  [0, 0, 0, 0, 0, 0, 0, 0, 1, 0, 0, -1]])
    B = A @ G
    eleK = Ve * B.T @ D @ B
    eleDof = np.array([noindex[0] * 3 - 3, noindex[0] * 3 - 2, noindex[0] * 3 - 1,
                       noindex[1] * 3 - 3, noindex[1] * 3 - 2, noindex[1] * 3 - 1,
                       noindex[2] * 3 - 3, noindex[2] * 3 - 2, noindex[2] * 3 - 1,
                       noindex[3] * 3 - 3, noindex[3] * 3 - 2, noindex[3] * 3 - 1])
    # 将单元刚度矩阵组装到整体刚度矩阵
    for i in range(12):
        for j in range(12):
            stiffness_sum[int(eleDof[i]), int(eleDof[j])] = stiffness_sum[int(eleDof[i]), int(eleDof[j])] + eleK[i][j]
# 根据给定的约束条件，删除指定被约束自由度对应的行和列，将整体刚度矩阵进行简化处理
stiffness_sum_sim = np.delete(stiffness_sum, ConstrainedDof - 1, 0)
stiffness_sum_sim = np.delete(stiffness_sum_sim, ConstrainedDof - 1, 1)
```

```python
# 解方程，求位移
activeDof = np.delete((np.arange(numDof) + 1), ConstrainedDof - 1)   # 获取活动自由度编号列表
displacement[0][activeDof - 1] = np.array(np.mat(stiffness_sum_sim).I * np.mat(force[0][activeDof - 1]).T).T
# 按节点编号输出两个方向的节点位移分量，格式：节点号，位移1，位移2，位移3
Nodeindex = (np.arange(0, numNode) + 1).reshape(numNode, 1)
tempdisp = np.hstack((Nodeindex, displacement.reshape(numNode, 3)))

# 计算节点应力
stress_Node = np.zeros((numEle * 4, 8))
for i in range(numEle):
    noindex = EleNode[i]
    xyz_node = np.zeros((4, 3))
    d = np.zeros((12, 1))
    for j in range(4):
        xyz_node[(j, 0)] = NodeCoordx[int(noindex[j])] - 1
        xyz_node[(j, 1)] = NodeCoordy[int(noindex[j])] - 1
        xyz_node[(j, 2)] = NodeCoordz[int(noindex[j])] - 1
        d[int(3 * j)] = displacement[0][int(noindex[j]) - 1) * 3]
        d[int(3 * j + 1)] = displacement[0][int(noindex[j]) - 1) * 3 + 1]
        d[int(3 * j + 2)] = displacement[0][int(noindex[j]) - 1) * 3 + 2]
    J = TET_J(xyz_node)
    R = np.linalg.inv(J)
    A = np.array([[R[0, 0], R[0, 1], R[0, 2], 0, 0, 0, 0, 0, 0],
                  [0, 0, 0, R[1, 0], R[1, 1], R[1, 2], 0, 0, 0],
                  [0, 0, 0, 0, 0, 0, R[2, 0], R[2, 1], R[2, 2]],
                  [0, 0, 0, R[2, 0], R[2, 1], R[2, 2], R[1, 0], R[1, 1], R[1, 2]],
                  [R[2, 0], R[2, 1], R[2, 2], 0, 0, 0, R[0, 0], R[0, 1], R[0, 2]],
                  [R[1, 0], R[1, 1], R[1, 2], R[0, 0], R[0, 1], R[0, 2], 0, 0, 0]])
    G = np.array([[1, 0, 0, 0, 0, 0, 0, 0, 0, -1, 0, 0],
                  [0, 0, 0, 1, 0, 0, 0, 0, 0, -1, 0, 0],
                  [0, 0, 0, 0, 0, 0, 1, 0, 0, -1, 0, 0],
                  [0, 1, 0, 0, 0, 0, 0, 0, 0, 0, -1, 0],
                  [0, 0, 0, 0, 1, 0, 0, 0, 0, 0, -1, 0],
                  [0, 0, 0, 0, 0, 0, 0, 1, 0, 0, -1, 0],
                  [0, 0, 1, 0, 0, 0, 0, 0, 0, 0, 0, -1],
                  [0, 0, 0, 0, 0, 1, 0, 0, 0, 0, 0, -1],
                  [0, 0, 0, 0, 0, 0, 0, 0, 1, 0, 0, -1]])
    B = A @ G
    sigma = D @ B @ d     # 计算节点应力
    # 储存节点应力
    stress_Node[int(i) * 4] = np.asarray([i + 1, noindex[0], sigma[0], sigma[1], sigma[2], sigma[3], sigma[4], sigma[5]],
                                          dtype=object)
    stress_Node[int(i) * 4 + 1] = np.asarray([i + 1, noindex[1], sigma[0], sigma[1], sigma[2], sigma[3], sigma[4],
                                              sigma[5]], dtype=object)
    stress_Node[int(i) * 4 + 2] = np.asarray([i + 1, noindex[2], sigma[0], sigma[1], sigma[2], sigma[3], sigma[4],
                                              sigma[5]], dtype=object)
    stress_Node[int(i) * 4 + 3] = np.asarray([i + 1, noindex[3], sigma[0], sigma[1], sigma[2], sigma[3], sigma[4],
                                              sigma[5]], dtype=object)

# 节点应力平均
stress_Node_ave = np.zeros((numEle * 4, 8))           # 初始化保存节点应力平均值的数组，大小为(numEle * 4, 8)
stress_Node_ave0 = np.zeros((numNode, 7))             # 初始化保存每个节点的标识和平均应力值的数组，大小为
                                                      # (numNode, 7)
for i in range(numNode):
    temp = np.zeros(6)                                # 初始化临时数组，用于累加应力值
    same_node = 0                                     # 初始化节点计数器
    for j in range(numEle * 4):
        if stress_Node[j, 1] == (i + 1):              # 判断当前应力值是否属于当前节点
            for k in range(6):                        # 循环累加应力值
                temp[k] = temp[k] + stress_Node[j, k + 2]
            same_node += 1                            # 节点计数器增加
```

```
            stress_Node_ave0[i, 0] = (i + 1)              # 存储节点标识
            for k in range(6):                             # 计算节点的平均应力值
                stress_Node_ave0[i, k + 1] = temp[k] / same_node
for i in range(numEle * 4):                                # 循环遍历每个应力值
    for j in range(numNode):                               # 循环遍历每个节点应力平均值
        if stress_Node[i, 1] == stress_Node_ave0[j, 0]:    # 判断应力值所属的节点索引
            for k in range(6):                             # 更新应力值为节点的平均应力值
                stress_Node[i, k + 2] = stress_Node_ave0[j, k + 1]

# 计算支座反力
reation = np.zeros((ConstrainedDof.size, 1))
for i in range(ConstrainedDof.size):
    rownum = ConstrainedDof[0][i]
    reation[i] = stiffness_sum[rownum - 1] @ displacement.T - force[0][rownum - 1]

# 四、绘制应力云图
glutInit()                                      # 启动 glut
init_condition()                                # 调用初始化绘图参数函数
S11 = stress_Node[:, 2]                         # 定义需要绘图的应力分量列表
color_S = color(S11)                            # 获取应力分量对应的 RGB 颜色值列表
glutDisplayFunc(draw_geometry)                  # 调用绘图函数进行绘图
glutMainLoop()                                  # 进入 GLUT 事件处理循环
```

代码运行结果见图 11.4-1。

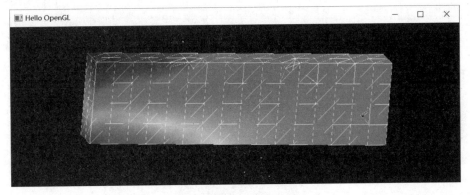

图 11.4-1 代码运行结果

11.5 小结

本章介绍了小变形弹性四面体单元的基本列式，然后通过悬臂梁算例的 Python 有限元程序编制，介绍了采用四面体单元进行有限元求解的一般过程。

第四部分

综合应用专题

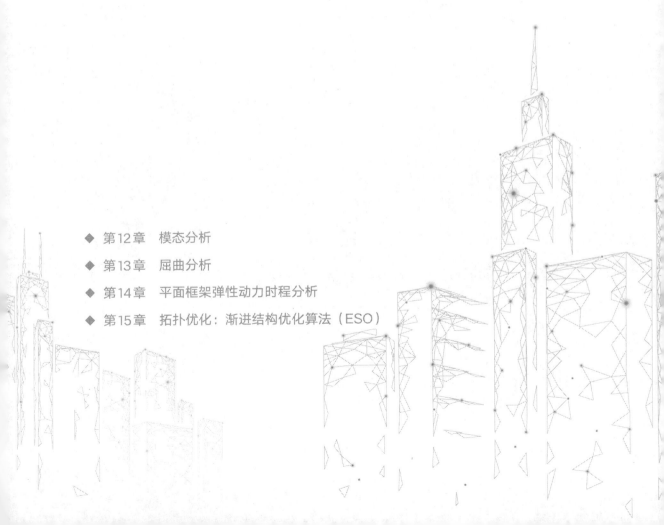

- 第12章　模态分析
- 第13章　屈曲分析
- 第14章　平面框架弹性动力时程分析
- 第15章　拓扑优化：渐进结构优化算法（ESO）

Python

有限单元法 Python 编程

第 12 章

模 态 分 析

12.1 模态分析原理

模态分析是一种研究结构动力特性的方法，通过模态分析，可以得到结构各阶模态的频率和振型。在结构工程中，模态分析是进行结构动力分析和抗震设计的基础，风荷载计算时，也常常需要模态分析提供的周期参数。本章首先简要介绍模态分析的基本原理，然后以一个桁架结构和一个框架结构为例，介绍有限元法进行模态分析的编程过程及其在具体软件中的应用。

12.1.1 基本方程

根据结构动力学知识，体系无阻尼自由振动方程为：

$$[M]\{\ddot{\delta}\} + [K]\{\delta\} = \{0\} \tag{12.1-1}$$

其中$[M]$和$[K]$分别为结构的质量矩阵及刚度矩阵，$\{\delta\}$和$\{\ddot{\delta}\}$分别为结构的节点位移及节点加速度列阵。上式是一个常系数齐次线性微分方程组，其解的形式为：

$$\{\delta\} = \{\delta_0\}\sin\omega t \tag{12.1-2}$$

其中$\{\delta_0\}$与时间无关。将方程解(12.1-2)带入方程(12.1-1)，可得：

$$([K] - \omega^2[M])\{\delta_0\} = \{0\} \tag{12.1-3}$$

上式是齐次线性代数方程组，其有非零解的条件是系数行列式等于零，即：

$$|[K] - \omega^2[M]| = 0 \tag{12.1-4}$$

如果K和M的阶数为n，则方程(12.1-4)是ω^2的n次方程，称作结构自由振动特征方程。ω^2称为特征值。将特征值带入公式(12.1-3)，可求得相应的$\{\delta_0\}$，称为特征向量。第i个ω_i^2、$\{\delta_0\}_i$称为第i特征对。ω_i即结构第i个固有频率，$\{\delta_0\}_i$即结构第i个振型。

12.1.2 求解方法

公式(12.1-3)在数学上称为广义特征值问题，一般记作：

$$[K]\{\delta_0\} = \omega^2[M]\{\delta_0\} \tag{12.1-5}$$

通常有两种方法求解方程：一是按求广义特征值问题的相应方法求解，例如广义雅克比法、子空间迭代法；二是先将上式变换为标准特征值问题，再按相应的方法求解。本例采用后者。

标准特征值问题的公式表示为：

$$[A]\{\delta_0\} = \lambda\{\delta_0\} \tag{12.1-6}$$

对于公式(12.1-5)：

若$[M]^{-1}$存在，则公式变为：

$$[M]^{-1}[K]\{\delta_0\} = \omega^2\{\delta_0\} \tag{12.1-7}$$

即$[A] = [M]^{-1}[K]$，$\lambda = \omega^2$。

若$[K]^{-1}$存在，则公式变为：

$$[K]^{-1}[M]\{\delta_0\} = \frac{1}{\omega^2}\{\delta_0\} \tag{12.1-8}$$

即$[A] = [K]^{-1}[M]$，$\lambda = \frac{1}{\omega^2}$。

求得特征值λ后，可带入方程(12.1-6)求得相应的特征向量。

集中质量矩阵（局部坐标）

模态分析需要的参数主要有结构的刚度矩阵和质量矩阵，其中的刚度矩阵与静力分析中的刚度矩阵相同。质量矩阵一般有两种形式，即集中质量矩阵和一致质量矩阵，结构动力分析中为简化计算，在不影响分析精度的条件下，一般采用集中质量矩阵。下面以2D框架结构为例，给出进行模态分析所需的集中质量矩阵公式。

设杆材料密度为ρ，单元长度为L，截面面积为A，每个节点分担单元1/2的平动质量，不考虑其转动惯量，则单元质量矩阵为：

$$[M_e'] = \frac{\rho AL}{2}\begin{bmatrix} 1 & 0 & 0 & 0 & 0 & 0 \\ 0 & 1 & 0 & 0 & 0 & 0 \\ 0 & 0 & 0 & 0 & 0 & 0 \\ 0 & 0 & 0 & 1 & 0 & 0 \\ 0 & 0 & 0 & 0 & 1 & 0 \\ 0 & 0 & 0 & 0 & 0 & 0 \end{bmatrix} \tag{12.1-9}$$

12.2 算例概况

算例采用与2D框架结构静力分析中相同的结构，采用欧拉梁单元。取构件材料密度为2.5493×10^{-9}t/mm^3，换算为重度即$2.5493 \times 9.81 = 25$kN/m^3。采用集中质量矩阵，将单元质量集中于两端节点，且不考虑集中质量后的节点转动质量。算例模型如图12.2-1所示。

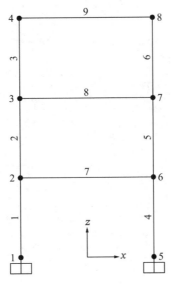

图 12.2-1　算例模型

12.3　Python 代码与注释

```
# 2D 欧拉梁单元:二维框架结构模态分析
# Website : www.jdcui.com
# 导入 numpy 库、matplotlib.pyplot 库
import numpy as np
import matplotlib.pyplot as plt
import math

# 一、信息输入
# 定义构件材料、截面属性
Elist = np.array([3.000E+07, 3.000E+07])
Alist = np.array([0.08, 0.16])
IList = np.array([0.0128/12, 0.0256/12])
p = 2.5493   # 材料密度
# 定义各单元的节点坐标及各单元的节点编号
NodeCoord = np.array([[0, 0], [0, 3], [0, 6], [0, 9], [5, 0], [5, 3], [5, 6], [5, 9]])
EleNode = np.array([[1, 2], [2, 3], [3, 4], [5, 6], [6, 7], [7, 8], [2, 6], [3, 7], [4, 8]])
# 定义各单元截面编号
EleSect = np.array([2, 2, 2, 2, 2, 2, 1, 1, 1])
# 获取单元数量和单元节点数量
numEle = EleNode.shape[0]
numNode = NodeCoord.shape[0]
# 定义受约束的自由度
restrainedDof = np.array([1, 2, 3, 13, 14, 15])
# 节点坐标值 (x, y) 向量
xx = NodeCoord[:, 0]
yy = NodeCoord[:, 1]
# 获取总自由度数量
numDOF = numNode*3
# 定义整体位移向量
displacement = np.zeros((1, numDOF))
# 二、计算分析
# 定义总体刚度矩阵
stiffness_sum = np.zeros((numDOF, numDOF))
mass_sum = np.zeros((numDOF, numDOF))
```

```python
# 遍历单元，求解单元刚度矩阵
for i in range(numEle):
    stiffness_sl = np.zeros((numDOF, numDOF))
    mass_sl = np.zeros((numDOF, numDOF))
    noindex = EleNode[i]
    deltax = xx[noindex[1]-1]-xx[noindex[0]-1]
    deltay = yy[noindex[1]-1]-yy[noindex[0]-1]
    L = np.sqrt(deltax *deltax +deltay*deltay)
    C = deltax/L
    S = deltay/L
    K = np.array([[C, S, 0, 0, 0, 0],
                  [-S, C, 0, 0, 0, 0],
                  [0, 0, 1, 0, 0, 0],
                  [0, 0, 0, C, S, 0],
                  [0, 0, 0, -S, C, 0],
                  [0, 0, 0, 0, 0, 1]])
    E = Elist[EleSect[i]-1]
    A = Alist[EleSect[i]-1]
    I = IList[EleSect[i]-1]
    # print(A)
    EAL = E*A/L
    EIL1 = E*I/L
    EIL2 = 6.0*E*I/(L*L)
    EIL3 = 12.0*E*I/(L*L*L)
    # 局部坐标系下单元刚度矩阵
    eleK_0 = np.array([[EAL, 0, 0, -EAL, 0, 0],
                       [0, EIL3, EIL2, 0, -EIL3, EIL2],
                       [0, EIL2, 4*EIL1, 0, -EIL2, 2*EIL1],
                       [-EAL, 0, 0, EAL, 0, 0],
                       [0, -EIL3, -EIL2, 0, EIL3, -EIL2],
                       [0, EIL2, 2*EIL1, 0, -EIL2, 4*EIL1]])
    # 局部坐标系下单元质量矩阵
    eleMo_dist = p * A * L / 2 * np.diag([1, 1, 0, 1, 1, 0])
    # eleMo_lump = np.diag([Mo, Mo, 0, Mo, Mo, 0])
    eleMo = eleMo_dist
    # 将局部坐标下单元刚度矩阵转换为整体坐标下单元刚度矩阵
    eleK = (np.mat(K).T) * np.mat(eleK_0) * np.mat(K)
    eleK = np.array(eleK)
    eleM = (np.mat(K).T) * np.mat(eleMo) * np.mat(K)
    eleM = np.array(eleM)
    # 获得单元节点对应的自由度
    eleDof = np.array([noindex[0]*3-2, noindex[0]*3-1, noindex[0]*3, noindex[1]*3-2, noindex[1]*3-1, noindex[1]*3])
    # 将单元刚度矩阵组装到整体刚度矩阵
    for rowidx, row in enumerate(eleK):
        for stiffnesss_coefficient_idx, stiffness_coefficient in enumerate(row):
            stiffness_sl[(eleDof[rowidx]-1)][(eleDof[stiffnesss_coefficient_idx]-1)] = stiffness_coefficient
    stiffness_sum = stiffness_sum + stiffness_sl
    for rowidx, row in enumerate(eleM):
        for mass_coefficient_idx, mass_coefficient in enumerate(row):
            mass_sl[(eleDof[rowidx]-1)][(eleDof[mass_coefficient_idx]-1)] = mass_coefficient
    mass_sum = mass_sum + mass_sl
# 根据被约束自由度编号简化整体刚度矩阵
stiffness_sum_sim = np.delete(stiffness_sum, restrainedDof-1, 0)
stiffness_sum_sim = np.delete(stiffness_sum_sim, restrainedDof-1, 1)
mass_sum_sim = np.delete(mass_sum, restrainedDof-1, 0)
mass_sum_sim = np.delete(mass_sum_sim, restrainedDof-1, 1)
# 解方程，求特征值 Do 和特征向量 Vo
activeDof = np.delete((np.arange(numDOF)+1), restrainedDof-1)
if np.linalg.det(mass_sum_sim) > 0:
    # Avd = (np.mat(stiffness_sum_sim)) * (np.mat(mass_sum_sim).I)
    Avd = (np.mat(mass_sum_sim).I) * (np.mat(stiffness_sum_sim))
```

```python
        Do, Vo = np.linalg.eig(Avd)
        fo = np.sqrt(Do) / (2 * math.pi)          # 自振频率
    elif np.linalg.det(stiffness_sum_sim) > 0:
        Avd = (np.mat(stiffness_sum_sim).I) * (np.mat(mass_sum_sim))
        Do, Vo = np.linalg.eig(Avd)
        fo = np.power(np.sqrt(Do), -1) / (2 * math.pi)
fV = np.array(np.vstack((fo, Vo)))
index = np.lexsort([fV[0, :]])
sorted_fV = fV[:, index]
sorted_V = np.delete(sorted_fV, 0, 0)
# print(sorted_fV)

# 三、计算用于绘图的相关参数
# 获取各单元最大长度 maxlen
scalefactor = 0.2
maxlen = -1
for i in range(numEle):
    noindex = EleNode[i]
    deltax = xx[noindex[1]-1]-xx[noindex[0]-1]
    deltay = yy[noindex[1]-1]-yy[noindex[0]-1]
    L = np.sqrt(deltax * deltax + deltay * deltay)
    if L > maxlen:
        maxlen = L
# 按不同模态绘制振型图
xx_modal = np.zeros((numNode, activeDof.shape[0]))      # 存储各阶模态各节点的 x 变形
yy_modal = np.zeros((numNode, activeDof.shape[0]))      # 存储各阶模态各节点的 y 变形
for m in range(3):
    m_disp = np.zeros((numDOF, 1))
    m_eigenvector = np.matrix(sorted_V[:, m]).T
    m_disp[activeDof-1] = m_disp[activeDof-1] + m_eigenvector
    print(m_eigenvector)
    indexU = np.array(range(1,numNode*3-1,3))
    indexV = np.array(range(2,numNode*3,3))
    # print(indexV)
    m_dispU = m_disp[indexU - 1]
    m_dispV = m_disp[indexV - 1]
    maxabsDisp = max((np.sqrt(np.square(m_dispU) + np.square(m_dispV))))
    if maxabsDisp > 1e-30:
        factor = scalefactor * maxlen / maxabsDisp
    # print(m_dispU[:,0])
    xx_modal[:, m] = xx + m_dispU[:, 0] * factor
    yy_modal[:, m] = yy + m_dispV[:, 0] * factor

# 四、绘制图形
fig = plt.figure(figsize=(6, 12))
for i in range(numEle):
    noindex = EleNode[i]
    x = xx[noindex[:] - 1]
    y = yy[noindex[:] - 1]
    line1 = plt.plot(x, y, label='Undeformed Shape', color='grey', linestyle='--')
for i in range(numEle):
    noindex = EleNode[i]
    x = xx_modal[noindex[:] - 1, m]
    y = yy_modal[noindex[:] - 1, m]
    line2 = plt.plot(x, y, label='Deformed Shape', color='black', mfc='w', )
plt.show()
```

分析得到该 2D 框架结构的前 3 阶模态振型如图 12.3-1 所示，相应的前 3 阶振型对应的周期分别为 0.2041s、0.0587s、0.0305s。

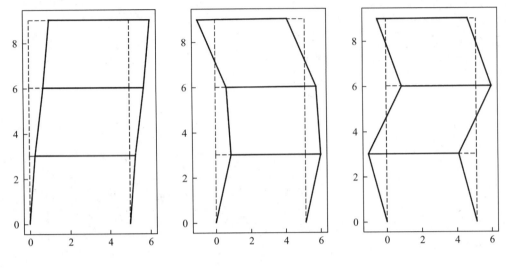

图 12.3-1　结构前 3 阶振型图

12.4　SAP2000 分析结果对比

SAP2000 分析模型如图 12.4-1 所示。用 SAP2000 分析时，需指定质量源，由于本算例模态分析中仅考虑构件本身的质量，因此在 SAP2000 中指定质量源界面下选择质量源来自单元，如图 12.4-2 所示。

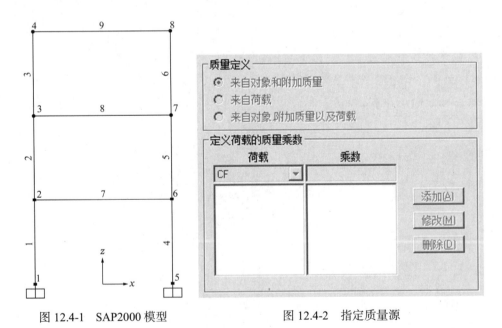

图 12.4-1　SAP2000 模型　　　　图 12.4-2　指定质量源

此外还需定义模态分析工况，如图 12.4-3 所示，选择工况类型为"Modal"，指定模态数量为 6 个，其余按默认即可。运行模态分析工况，得到模态分析结果。

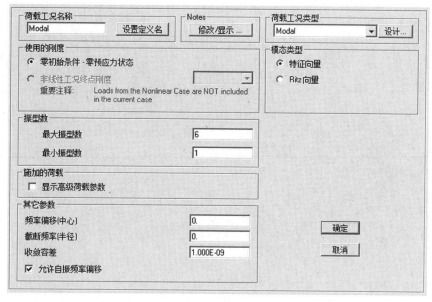

图 12.4-3　定义模态分析工况

表 12.4-1 是 Python 分析得到的结构前 3 阶振型周期与 SAP2000 软件分析结果的对比，由表可知，两者分析结果一致。

模态周期结果对比　　　　　　　　表 12.4-1

模态	模态 1	模态 2	模态 3
Python	0.2041s	0.0587s	0.0305s
SAP2000	0.2041s	0.0587s	0.0305s
相对偏差（%）	0.00	0.00	0.00

第 13 章

屈 曲 分 析

13.1 稳定问题分类

结构失稳（屈曲）是指在外力作用下结构的平衡状态开始丧失，稍有扰动变形便迅速增大，最后使结构发生破坏。稳定问题一般分为两类：第一类是理想化的情况，即达到某种荷载时，除结构原来的平衡状态存在外，还可能出现第二个平衡状态，所以又称平衡分岔失稳或分支点失稳（图 13.1-1 中 OAB 曲线），对应于数学中是求解特征值问题，故又称特征值屈曲，此类结构失稳时相应的荷载称为屈曲荷载。第二类是结构失稳时，变形将迅速增大，而不会出现新的变形形式，又称极值点失稳（图 13.1-1 中 OCD 曲线），结构失稳时相应的荷载称为极限荷载。此外，还有一种跳跃失稳（图 13.1-1 中 OEF 曲线），当荷载达到某值时（E 点），结构平衡状态发生一个明显的跳跃，突然过渡到非邻近的另一个具有较大位移的平衡状态（F 点），由于在跳跃时结构已经破坏，其后的状态不能被利用，所以可归入第二类失稳。

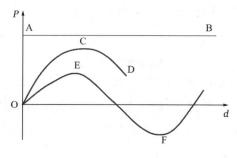

图 13.1-1 失稳 *P-d* 曲线示意

13.2 原理分析

13.2.1 系统的平衡

若系统处于平衡状态，则一定存在一种位移状态，使得系统总势能为驻值，即

$$\frac{\partial \Pi}{\partial \delta} = O \tag{13.2-1}$$

式中 $\Pi = U - W$ 为系统总势能，U 为应变能，W 为外力在系统变形中做的功，三者都是系统位移的函数。

13.2.2 稳定平衡

如果要研究一个平衡是否稳定，则需要进一步考虑总势能的二阶变分条件，即

$$\frac{\partial^2 \Pi}{\partial \delta^2} > 0，稳定平衡$$

$$\frac{\partial^2 \Pi}{\partial \delta^2} = 0，临界平衡 \tag{13.2-2}$$

$$\frac{\partial^2 \Pi}{\partial \delta^2} < 0，不稳定平衡$$

工程中感兴趣的是临界平衡位置所确定的临界荷载和相应的屈曲形态，因此，总势能对位移的二阶导数为正的条件是研究弹性稳定性的理论基础。

13.2.3 弹性稳定问题的有限元列式

分析稳定问题时，需要在总势能的计算中考虑位移的高阶项影响，此时应变能 U 可以分为两部分，分别是应变能的线性部分和非线性部分，即：

$$U = U_L + U_{NL} \tag{13.2-3}$$

外力做功 $W = \delta^T P$，则势能驻值方程可以写成：

$$\frac{\partial \Pi}{\partial \delta} = \frac{\partial U_L}{\partial \delta} + \frac{\partial U_{NL}}{\partial \delta} - \frac{\partial}{\partial \delta}(\delta^T P) = O \tag{13.2-4}$$

将应变能的线性部分和非线性部分分别写作：

$$U_L = \frac{1}{2}\delta^T K_0 \delta, \ U_{NL} = \frac{1}{2}\delta^T K_{NL} \delta \tag{13.2-5}$$

则势能驻值方程可进一步写成：

$$(K_0 + K_{NL})\delta = P \tag{13.2-6}$$

上式中，K_0 一般是不变的，K_{NL} 与系统的位移及应力状态有关，因此该式是一个非线性方程。如果以未变形的初始位移为参考，则 K_{NL} 只与系统的应力有关，此时这种仅由应力状态所决定的单元刚度矩阵叫作几何刚度矩阵或初应力矩阵，用 K_σ 表示。

13.2.4 弹性稳定问题求解

弹性稳定问题可分为两类：一类是欧拉稳定问题，另一类是极值稳定问题。

欧拉稳定问题是指系统的初应力状态处于某种临界状态时，对于临界位移的任何挠动都可能使系统丧失稳定性。如果把欧拉失稳的临界状态看成是一种初应力状态，则欧拉稳定问题也可用公式(13.2-6)求解。具体为：根据某一初始应力状态$\{\sigma\}$，求得几何刚度矩阵 $[K_\sigma]$，同理易知当初始应力状态为 $\lambda\{\sigma\}$ 时，几何刚度矩阵为 $\lambda[K_\sigma]$，则公式(13.2-6)可写作：

$$([K_0] + \lambda[K_\sigma])\{\delta^*\} = \{P^*\} \tag{13.2-7}$$

假设此时达到临界状态，则存在一个挠动的位移状态$\{\delta^*\} + \Delta\{\delta\}$，使得系统在外力不变的条件下也处于平衡状态，即：

$$([K_0] + \lambda[K]_\sigma)(\{\delta^*\} + \Delta\{\delta\}) = \{P^*\} \tag{13.2-8}$$

两式相减可得：

$$([K_0] + \lambda[K_\sigma])\Delta\{\delta\} = \{O\} \tag{13.2-9}$$

此时，欧拉稳定问题，归结为求解一个广义特征值问题。

上式是齐次线性代数方程组，其有非零解的条件是系数行列式等于0，即：

$$|[K_0] + \lambda[K_\sigma]| = 0 \tag{13.2-10}$$

将公式(13.2-9)变换为标准特征值问题，则有：

$$\left[-[K_\sigma]^{-1}[K_0]\right]\{\delta\} = \lambda\{\delta\} \tag{13.2-11}$$

式中广义特征值为λ_i，对应屈曲分析中的屈曲因子，特征向量为$\Delta\{\delta_i\}$，对应屈曲分析中的屈曲模态。

对于标准特征值问题，可采用上一章模态分析中的方法进行求解，此处不再赘述。

极值稳定问题是在荷载逐渐增大的过程中达到某种状态导致变形无限增长而丧失稳定性，在非线性有限元分析中，必须用增量法求解极值稳定性问题，即求下式的渐进解：

$$([K_0] + [K_{\mathrm{NL}}])\Delta\{\delta\} = \Delta\{P\} \tag{13.2-12}$$

极值稳定性问题一般需要考虑$[K_{\mathrm{NL}}]$随单元应力状态和单元位移状态的变化，采用增量法求解，此处留作以后讨论。

13.3 算例概况

图 13.3-1 是本章的算例结构，结构几何信息、构件属性和约束信息与第 3 章中静力分析时相同，屈曲分析采用的荷载样式为：节点 4 处受到$+x$方向 50kN 的集中力和$-z$方向的 200kN 集中力作用，节点 8 受到$-z$方向的 200kN 集中力作用。本章将基于欧拉梁单元对该结构进行图中荷载样式下的屈曲分析，并将基于 Python 编程计算的结果与 SAP2000 分析结果进行对比。

以下直接给出欧拉梁单元的几何刚度矩阵：

$$[K_\sigma] = F_x \begin{bmatrix} \dfrac{6}{5L} & \dfrac{1}{10} & -\dfrac{6}{5L} & \dfrac{1}{10} \\ & \dfrac{2}{15}L & -\dfrac{1}{10} & -\dfrac{1}{30}L \\ & & \dfrac{6}{5L} & -\dfrac{1}{10} \\ \text{sym} & & & \dfrac{2}{15}L \end{bmatrix} \tag{13.3-1}$$

其中F_x为单元轴力，L为单元长度。

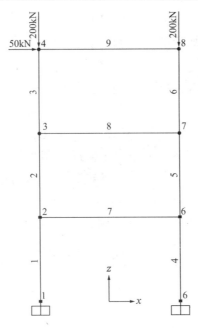

图 13.3-1 结构模型示意

13.4 Python 代码与注释

```
# 2D 欧拉梁单元: 二维框架屈曲分析
# Website : www.jdcui.com
# 导入 numpy 库、matplotlib.pyplot 库
import numpy as np
import matplotlib.pyplot as plt
import math

# 一、输入信息
# 定义构件材料、截面属性
Elist = np.array([3.000E+07, 3.000E+07])
Alist = np.array([0.08, 0.16])
IList = np.array([0.0128/12, 0.0256/12])
# p = 2.5    # 材料密度
# Mo = 3     # 节点附加质量
# 定义各单元的节点坐标及各单元的节点编号
NodeCoord = np.array([[0, 0], [0, 3], [0, 6], [0, 9], [5, 0], [5, 3], [5, 6], [5, 9]])
EleNode = np.array([[1, 2], [2, 3], [3, 4], [5, 6], [6, 7], [7, 8], [2, 6], [3, 7], [4, 8]])
# 定义各单元截面编号
EleSect = np.array([2, 2, 2, 2, 2, 2, 1, 1, 1])
# 获取单元数量和单元节点数量
numEle = EleNode.shape[0]
numNode = NodeCoord.shape[0]
# 定义受约束的自由度
restrainedDof = np.array([1, 2, 3, 13, 14, 15])
# 节点坐标值 (x, y) 向量
xx = NodeCoord[:, 0]
yy = NodeCoord[:, 1]
# 获取总自由度数量
numDOF = numNode*3
# 定义整体位移向量
displacement = np.zeros((1, numDOF))
```

```python
# 整体力向量矩阵
force = np.zeros((1, numDOF))
# 施加荷载 (输入)
force[0][9] = 50
force[0][10] = -200
force[0][22] = -200

# 二、静力分析
# 定义总体刚度矩阵
stiffness_sum = np.zeros((numDOF, numDOF))
# 遍历单元，求解单元刚度矩阵
for i in range(numEle):
    stiffness_sl = np.zeros((numDOF, numDOF))
    noindex = EleNode[i]
    deltax = xx[noindex[1]-1]-xx[noindex[0]-1]
    deltay = yy[noindex[1]-1]-yy[noindex[0]-1]
    L = np.sqrt(deltax *deltax +deltay*deltay)
    C = deltax/L
    S = deltay/L
    K = np.array([[C, S, 0, 0, 0, 0],
                  [-S, C, 0, 0, 0, 0],
                  [0, 0, 1, 0, 0, 0],
                  [0, 0, 0, C, S, 0],
                  [0, 0, 0, -S, C, 0],
                  [0, 0, 0, 0, 0, 1]])
    E = Elist[EleSect[i]-1]
    A = Alist[EleSect[i]-1]
    I = IList[EleSect[i]-1]
    EAL = E*A/L
    EIL1 = E*I/L
    EIL2 = 6.0*E*I/(L*L)
    EIL3 = 12.0*E*I/(L*L*L)
    eleK_0 = np.array([[EAL, 0, 0, -EAL, 0, 0],
                       [0, EIL3, EIL2, 0, -EIL3, EIL2],
                       [0, EIL2, 4*EIL1, 0, -EIL2, 2*EIL1],
                       [-EAL, 0, 0, EAL, 0, 0],
                       [0, -EIL3, -EIL2, 0, EIL3, -EIL2],
                       [0, EIL2, 2*EIL1, 0, -EIL2, 4*EIL1]])
    # 将局部坐标下单元刚度矩阵转换为整体坐标下单元刚度矩阵
    eleK = (np.mat(K).T)*np.mat(eleK_0)*np.mat(K)
    eleK = np.array(eleK)
    # 获得单元节点对应的自由度
    eleDof = np.array([noindex[0]*3-2, noindex[0]*3-1, noindex[0]*3, noindex[1]*3-2, noindex[1]*3-1, noindex[1]*3])
    # 将单元刚度矩阵组装到整体刚度矩阵
    for rowidx, row in enumerate(eleK):
        for stiffnesss_coefficient_idx, stiffness_coefficient in enumerate(row):
            stiffness_sl[(eleDof[rowidx]-1)][(eleDof[stiffnesss_coefficient_idx]-1)] = stiffness_coefficient
    stiffness_sum = stiffness_sum + stiffness_sl
# 根据被约束自由度编号简化整体刚度矩阵
stiffness_sum_sim = np.delete(stiffness_sum, restrainedDof-1, 0)
stiffness_sum_sim = np.delete(stiffness_sum_sim, restrainedDof-1, 1)
# 解方程，求位移
activeDof = np.delete((np.arange(numDOF)+1), restrainedDof-1)
displacement[0][activeDof-1] = np.array((np.mat(stiffness_sum_sim).I) * (np.mat(force[0][activeDof-1]).T)).T
# 按节点编号输出两个方向的节点位移分量，格式：节点号，位移1，位移2，位移3
Nodeindex = (np.arange(0, numNode)+1).reshape(numNode, 1)
tempdisp = np.hstack((Nodeindex, displacement.reshape(numNode, 3)))
# print(tempdisp)
# 计算杆端内力
AxialForce = np.zeros((numEle, 1))
for i in range(numEle):
```

```
        noindex = EleNode[i]
        deltax = xx[noindex[1]-1]-xx[noindex[0]-1]
        deltay = yy[noindex[1]-1]-yy[noindex[0]-1]
        L = np.sqrt(deltax * deltax + deltay * deltay)
        C = deltax/L
        S = deltay/L
        K = np.array([[C, S, 0, 0, 0, 0],
                      [-S, C, 0, 0, 0, 0],
                      [0, 0, 1, 0, 0, 0],
                      [0, 0, 0, C, S, 0],
                      [0, 0, 0, -S, C, 0],
                      [0, 0, 0, 0, 0, 1]])
        E = Elist[EleSect[i] - 1]
        A = Alist[EleSect[i] - 1]
        I = IList[EleSect[i] - 1]
        EAL = E*A/L
        EIL1 = E*I/L
        EIL2 = 6.0*E*I/(L*L)
        EIL3 = 12.0*E*I/(L*L*L)
        eleK_0 = np.array([[EAL, 0, 0, -EAL, 0, 0],
                           [0, EIL3, EIL2, 0, -EIL3, EIL2],
                           [0, EIL2, 4 * EIL1, 0, -EIL2, 2 * EIL1],
                           [-EAL, 0, 0, EAL, 0, 0],
                           [0, -EIL3, -EIL2, 0, EIL3, -EIL2],
                           [0, EIL2, 2 * EIL1, 0, -EIL2, 4 * EIL1]])
        eleDof = np.array([noindex[0]*3-2, noindex[0]*3-1, noindex[0]*3, noindex[1]*3-2, noindex[1]*3-1, noindex[1]*3])
        ue = np.mat(displacement[0][eleDof-1]).T
        uep = K*ue
        fp = eleK_0*uep
        AxialForce[i] = fp[3]
        # print(fp)
# print(AxialForce)

# 三、基本刚度矩阵与几何刚度矩阵组装
stiffnessM = np.zeros((numDOF, numDOF))
stiffnessG = np.zeros((numDOF, numDOF))
# print(stiffnessM.shape)
for i in range(numEle):
    stiffnessM_sl = np.zeros((numDOF, numDOF))
    stiffnessG_sl = np.zeros((numDOF, numDOF))
    noindex = EleNode[i]
    deltax = xx[noindex[1]-1]-xx[noindex[0]-1]
    deltay = yy[noindex[1]-1]-yy[noindex[0]-1]
    L = np.sqrt(deltax *deltax +deltay*deltay)
    C = deltax/L
    S = deltay/L
    K = np.array([[C, S, 0, 0, 0, 0],
                  [-S, C, 0, 0, 0, 0],
                  [0, 0, 1, 0, 0, 0],
                  [0, 0, 0, C, S, 0],
                  [0, 0, 0, -S, C, 0],
                  [0, 0, 0, 0, 0, 1]])
    E = Elist[EleSect[i]-1]
    A = Alist[EleSect[i]-1]
    I = IList[EleSect[i]-1]
    EAL = E*A/L
    EIL1 = E*I/L
    EIL2 = 6.0*E*I/(L*L)
    EIL3 = 12.0*E*I/(L*L*L)
    eleK_m = np.array([[EAL, 0, 0, -EAL, 0, 0],
                       [0, EIL3, EIL2, 0, -EIL3, EIL2],
```

```
                          [0, EIL2, 4*EIL1, 0, -EIL2, 2*EIL1],
                          [-EAL, 0, 0, EAL, 0, 0],
                          [0, -EIL3, -EIL2, 0, EIL3, -EIL2],
                          [0, EIL2, 2*EIL1, 0, -EIL2, 4*EIL1]])
    eleK_g = np.array(AxialForce[i]/L*[[0,      0,           0,0,       0,         0],
                                       [0,     6/5,       L/10,0,    -6/5,      L/10],
                                       [0,L/10,2*L*L/15,0,-L/10, -L*L/30],
                                       [0,      0,           0,0,       0,         0],
                                       [0,    -6/5,      -L/10,0,     6/5,     -L/10],
                                       [0,L/10, -L*L/30,0,-L/10,2*L*L/15]])
    # 将局部坐标下单元刚度矩阵转换为整体坐标下单元刚度矩阵
    eleKm = (np.mat(K).T)*np.mat(eleK_m)*np.mat(K)
    eleKm = np.array(eleKm)
    eleKg = (np.mat(K).T) * np.mat(eleK_g) * np.mat(K)
    eleKg = np.array(eleKg)
    # 获得单元节点对应的自由度
    eleDof = np.array([noindex[0]*3-2, noindex[0]*3-1, noindex[0]*3, noindex[1]*3-2, noindex[1]*3-1, noindex[1]*3])
    # 将单元刚度矩阵组装到整体刚度矩阵
    for rowidx, row in enumerate(eleKm):
        for stiffnesssM_coefficient_idx, stiffnessM_coefficient in enumerate(row):
            stiffnessM_sl[(eleDof[rowidx]-1)][(eleDof[stiffnesssM_coefficient_idx]-1)] = stiffnessM_coefficient
    stiffnessM = stiffnessM + stiffnessM_sl
    for rowidx, row in enumerate(eleKg):
        for stiffnesssG_coefficient_idx, stiffnessG_coefficient in enumerate(row):
            stiffnessG_sl[(eleDof[rowidx]-1)][(eleDof[stiffnesssG_coefficient_idx]-1)] = stiffnessG_coefficient
    stiffnessG = stiffnessG + stiffnessG_sl
# 根据被约束自由度编号简化整体刚度矩阵
stiffnessM_sum_sim = np.delete(stiffnessM, restrainedDof-1, 0)
stiffnessM_sum_sim = np.delete(stiffnessM_sum_sim, restrainedDof-1, 1)
stiffnessG_sum_sim = np.delete(stiffnessG, restrainedDof-1, 0)
stiffnessG_sum_sim = np.delete(stiffnessG_sum_sim, restrainedDof-1, 1)

# 四、求解特征值问题
Avd = -np.mat(stiffnessM_sum_sim).I * (np.mat(stiffnessG_sum_sim))
Do, Vo = np.linalg.eig(Avd)
# print(Do)

# 五、计算用于绘图的相关参数
# 求杆件的最大长度
scalefactor = 0.2
maxlen = -1
for i in range(numEle):
    noindex = EleNode[i]
    deltax = xx[noindex[1]-1]-xx[noindex[0]-1]
    deltay = yy[noindex[1]-1]-yy[noindex[0]-1]
    L = np.sqrt(deltax * deltax + deltay * deltay)
    if L > maxlen:
        maxlen = L
# 按不同模态绘制振型图
xx_modal = np.zeros((numNode, activeDof.shape[0]))       # 存储各阶模态各节点的 x 变形
yy_modal = np.zeros((numNode, activeDof.shape[0]))       # 存储各阶模态各节点的 y 变形
for m in range(3):
    m_disp = np.zeros((numDOF, 1))
    m_eigenvector = Vo[:, m]
    m_disp[activeDof-1] = m_disp[activeDof-1] + m_eigenvector
    # print(m_eigenvector)
    indexU = np.array(range(1,numNode*3-1,3))
    indexV = np.array(range(2,numNode*3,3))
    # print(indexV)
    m_dispU = m_disp[indexU - 1]
    m_dispV = m_disp[indexV - 1]
```

```
maxabsDisp = max((np.sqrt(np.square(m_dispU) + np.square(m_dispV))))
if maxabsDisp > 1e-30:
    factor = scalefactor * maxlen / maxabsDisp
# print(m_dispU[:,0])
xx_modal[:, m] = xx + m_dispU[:, 0] * factor
yy_modal[:, m] = yy + m_dispV[:, 0] * factor

# 六、绘制图形
fig = plt.figure(figsize=(6, 12))
for i in range(numEle):
    noindex = EleNode[i]
    x = xx[noindex[:] - 1]
    y = yy[noindex[:] - 1]
    line1 = plt.plot(x, y, label='Undeformed Shape', color='grey', linestyle='--')
for i in range(numEle):
    noindex = EleNode[i]
    x = xx_modal[noindex[:] - 1, m]
    y = yy_modal[noindex[:] - 1, m]
    line2 = plt.plot(x, y, label='Deformed Shape', color='black', mfc='w', )
plt.show()
```

分析得到该 2D 框架结构的前 3 阶屈曲模态如图 13.4-1 所示，相应的前 3 阶屈曲模态对应的屈曲因子分别为 74.68、154.93、302.26。

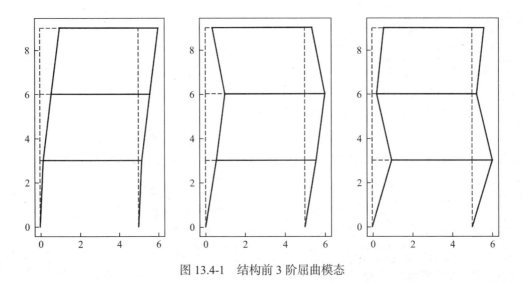

图 13.4-1   结构前 3 阶屈曲模态

13.5   SAP2000 分析结果对比

SAP2000 分析模型与前面章节中 2D 框架静力分析模型相同，仅需修改荷载样式如图 13.3-1 所示。另外，进行屈曲分析需建立屈曲分析工况，如图 13.5-1 所示，选择荷载工况类型为 "Buckling"，添加上述定义的荷载样式，比例系数为 1，指定屈曲模态数量为 6，其余按默认。运行屈曲分析工况，得到屈曲分析结果。

表 13.5-1 是 Python 分析得到的结构前 3 阶屈曲模态的屈曲因子与 SAP2000 软件分析结果的对比，由表可知，两者分析结果一致。

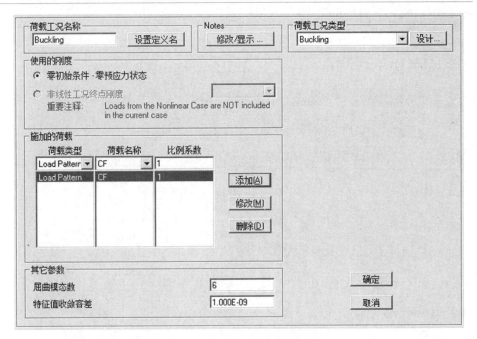

图 13.5-1　定义屈曲分析工况

屈曲因子结果对比　　　　表 13.5-1

屈曲模态	屈曲因子		相对偏差（%）
	Python 结果	SAP2000 结果	
1	74.696	74.696	0.000
2	154.931	154.931	0.000
3	302.256	302.256	0.000

第 14 章

平面框架弹性动力时程分析

本章以一榀 2D 框架为例,介绍简单结构的弹性动力时程分析,时程分析方法采用逐步积分法。

14.1 动力学方程

当仅考虑地震加速度$\ddot{u}_g(t)$作用时,线弹性多自由度体系的运动方程如下所示:

$$[M]\{\ddot{u}\} + [C]\{\dot{u}\} + [K]\{u\} = -[M]\{1\}\ddot{u}_g \tag{14.1-1}$$

式中$[M]$、$[C]$、$[K]$分别为体系的质量矩阵、阻尼矩阵和刚度矩阵,$\{\ddot{u}\}$、$\{\dot{u}\}$、$\{u\}$分别为体系的加速度向量、速度向量和位移向量,$\{1\}$为维度与体系自由度相同、元素为 1 的列向量。

在逐步积分法中,将分析时程划分为许多微小时段Δt,利用体系在t_i时刻的运动状态——位移u_i、速度$\dot{u}_i$和加速度$\ddot{u}_i$,推测时间步长Δt之后(即t_{i+1}时刻)的运动状态u_{i+1}、$\dot{u}_{i+1}$和$\ddot{u}_{i+1}$,然后逐步递推,可得到体系的完整时程反应。

常用的逐步积分法包括分段解析法、中心差分法、Newmark-β 法及 Wilson-θ 法等,本章算例采用 Newmark-β 法进行求解,接下来详细介绍 Newmark-β 法。

Newmark-β 法将时间离散化,运动方程仅在离散的时间点上满足,该方法通过t_i至t_{i+1}时段内加速度变化规律的假设,以t_i时刻的运动量为初始值,通过积分方法得到计算t_{i+1}时刻的运动公式。

如图 14.1-1 所示,Newmark-β 法假设在t_i及t_{i+1}之间的加速度值是介于$\ddot{u}_i$及$\ddot{u}_{i+1}$之间的某一常量,记为a,用控制参数γ和β表示为:

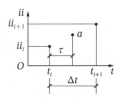

图 14.1-1 Newmark-β 法离散时间点及加速度假设

$$\begin{cases} a = (1-\gamma)\ddot{u}_i + \gamma\ddot{u}_{i+1} & (0 \leqslant \gamma \leqslant 1) \\ a = (1-2\beta)\ddot{u}_i + 2\beta\ddot{u}_{i+1} & (0 \leqslant \beta \leqslant 1/2) \end{cases} \quad (14.1\text{-}2)$$

通过在t_i到t_{i+1}时间段上对加速度a积分，可得t_{i+1}时刻的速度和位移：

$$\begin{cases} \dot{u}_{i+1} = \dot{u}_i + \Delta t a \\ u_{i+1} = u_i + \Delta t \dot{u}_i + \frac{1}{2}\Delta t^2 a \end{cases} \quad (14.1\text{-}3)$$

分别将公式(14.1-2)代入公式(14.1-3)可得 Newmark-β 法的两个基本递推公式：

$$\begin{cases} \ddot{u}_{i+1} = \frac{1}{\beta \Delta t^2}(u_{i+1} - u_i) - \frac{1}{\beta \Delta t}\dot{u}_i - \left(\frac{1}{2\beta} - 1\right)\ddot{u}_i \\ \dot{u}_{i+1} = \frac{\gamma}{\beta \Delta t}(u_{i+1} - u_i) + \left(1 - \frac{\gamma}{\beta}\right)\dot{u}_i + \left(1 - \frac{\gamma}{2\beta}\right)\ddot{u}_i \Delta t \end{cases} \quad (14.1\text{-}4)$$

公式(14.1-4)满足t_{i+1}时刻的运动平衡方程：

$$m\ddot{u}_{i+1} + c\dot{u}_{i+1} + ku_{i+1} = P_{i+1} \quad (14.1\text{-}5)$$

将公式(14.1-4)代入公式(14.1-5)可得t_{i+1}时刻的位移u_{i+1}的计算公式：

$$u_{i+1} = \hat{P}_{i+1}/\hat{k} \quad (14.1\text{-}6)$$

其中

$$\hat{k} = k + \frac{1}{\beta \Delta t^2}m + \frac{\gamma}{\beta \Delta t}c$$

$$\hat{P}_{i+1} = P_{i+1} + \left[\frac{1}{\beta \Delta t^2}u_i + \frac{1}{\beta \Delta t}\dot{u}_i + \left(\frac{1}{2\beta} - 1\right)\ddot{u}_i\right]m + \left[\frac{\gamma}{\beta \Delta t}u_i + \left(\frac{\gamma}{\beta} - 1\right)\dot{u}_i + \frac{\Delta t}{2}\left(\frac{\gamma}{\beta} - 2\right)\ddot{u}_i\right]c$$

为方便列式，可记$a_0 = \frac{1}{\beta \Delta t^2}$, $a_1 = \frac{\gamma}{\beta \Delta t}$, $a_2 = \frac{1}{\beta \Delta t}$, $a_3 = \frac{1}{2\beta} - 1$, $a_4 = \frac{\gamma}{\beta} - 1$, $a_5 = \frac{\Delta t}{2}\left(\frac{\gamma}{\beta} - 2\right)$, $a_6 = \Delta t(1-\gamma)$, $a_7 = \gamma \Delta t$，递推公式(14.1-4)可进一步表示为：

$$\begin{cases} \ddot{u}_{i+1} = a_0(u_{i+1} - u_i) - a_2\dot{u}_i - a_3\ddot{u}_i \\ \dot{u}_{i+1} = \dot{u}_i + a_6\ddot{u}_i + a_7\ddot{u}_{i+1} \end{cases} \quad (14.1\text{-}7)$$

对于多自由度体系，只需将单自由度公式推广到多自由度的向量和矩阵的形式即可。此时，t_{i+1}时刻的运动控制方程变为：

$$[\hat{K}] \cdot \{u\}_{i+1} = \{\hat{P}\}_{i+1} \quad (14.1\text{-}8)$$

其中$[\hat{K}]$是体系的等效刚度矩阵，$\{u\}_{i+1}$是t_{i+1}时刻的节点位移向量，$\{\hat{P}\}_{i+1}$是t_{i+1}时刻的等效荷载向量。$[\hat{K}]$、$\{\hat{P}\}_{i+1}$可通过下式求得：

$$\begin{cases} [\hat{K}] = [K] + \frac{1}{\beta \Delta t^2}[M] + \frac{\gamma}{\beta \Delta t}[C] \\ \{\hat{P}\}_{i+1} = \{P\}_{i+1} + [M]\left[\frac{1}{\beta \Delta t^2}\{u\}_i + \frac{1}{\beta \Delta t}\{\dot{u}\}_i + \left(\frac{1}{2\beta} - 1\right)\{\ddot{u}\}_i\right] + \\ \qquad [C]\left[\frac{\gamma}{\beta \Delta t}\{u\}_i + \left(\frac{\gamma}{\beta} - 1\right)\{\dot{u}\}_i + \frac{\Delta t}{2}\left(\frac{\gamma}{\beta} - 2\right)\{\ddot{u}\}_i\right] \end{cases} \quad (14.1\text{-}9)$$

则t_{i+1}时刻的加速度和速度公式为：

$$\begin{cases} \{\ddot{u}\}_{i+1} = \dfrac{1}{\beta \Delta t^2}(\{u\}_{i+1} - \{u\}_i) - \dfrac{1}{\beta \Delta t}\{\dot{u}\}_i - \left(\dfrac{1}{2\beta} - 1\right)\{\ddot{u}\}_i \\ \{\dot{u}\}_{i+1} = \dfrac{\gamma}{\beta \Delta t}(\{u\}_{i+1} - \{u\}_i) + \left(1 - \dfrac{\gamma}{\beta}\right)\{\dot{u}\}_i - \left(1 - \dfrac{\gamma}{2\beta}\right)\Delta t\{\ddot{u}\}_i \end{cases} \qquad (14.1\text{-}10)$$

14.2 算例概况

本章算例为一 2D 框架结构，其几何信息、构件截面与材料信息与上一章的算例相同，此处不再赘述。时程分析采用的地震激励时程如图 14.2-1 所示，结构质量源来自指定的附加质量，本例假定每个构件两端各附加质量 100t。

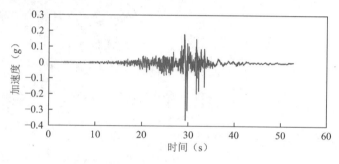

图 14.2-1 加速度时程曲线

14.3 Python 代码与注释

```python
# 2D 欧拉梁单元:二维框架结构弹性时程分析
# Website : www.jdcui.com
# 导入 numpy 库、matplotlib.pyplot 库
import numpy as np
import matplotlib.pyplot as plt
import math

# 一、输入信息
# 定义构件材料、截面属性
Elist = np.array([3.000E+07, 3.000E+07])
Alist = np.array([0.08, 0.16])
IList = np.array([0.0128/12, 0.0256/12])
Mo = 100        # 节点附加质量
# 定义各单元的节点坐标及各单元的节点编号
NodeCoord = np.array([[0, 0], [0, 3], [0, 6], [0, 9], [5, 0], [5, 3], [5, 6], [5, 9]])
EleNode = np.array([[1, 2], [2, 3], [3, 4], [5, 6], [6, 7], [7, 8], [2, 6], [3, 7], [4, 8]])
# 定义各单元截面编号
EleSect = np.array([2, 2, 2, 2, 2, 2, 1, 1, 1])
# 获取单元数量和单元节点数量
numEle = EleNode.shape[0]
numNode = NodeCoord.shape[0]
# 定义受约束的自由度
restrainedDof = np.array([1, 2, 3, 13, 14, 15])
# 节点坐标值 (x, y) 向量
xx = NodeCoord[:, 0]
yy = NodeCoord[:, 1]
```

```python
# 获取总自由度数量
numDOF = numNode*3
# 定义整体位移向量
displacement = np.zeros((1, numDOF))

# 二、模态分析
# 定义总体刚度矩阵
K = np.zeros((numDOF, numDOF))
M = np.zeros((numDOF, numDOF))
# 遍历单元，求解单元刚度矩阵
for i in range(numEle):
    stiffness_sl = np.zeros((numDOF, numDOF))
    mass_sl = np.zeros((numDOF, numDOF))
    noindex = EleNode[i]
    deltax = xx[noindex[1]-1]-xx[noindex[0]-1]
    deltay = yy[noindex[1]-1]-yy[noindex[0]-1]
    L = np.sqrt(deltax *deltax +deltay*deltay)
    C = deltax/L
    S = deltay/L
    CS = np.array([[C, S, 0, 0, 0, 0],
                   [-S, C, 0, 0, 0, 0],
                   [0, 0, 1, 0, 0, 0],
                   [0, 0, 0, C, S, 0],
                   [0, 0, 0, -S, C, 0],
                   [0, 0, 0, 0, 0, 1]])
    E = Elist[EleSect[i]-1]
    A = Alist[EleSect[i]-1]
    I = IList[EleSect[i]-1]
    #print(A)
    EAL = E*A/L
    EIL1 = E*I/L
    EIL2 = 6.0*E*I/(L*L)
    EIL3 = 12.0*E*I/(L*L*L)
    # 局部坐标系下单元刚度矩阵
    eleK_0 = np.array([[EAL, 0, 0, -EAL, 0, 0],
                       [0, EIL3, EIL2, 0, -EIL3, EIL2],
                       [0, EIL2, 4*EIL1, 0, -EIL2, 2*EIL1],
                       [-EAL, 0, 0, EAL, 0, 0],
                       [0, -EIL3, -EIL2, 0, EIL3, -EIL2],
                       [0, EIL2, 2*EIL1, 0, -EIL2, 4*EIL1]])
    # 局部坐标系下单元质量矩阵
    eleMo = np.diag([Mo, Mo, 1, Mo, Mo, 1])
    #print(eleMo)
    # 将局部坐标下单元刚度矩阵转换为整体坐标下单元刚度矩阵
    eleK = (np.mat(CS).T) * np.mat(eleK_0) * np.mat(CS)
    eleK = np.array(eleK)
    eleM = (np.mat(CS).T) * np.mat(eleMo) * np.mat(CS)
    eleM = np.array(eleM)
    # 获得单元节点对应的自由度
    eleDof = np.array([noindex[0]*3-2, noindex[0]*3-1, noindex[0]*3, noindex[1]*3-2, noindex[1]*3-1, noindex[1]*3])
    # 将单元刚度矩阵组装到整体刚度矩阵
    for rowidx, row in enumerate(eleK):
        for stiffnesss_coefficient_idx, stiffness_coefficient in enumerate(row):
            stiffness_sl[(eleDof[rowidx]-1)][(eleDof[stiffnesss_coefficient_idx]-1)] = stiffness_coefficient
    K = K + stiffness_sl
    for rowidx, row in enumerate(eleM):
        for mass_coefficient_idx, mass_coefficient in enumerate(row):
            mass_sl[(eleDof[rowidx]-1)][(eleDof[mass_coefficient_idx]-1)] = mass_coefficient
    M = M + mass_sl
# 根据被约束自由度编号简化整体刚度矩阵
stiffness_sum_sim = np.delete(K, restrainedDof-1, 0)
```

```python
    stiffness_sum_sim = np.delete(stiffness_sum_sim, restrainedDof-1, 1)
    mass_sum_sim = np.delete(M, restrainedDof-1, 0)
    mass_sum_sim = np.delete(mass_sum_sim, restrainedDof-1, 1)
    # print(np.diag(mass_sum_sim))
    # 解方程，求特征值 Do 和特征向量 Vo
    activeDof = np.delete((np.arange(numDOF)+1), restrainedDof-1)
    if np.linalg.det(mass_sum_sim) > 0:
        # Avd = (np.mat(stiffness_sum_sim)) * (np.mat(mass_sum_sim).I)
        Avd = (np.mat(mass_sum_sim).I) * (np.mat(stiffness_sum_sim))
        Do, Vo = np.linalg.eig(Avd)
        wo = np.sqrt(Do)      # 圆频率
    elif np.linalg.det(stiffness_sum_sim) > 0:
        Avd = (np.mat(stiffness_sum_sim).I) * (np.mat(mass_sum_sim))
        Do, Vo = np.linalg.eig(Avd)
        wo = np.power(np.sqrt(Do), -1)
wV = np.array(np.vstack((wo, Vo)))
index = np.lexsort([wV[0, :]])
sorted_wV = wV[:, index]
w = sorted_wV[0, :]
sorted_V = np.delete(sorted_wV, 0, 0)
# print(w)
# 周期
T = np.zeros((len(w), 1))
for i in range(len(w)):
    T[i] = 2 * math.pi / w[i]
# print(T)
# 阻尼
A = 2 * 0.05 / (w[0] + w[1]) * np.array([w[0] * w[1], 1])
C = A[0] * mass_sum_sim + A[1] * stiffness_sum_sim
# print(A)

# 三、时程积分
# 外荷载输入（峰值、周期、时间间隔、时间步数、积分步数）
my_data = np.loadtxt('ChiChi.txt')
# print(my_data)
ug = 9.8 * my_data[:, 1]
# print(max(ug))
n1 = len(ug)         # 加载步数
dt = 0.01            # 时间步
n2 = n1 + 2000       # 分析步数
# 指定控制参数 γ(gama)、β(beta)的值、积分常数
gama = 0.5
beta = 0.25
a0 = 1 / (beta * dt*dt)
a1 = gama / (beta * dt)
a2 = 1 / (beta * dt)
a3 = 1 / (2 * beta) - 1
a4 = gama / beta - 1
a5 = dt / 2 * (gama / beta - 2)
a6 = dt * (1 - gama)
a7 = gama * dt
# 初始条件
u0 = np.zeros(activeDof.shape[0])
v0 = np.zeros(activeDof.shape[0])
u = np.zeros((activeDof.shape[0], n2))
v = np.zeros((activeDof.shape[0], n2))
P = np.zeros((activeDof.shape[0], n2))
PP = np.zeros((activeDof.shape[0], n2))
aa = np.zeros((activeDof.shape[0], n2))
T2 = np.zeros((activeDof.shape[0], n2))
# print(u0.shape)
```

```
# 等效刚度矩阵[Keq]
KK = stiffness_sum_sim + a0 * mass_sum_sim + a1 * C
# 迭代分析开始
# print(u[:,0])
u[:,0] = u0
v[:,0] = v0
P[:,0] = -ug[0] * (np.diag(mass_sum_sim).T
# print(np.diag(mass_sum_sim))
aa[:,0] = (P[:,0] - np.dot(C, v[:,0]) - np.dot(stiffness_sum_sim, u[:,0])) / np.diag(mass_sum_sim)
# print(aa[:,0])
# print(np.diag(mass_sum_sim))
T2[0,0] = 0
for j in range(1, n2):
    T2[0, j] = j*dt
    if j < n1:
        P[:, j] = -ug[j] * (np.diag(mass_sum_sim).T
        for k in range(int(activeDof.shape[0]/3)):    #仅考虑X方向
            P[3*k+1, j] = 0
            P[3*k+2, j] = 0
    else:
        P[:, j] = 0
    PP[:, j] = P[:, j] + np.dot(mass_sum_sim, a0*u[:,j-1]+a2*v[:,j-1]+a3*aa[:,j-1]) + np.dot(C, a1*u[:,j-1]+a4*v[:,j-1]+a5*aa[:,j-1])
    u[:, j] = np.dot(np.mat(KK).I, PP[:, j])
    aa[:, j] = a0 * (u[:, j] - u[:, j-1]) - a2*v[:,j-1] - a3*aa[:,j-1]
    v[:, j] = v[:, j-1] + a6*aa[:,j-1] + a7*aa[:, j]

# 绘图
dof = 6
fig = plt.figure()
line1 = plt.plot(T2[0, :], u[dof, :], label='Deformed Shape', color='black', mfc='w')
plt.show()
# 导出数据
with open("result.csv", 'w') as ff:
    for i in range(n2):
        ff.write(str(u[dof, i])+'\n')
```

图 14.3-1 所示分别是二层节点 2、三层节点 3、四层节点 4 的水平位移时程曲线。

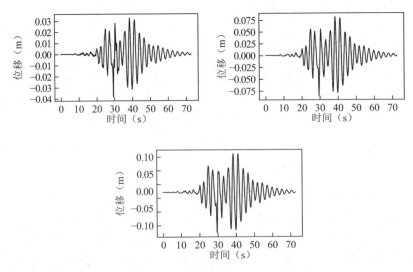

图 14.3-1 典型节点水平位移时程

14.4 SAP2000 分析结果对比

SAP2000 分析模型与前面章节中 2D 框架静力分析模型相同。

进行时程分析，首先需在菜单【定义】-【函数】-【时程】下定义时程函数，函数类型为来自文件，根据加速度激励数据文件的格式设置参数，导入荷载时程，如图 14.4-1 所示。

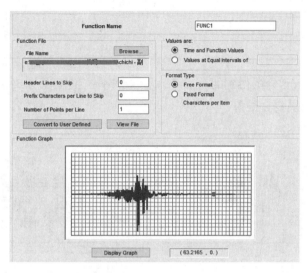

图 14.4-1 定义时程函数

在菜单【定义】-【荷载工况】下添加时程分析荷载工况。荷载工况类型为时程分析，分析类型为线性；荷载类型为加速度，选择上述导入的时程函数，由于函数数据中的单位是地震加速度g，因此缩放系数一栏输入 9.8；逐步积分方法选择 Newmark-β 法，Newmark-β 法分析参数$\gamma = 0.5$，$\beta = 0.25$，与 Python 代码对应；阻尼选项中根据周期指定阻尼，本例 Python 代码中采用瑞利阻尼，假定结构第一、第二周期对应的阻尼比为 5%，SAP2000 分析时采用的阻尼与此相同。如图 14.4-2 所示。

图 14.4-2 定义分析工况

运行时程分析工况。

表 14.4-1 是 Python 分析得到的结构前 3 阶周期与 SAP2000 分析结果的对比，由表可知二者结果吻合很好。

周期对比 表 14.4-1

模态	模态 1	模态 2	模态 3
Python	2.707	0.777	0.402
SAP2000	2.737	0.788	0.411
相对偏差（%）	1.1	1.4	2.1

图 14.4-3 是 Python 分析得到的节点 2、3、4 水平位移时程与 SAP2000 分析结果的对比，由图可知二者结果吻合很好。

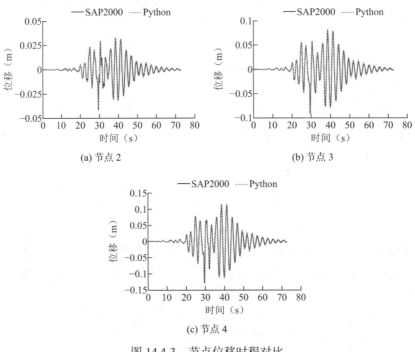

(a) 节点 2

(b) 节点 3

(c) 节点 4

图 14.4-3 节点位移时程对比

第 15 章

拓扑优化：渐进结构优化算法（ESO）

15.1 结构拓扑优化简介

结构设计中，材料的有效性是我们追求的一个重要目标。而结构拓扑优化则是可以在规定设计区域内生成高性能、轻量化、低耗材结构的一种重要设计方法。结构拓扑优化根据结构的对象可以分为离散体结构拓扑优化（如桁架、钢架、膜等骨架结构）和连续体结构拓扑优化（如二维板壳、三维实体）两大类。目前，离散结构拓扑优化已比较成熟，国内外已有很多深入的研究；而随着计算机技术的发展，连续体结构拓扑优化理论近年得到了较快发展，是结构优化领域研究的热点和难点问题。连续体结构优化按设计变量的类型和求解问题的难易程度可分为拓扑优化、形状优化及尺寸优化三个层次，分别对应着结构设计中的概念设计、基本设计以及详细设计三个阶段。其中，连续体结构拓扑优化的目的是在给定荷载、约束、材料和目标函数的条件下确定连续体内部孔的数量以及内部和外部边界的形状。本章介绍的 ESO 渐进结构优化算法即用于解决连续体结构的拓扑优化问题。

15.2 渐进结构优化算法（ESO）原理

渐进结构优化算法（ESO）最早由澳大利亚维多利亚大学的谢亿民院士和悉尼大学的 Steven G.P. 于 1993 年共同提出，主要用于解决连续体的拓扑优化问题。ESO 算法的思路很清晰简单，即根据某一个优化准则，将无效或者效率低的材料逐步删除，从而使结构逐渐趋向优化。根据优化目标的不同，常见的优化约束条件有以下几种类型：应力约束、位移或刚度约束、频率约束、屈曲约束、动力响应约束等。ESO 算法最早是针对应力的优化提出的，本章介绍的也是应力约束条件下的 ESO 算法。应力约束条件下的 ESO 算法具体实施步骤如下：

（1）在给定的荷载和边界条件下，定义设计区域形成初始设计，用有限元网格离散该区域。

（2）对离散的结构进行静力分析。

（3）明确应力强度理论。例如，对于平面应力状态下的各向同性的塑性材料，可采用 von Mises 应力准则，求出每个单元的 von Mises 应力值。如果某个单元应力 σ_e^{VM} 和所有单元中的最大应力 σ_{max}^{VM} 满足以下公式：

$$\sigma_e^{VM}/\sigma_{max}^{VM} < RR_i \tag{15.2-1}$$

则认为该单位处于低应力状态，可以从结构中删除，其中 RR_i 为删除率。

（4）重复有限元静力分析和低应力单元删除，直至式(15.2-1)无法满足为止，即已达到对应于 RR_i 的稳定状态，这意味着当前的删除率不继续删除单元。为了使迭代继续进行，引进另一参数进化率 ER，从而下一稳定状态的删除率修改为：

$$RR_{i+1} = RR_i + ER \quad (i = 0,1,2,3,\cdots) \tag{15.2-2}$$

（5）重复（2）～（4）步骤，直到满足优化目标，即结构面积（平面应力单元）或最大应力达到给定值。

15.3 Python 编程算例

下面以一简支梁的拓扑优化为例来说明 ESO 算法应力优化的实施过程。

15.3.1 算例一问题描述

算例一结构初始设计区域如图 15.3-1 所示，结构处于平面应力状态，结构为左右铰接的深梁，尺寸为：1m（宽）×2m（长），弹性模量 $E = 200\text{GPa}$，泊松比 $\nu = 0.3$，竖向荷载 $F = 1000\text{N}$。有限元分析采用的是 4 节点线性单元，初始删除率和进化率分别是 $RR_0 = 1\%$ 和 $ER = 0.5\%$。

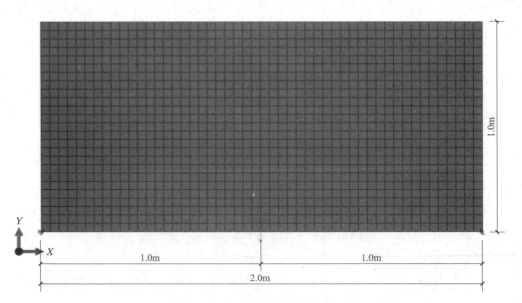

图 15.3-1 算例一结构初始设计区域示意

15.3.2 编程代码

```python
# 2D 线性四边形单元:深梁拓扑优化
# Website : www.jdcui.com
# 导入 numpy 库、matplotlib.pyplot、OpenGL 等库
import re
import numpy as np
import matplotlib.pyplot as plt
from OpenGL.GL import *
from OpenGL.GLU import *
from OpenGL.GLUT import *


# 一、定义函数
# 函数 1: 计算形函数矩阵 N
def Q4_N(kesi, yita):
    N1 = (1 - kesi) * (1 - yita) / 4
    N2 = (1 + kesi) * (1 - yita) / 4
    N3 = (1 + kesi) * (1 + yita) / 4
    N4 = (1 - kesi) * (1 + yita) / 4
    N = np.array([[N1, 0, N2, 0, N3, 0, N4, 0],
                  [0, N1, 0, N2, 0, N3, 0, N4]])
    return N


# 函数 2: 计算形矩阵 G, 用于计算应变矩阵
def Q4_G(kesi, yita):
    G = np.array([[yita / 4 - 1 / 4, 0, 1 / 4 - yita / 4, 0, yita / 4 + 1 / 4, 0, - yita / 4 - 1 / 4, 0],
                  [kesi / 4 - 1 / 4, 0, - kesi / 4 - 1 / 4, 0, kesi / 4 + 1 / 4, 0, 1 / 4 - kesi / 4, 0],
                  [0, yita / 4 - 1 / 4, 0, 1 / 4 - yita / 4, 0, yita / 4 + 1 / 4, 0, - yita / 4 - 1 / 4],
                  [0, kesi / 4 - 1 / 4, 0, - kesi / 4 - 1 / 4, 0, kesi / 4 + 1 / 4, 0, 1 / 4 - kesi / 4]])
    return G


# 函数 3: 计算雅克比矩阵 J
def Q4_J(kesi, yita, xy):
    NN = np.array([[-(1 - yita) / 4, (1 - yita) / 4, (1 + yita) / 4, -(1 + yita) / 4],
                   [-(1 - kesi) / 4, -(1 + kesi) / 4, (1 + kesi) / 4, (1 - kesi) / 4]])
    J = NN @ xy
    return J


# 函数 4: 计算节点坐标的最大值及最小值, 用于设置 OpenGL 画图时坐标范围
def coord_most(NodeCoord):
    """NodeCoord 为初始节点坐标列表"""
    coord_most = []       # 定义储存坐标最值列表[x_min, x_max, y_min, y_max]
    coord_x = []          # 定义储存X坐标列表
    coord_y = []          # 定义储存Y坐标列表
    for i in NodeCoord:
        coord_x.append(i[0])
        coord_y.append(i[1])
    coord_most = [min(coord_x), max(coord_x), min(coord_y), max(coord_y)]
    return coord_most


# 函数 5: 计算四边形单元面积, 用于计算面积率
def getArea(EleNode):
    """EleNode 为单元节点坐标列表"""
    EleArea = []       # 定义储存单元面积列表
    # 遍历单元节点坐标列表, 计算单元面积
```

```python
    for i in EleNode:
        x1, y1, x2, y2, x3, y3, x4, y4 = i[0][0], i[0][1], i[1][0], i[1][1], i[2][0], i[2][1], i[3][0], i[3][1]
        area1 = abs((x1 * (y2 - y3) + x2 * (y3 - y1) + x3 * (y1 - y2)) / 2)    # 计算第一个三角形的面积
        area2 = abs((x1 * (y3 - y4) + x3 * (y4 - y1) + x4 * (y1 - y3)) / 2)    # 计算第二个三角形的面积
        area = area1 + area2    # 四边形单元的总面积等于两个三角形的面积之和
        EleArea.append(area)
    Area = sum(EleArea)
    return Area


# 函数6：更新节点坐标列表
def getNodeList(EleNode):
    """EleNode 为单元节点坐标列表"""
    NodeList = []    # 定义储存节点坐标列表
    for i in EleNode:
        for j in i:
            NodeList.append(j)
    # 去除重复节点。使用map函数将每个子列表转换为元组，然后使用合对象对元组去重，得到了一个只包含
    # 不同元素的集合对象。最后，再将集合对象转换为列表，得到了一个没有重复元素的列表
    NodeList = list(map(list, set(map(tuple, NodeList))))
    return NodeList


# 函数7：更新加载点索引列表
def getLoadNodeidx(NodeList, LoadNode):
    """NodeList 为单元节点坐标列表；LoadNode 为加载点坐标列表"""
    LoadNodeidx = []    # 定义加载点索引列表
    for i in LoadNode:
        if i in NodeList:
            index = NodeList.index(i)
            LoadNodeidx.append(index)
        else:
            pass
    return LoadNodeidx


# 函数8：更新被约束点索引列表
def getConstrainedNodeidx(NodeList, ConstrainedNode):
    """NodeList 为单元节点坐标列表；ConstrainedNode 为约束点坐标列表"""
    ConstrainedNodeidx = []
    for i in ConstrainedNode:
        if i in NodeList:
            index = NodeList.index(i)
            ConstrainedNodeidx.append(index)
        else:
            pass
    return ConstrainedNodeidx


# 函数9：计算单元应力
def getStress_Node(NodeList, EleNode, ConstrainedNodeidx, LoadNodeidx, P):
    """NodeList 为节点坐标列表；EleNode 单元节点坐标列表； ConstrainedNodeidx 为被约束点索引列表；
       LoadNodeidx 为加载点索引列表；P 为集中力荷载大小列表"""
    # 计算节点数量
    numNode = len(NodeList)
    # 定义节点x坐标、y坐标列表
    xx = []
    yy = []
    for i in NodeList:
        xx.append(i[0])
        yy.append(i[1])
```

```python
# 计算自由度数量
numDof = numNode * 2
# 获取被约束自由度索引
ConstrainedDof = np.zeros([1, 2 * int(len(ConstrainedNodeidx))], dtype='int')
for idx, i in enumerate(ConstrainedNodeidx):    # 自由度索引从 1 开始
    ConstrainedDof[0][2 * idx] = 2 * i + 1
    ConstrainedDof[0][2 * idx + 1] = 2 * i + 2
# 定义整体位移向量列表
displacement = np.zeros((1, numDof))
# 定义整体荷载向量
force = np.zeros((1, numDof))
# 遍历加载点,施加荷载
for i in LoadNodeidx:
    force[0][2 * int(i)] = P[0]
    force[0][2 * int(i) + 1] = P[1]

# 计算积分点及积分点权重
kesi_yita = np.array([[-1 / np.sqrt(3), -1 / np.sqrt(3)],
                      [1 / np.sqrt(3), -1 / np.sqrt(3)],
                      [1 / np.sqrt(3), 1 / np.sqrt(3)],
                      [-1 / np.sqrt(3), 1 / np.sqrt(3)]])
w = np.array([1, 1])
ww = np.array([w[0] * w[0], w[1] * w[0], w[1] * w[1], w[0] * w[1]])

# 材料参数
E = 2.0E+05    # 弹性模量
v = 0.3        # 泊松比
t = 1          # 单元厚度
D = (E / (1 - v * v)) * np.array([[1, v, 0],     # 弹性矩阵
                                  [v, 1, 0],
                                  [0, 0, (1 - v) / 2]])

# 计算整体刚度矩阵
stiffness_sum = np.zeros((numDof, numDof))    # 定义储存整体刚度矩阵数组
for i in EleNode:
    noindex = []
    xy = i
    # 计算单元节点索引
    for j in i:
        index = NodeList.index(j)
        noindex.append(index)
    # 计算单元刚度矩阵
    eleK = np.zeros((8, 8))    # 定义储存单元刚度矩阵数组
    for m in range(4):
        kesi = kesi_yita[m][0]
        yita = kesi_yita[m][1]
        J = Q4_J(kesi, yita, xy)
        A = (1 / np.linalg.det(J)) * np.array([[J[1, 1], -1 * J[0, 1], 0, 0],
                                               [0, 0, -1 * J[1, 0], J[0, 0]],
                                               [-1 * J[1, 0], J[0, 0], J[1, 1], -1 * J[0, 1]]])
        G = Q4_G(kesi, yita)
        B = A @ G
        eleK = eleK + ww[m] * B.T @ D @ B * t * np.linalg.det(J)
    # 将单元刚度矩阵组装到整体刚度矩阵
    eleDof = np.array([noindex[0] * 2, noindex[0] * 2 + 1, noindex[1] * 2, noindex[1] * 2 + 1,
                       noindex[2] * 2, noindex[2] * 2 + 1, noindex[3] * 2, noindex[3] * 2 + 1])
    for i in range(8):
        for j in range(8):
            stiffness_sum[int(eleDof[i]), int(eleDof[j])] = stiffness_sum[int(eleDof[i]), int(eleDof[j])] + eleK[i][j]
# 根据给定的约束条件,删除指定被约束自由度对应的行和列,将整体刚度矩阵进行简化处理
```

```python
        stiffness_sum_sim = np.delete(stiffness_sum, ConstrainedDof - 1, 0)
        stiffness_sum_sim = np.delete(stiffness_sum_sim, ConstrainedDof - 1, 1)

        # 解方程,求位移
        activeDof = np.delete((np.arange(numDof) + 1), ConstrainedDof - 1)
        displacement[0][activeDof - 1] = np.array(np.mat(stiffness_sum_sim).I * np.mat(force[0][activeDof - 1]).T).T

        # 计算节点应力
        EleStress = []    # 定义存储单元 Mises 应力的列表
        kesi_yita_Node = np.array([[-1, -1], [1, -1], [1, 1], [-1, 1]])    # 积分点权重数组
        for k in EleNode:
            xy_node = k
            d = np.zeros((8, 1))
            for j_index, j in enumerate(k):
                index = NodeList.index(j)
                d[int(2 * j_index)] = displacement[0][int(index) * 2]
                d[int(2 * j_index + 1)] = displacement[0][int(index) * 2 + 1]
            node_stress = []    # 定义储存积分点 Mises 应力列表
            for m in range(4):
                kesi = kesi_yita_Node[m][0]
                yita = kesi_yita_Node[m][1]
                J = Q4_J(kesi, yita, xy_node)
                A = (1 / np.linalg.det(J)) * np.array([[J[1, 1], -1 * J[0, 1], 0, 0],
                                                       [0, 0, -1 * J[1, 0], J[0, 0]],
                                                       [-1 * J[1, 0], J[0, 0], J[1, 1], -1 * J[0, 1]]])
                G = Q4_G(kesi, yita)
                B = A @ G
                sima = D @ B @ d
                # 计算单元积分点 Mises 应力
                Mises_stress = np.sqrt((sima[0][0] - sima[1][0]) ** 2 + 4 * sima[2][0] ** 2) / 2
                node_stress.append(Mises_stress)
            stress_avg = sum(node_stress) / len(node_stress)    # 计算单元 Mises 应力,取积分点应力平均值
            EleStress.append(stress_avg)
    return EleStress


# 函数 10: 获取不满足应力要求单元(低应力状态单元)索引列表
def getLowStressEle(EleStress, RR):
    """EleStress 为单元应力列表; RR 为删除率"""
    LowStressEle = []    # 定义储存低应力状态单元索引列表
    for idx, i in enumerate(EleStress):
        if abs(i) / max([abs(x) for x in (EleStress)]) < RR:
            LowStressEle.append(idx)
        else:
            pass
    return LowStressEle


# 函数 11: 获取孤立单元索引列表
def getIsolatedEle(EleNode):
    """EleNode 单元节点坐标列表"""
    numEle = len(EleNode)
    adjacency_matrix = np.zeros((numEle, numEle))    # 创建一个基于单元连接性的邻接矩阵
    for i in range(numEle):
        for j in range(numEle):
            if i != j:
                common_nodes = [k for k in EleNode[i] if k in EleNode[j]]    # 寻找共同节点
                if len(common_nodes) > 0:
                    adjacency_matrix[i, j] = 1    # 如果两个元素有共同节点,则在邻接矩阵中标记连接关系为1
    # 检查是否存在孤立单元(邻接矩阵中某行全为 0)
    isolatedEle = []
```

```python
    for i in range(numEle):
        if np.sum(adjacency_matrix[i]) == 0:    # 如果邻接矩阵中某行所有元素之和为0，表示该单元是孤立单元
            isolatedEle.append(i)    # 将孤立单元的索引添加到结果列表中
    return isolatedEle


# 函数12：删除列表中一个或多个指定索引的元素
def remove_elements(list, indices):
    """list 为被删除元素的一维列表；indices 为需删除元素的索引列表"""
    return [item for i, item in enumerate(list) if i not in indices]


# 函数13：用 OpenGL 绘制应力云图
def draw_S():
    '''EleStress 为单元应力列表；EleNode 为单元节点坐标列表'''
    # 获取应力值对应的 RGB 颜色值列表
    norm = plt.Normalize(np.array(EleStress).min(), np.array(EleStress).max())
    colors = plt.cm.jet(norm(np.array(EleStress)))    # 返回单元应力的 RGB 颜色值

    glClear(GL_COLOR_BUFFER_BIT | GL_DEPTH_BUFFER_BIT)    # 清除屏幕和深度缓冲
    for idx, i in enumerate(EleNode):
        # 绘制应力分量云图
        glBegin(GL_QUADS)
        glColor3f(colors[idx][0], colors[idx][1], colors[idx][2])
        glVertex2f(i[0][0], i[0][1])
        glVertex2f(i[1][0], i[1][1])
        glVertex2f(i[2][0], i[2][1])
        glVertex2f(i[3][0], i[3][1])
        glEnd()
        # 绘制单元轮廓
        glBegin(GL_LINE_STRIP)
        glColor3f(0, 0, 0)
        glVertex2f(i[0][0], i[0][1])
        glVertex2f(i[1][0], i[1][1])
        glVertex2f(i[2][0], i[2][1])
        glVertex2f(i[3][0], i[3][1])
        glVertex2f(i[0][0], i[0][1])
        glEnd()
    glFlush()              # 刷新屏幕
    glutSwapBuffers()      # 交换前后缓冲区的内容，实现显示效果的更新


# 二、读取模型建模几何信息文件并对相关数据进行处理，获取初始单元节点、被约束节点、加载点坐标列表等数据
#定义储存模型几何信息列表
NodeCoord = []              # 定义储存节点坐标值（x, y）的向量列表
EleNodeidx = []             # 定义储存被约束节点索引列表
ConstrainedNodeidx_0 = []   # 定义储存被约束节点索引列表
LoadNodeidx_0 = []          # 定义储存荷载施加节点索引列表

# 读取 txt 文件，获取节点坐标、单元节点索引列表
filename = 'BeamJ4.txt'     # 将建模几何信息文件名赋值给变量 filename
with open(filename, 'r', ) as file_object:
    # 初始化读取数据判定条件
    read_Coord = False
    read_Node = False
    read_ConstrainedNode = False
    read_LoadNode = False

    # 开始按行读取 txt 文件数据
    for line in file_object.readlines():
```

```python
            # 获取节点坐标值（x, y）的向量列表
            if '*Node end' in line:
                read_Coord = False
            if read_Coord:
                lineCoord = re.split('\s+|,', line)
                NodeCoord.append([float(lineCoord[3]), float(lineCoord[5])])
            if '*Node begin' in line:
                read_Coord = True
            if '*Element end' in line:
                read_Node = False
            if read_Node:
                lineNode = re.split(',|\\n', line)
                del lineNode[0]
                del lineNode[-1]
                for idx, i in enumerate(lineNode):
                    lineNode[idx] = int(i)
                EleNodeidx.append(lineNode)
            if '*Element begin' in line:
                read_Node = True

            # 获取被约束节点索引列表
            if '*ConstrainedNode end' in line:
                read_ConstrainedNode = False
            if read_ConstrainedNode:
                lineConstrainedNode = re.split(',+|\\n', line)
                lineConstrainedNode = [m for m in lineConstrainedNode if m.strip()]     # 去除含有空格的元素
                for i in lineConstrainedNode:
                    ConstrainedNodeidx_0.append(int(i))
            if '*ConstrainedNode begin' in line:
                read_ConstrainedNode = True

            # 获取荷载加载节点索引列表
            if '*LoadNode end' in line:
                read_LoadNode = False
            if read_LoadNode:
                lineLoadNode = re.split(',|\\n', line)
                lineLoadNode = [k for k in lineLoadNode if k.strip()]    # 去除含有空格的元素
                for i in lineLoadNode:
                    LoadNodeidx_0.append(int(i))
            if '*LoadNode begin' in line:
                read_LoadNode = True

# 根据读入模型几何信息，获取初始单元节点、被约束节点、加载点坐标列表
# 获取初始单元节点坐标列表
EleNode_0 = []
for i in EleNodeidx:
    EleNode_0.append([NodeCoord[i[0] - 1], NodeCoord[i[1] - 1], NodeCoord[i[2] - 1], NodeCoord[i[3] - 1]])
# 获取初始被约束节点坐标列表
ConstrainedNode = []
for i in ConstrainedNodeidx_0:
    ConstrainedNode.append(NodeCoord[i - 1])
# 获取加载点坐标列表
LoadNode = []
for i in LoadNodeidx_0:
    LoadNode.append(NodeCoord[i - 1])


# 三、设置绘图窗口
glutInit()
glutInitDisplayMode(GLUT_DOUBLE | GLUT_RGBA)        # 设置绘图模式为双缓冲和 RGBA 颜色模式
coord_most = coord_most(NodeCoord)                  # 获取绘图数据 x、y 轴坐标范围列表，确定绘图区域范围
```

```python
β = (coord_most[3] - coord_most[2]) / (coord_most[1] - coord_most[0])    # 定义图形高宽比，用于设置窗口大小
WindowWidth = 2400                        # 设置绘图窗口宽度
WindowHight = WindowWidth * β             # 设置绘图窗口高度
glutInitWindowSize(int(WindowWidth), int(WindowHight))    # 设置窗口大小
glutCreateWindow(f"拓扑优化".encode("gb2312"))             # 设置绘图窗口标题
glClearColor(1.0, 1.0, 1.0, 1.0)          # 定义背景为白色
gluOrtho2D(coord_most[0] - 0.1 * (coord_most[1] - coord_most[0]), coord_most[1] + 0.1 * (coord_most[1] -
           coord_most[0]),coord_most[2] - 0.1 * (coord_most[3] - coord_most[2]), coord_most[3] + 0.1 * (coord_most[3]
           - coord_most[2]))    # 定义 x、y 轴范围

# 四、开始进行拓扑优化计算
# 初始化计算参数
P = [0, -1000]                 # 荷载列表
EleNode = EleNode_0            # 设计区域单元节点坐标列表
Area_0 = getArea(EleNode_0)    # 初始化设计区域面积
Volfrac = 1                    # 初始化设计区域面积率
Volfrac_0 = 0.5                # 目标面积率
RR = 0.01                      # 初始化删除率
ER = 0.005                     # 初始化进化率
Iter = 1                       # 初始化迭代次数

# 开始迭代，拓扑优化结构
while Volfrac > Volfrac_0:
    #计算单元应力
    NodeList = getNodeList(EleNode)                          #更新节点坐标列表
    LoadNodeidx = getLoadNodeidx(NodeList, LoadNode)         #更新加载点节点索引列表
    ConstrainedNodeidx = getConstrainedNodeidx(NodeList, ConstrainedNode)    #更新被约束节点索引列表
    EleStress = getStress_Node(NodeList, EleNode, ConstrainedNodeidx, LoadNodeidx, P)    #更新单元应力列表
    print(f"********  第{Iter}次迭代  ********")
    print(f"面积率 = {Volfrac}")
    print(f"约束点编号 = {ConstrainedNodeidx}")
    print(f"删除率 RR = {RR}")
    print(f"单元数量 = {len(EleStress)}")
    print(f"单元最大应力 = {max(EleStress)}")
    glutDisplayFunc(draw_S)       # 调用绘图函数进行绘图
    glutPostRedisplay()           # 刷新显示
    glutMainLoopEvent()           # 处理待处理的事件队列

    # 删除单元
    # 删除低应力单元
    LowStressEle = getLowStressEle(EleStress, RR)            # 获取低应力单元索引列表
    EleNode = remove_elements(EleNode, LowStressEle)         # 删除低应力单元，更新单元节点坐标列表
    if len(LowStressEle) == 0:                               #判断是否调整删除率
        RR = RR + ER
    # 删除孤立单元
    isolatedEle = getIsolatedEle(EleNode)                    # 获取孤立单元索引列表
    EleNode = remove_elements(EleNode, isolatedEle)          # 删除低应力单元，更新单元节点坐标列表
    print(f"孤立单元列表 = {isolatedEle}")
    print(f"删除单元数量 = {len(LowStressEle) + len(isolatedEle)}")

    # 更新面积率
    Area = getArea(EleNode)              #更新单元总面积
    Volfrac = float(Area / Area_0)       #计算面积率
    Iter = Iter + 1                      #更新迭代次数
glutMainLoop()    # 创建窗口，循环回调函数，防止迭代完成后窗口关闭
```

15.3.3 算例一分析结果

算例一铰支梁的进化过程如图 15.3-2 所示。

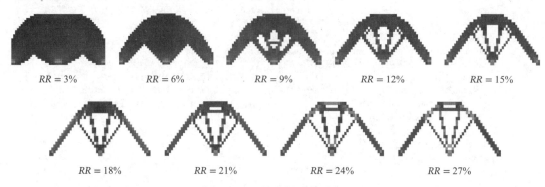

图 15.3-2　铰支梁进化过程

15.3.4　算例二问题描述

算例二结构初始设计区域如图 15.3-3 所示，结构处于平面应力状态，结构为左侧固接的深悬臂梁，尺寸为：1m（宽）× 2.4m（长），弹性模量 $E = 200\text{GPa}$，泊松比 $\nu = 0.3$，竖向荷载 $F = 1000\text{N}$。有限元分析采用的是 4 节点线性单元，初始删除率和进化率分别是 $RR_0 = 1\%$ 和 $ER = 0.5\%$。算例二代码除了建模信息文件与算例一不同，其余部分代码均一致，因此不再详述算例二计算代码。

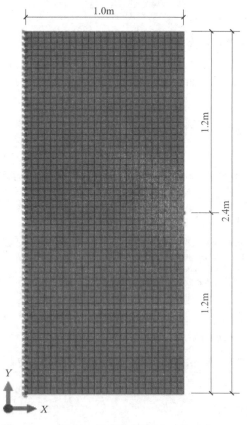

图 15.3-3　算例二结构初始设计区域示意

15.3.5 算例二分析结果

算例二悬臂深梁的进化过程如图 15.3-4 所示。

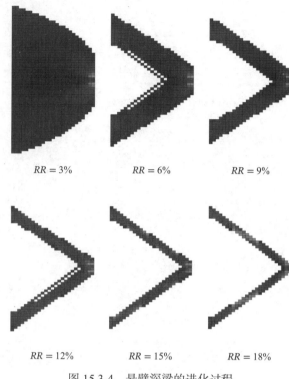

图 15.3-4　悬臂深梁的进化过程

第五部分

Python 编程基础

◆ 第16章 Python 编程基础

Python

有限单元法 Python 编程

第 16 章

Python 编程基础

16.1 前言

Python 是一种计算机程序设计语言，其创始人为 Guido van Rossum，首次公开发行于 1991 年。作为一种高级编程语言，Python 简单易学，其功能却十分强大，在 web 开发、人工智能、网络爬虫、数据分析、游戏开发等领域应用广泛，是当下最为流行的编程语言之一。Python 具有以下主要特点：

解释型语言：Python 是一种解释型高级语言，不需要执行编译过程，程序执行时直接由解释逐句转换为机器可执行的代码。

面向对象：Python 既支持面向过程的编程，也支持面向对象的编程，在面向对象的编程中，程序由数据和功能组合而成的对象构建起来。

可扩展性：Python 具有高可扩展性，许多用 C 或 C++语言编写的方法，可以在 Python 中进行调用。

丰富的库：库是具有一定功能的代码集合，是 Python 的一大特色。在 Python 中，库是模块（module）和包（package）的形式，模块是处理某一类问题的代码集合，由函数和类组成；包是由一系列模块组成的集合。Python 具有十分丰富的第三方库，能够帮助处理各种工作。

免费开源：Python 是开源的，可以在官方网站上免费获得，任何人都可以使用、修改和分发。

可移植性：Python 具有良好的可移植性，Python 应用程序不仅可以运行在 Windows、MACOS、Linux 三大平台上，甚至可以在移动设备和便携式设备上运行。对于需要构建跨平台运行程序的开发者来说，Python 是一个好的选择。

代码规范：Python 采用强制缩进的代码编写方式，使得代码具有良好的可读性。

16.2 开发环境配置

使用 Python 进行编程之前，需要检查是否安装了 Python。以 Windows 系统为例，首先在开始菜单中输入"cmd"打开命令提示符,在命令提示符窗口中输入"python"并回车,如果出现了 Python 提示符,说明系统已安装了 Python,如果无相关信息,如图 16.2-1 所示,则需要安装 Python。

图 16.2-1　命令提示符窗口

16.2.1　Python 官方下载安装包安装

Python 安装十分简单,打开 Python 官网(https://www.python.org),进入"Downloads"-"Windows"菜单,可以看到各种版本的 Python。根据需要下载相应版本(如 python-3.11.0-amd64.exe),下载完成后,直接双击安装。安装过程如图 16.2-2 所示。

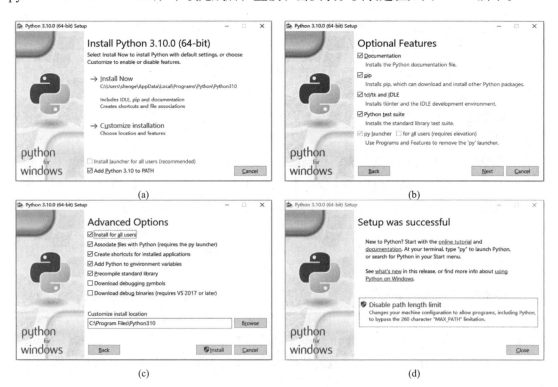

图 16.2-2　Python 安装过程

安装完成后进入命令提示符输入"python"并回车,此时可以看到 Python 安装成功后的相关信息,如图 16.2-3 所示。

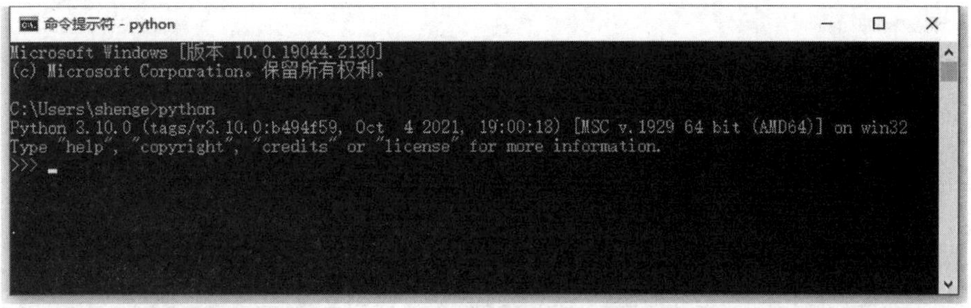

图 16.2-3

输入简单的代码即可执行，如图 16.2-4 所示。

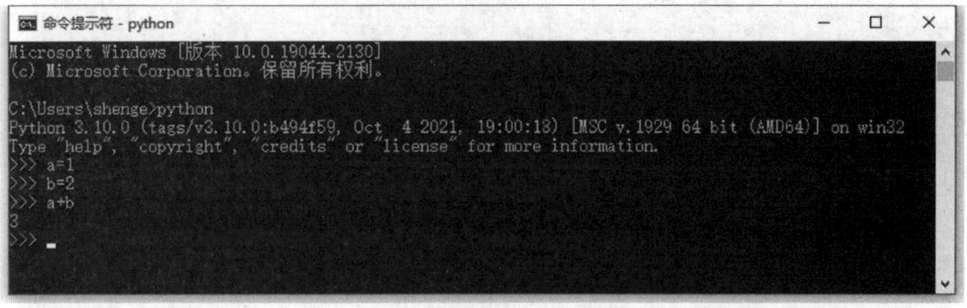

图 16.2-4

Python 可以直接进行一些基本运算，但诸如开方、求阶乘等较复杂的运算或其他功能，则需要导入相应的库来实现。Python 本身自带了一些标准库，可以直接导入使用，比如上述的求开方，导入标准库 math 即可实现，如图 16.2-5 所示。

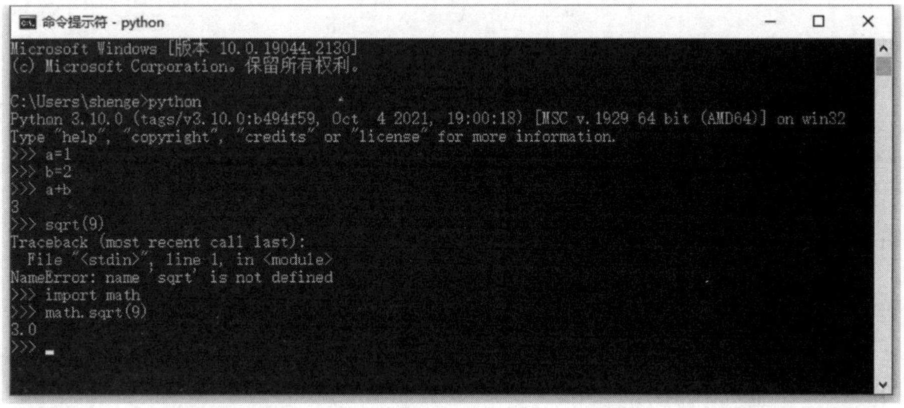

图 16.2-5

除了自带的标准库以外，Python 具有十分丰富的第三方库，比如用于科学计算的 NumPy、用于绘图的 Matplotlib 等一系列工具包（package），需要用 Python 包管理工具来导入这些工具包才能使用。Python 包管理工具（简称 PIP）可以对 Python 包进行安装、下载、卸载等操作，以 NumPy 库为例，需要在命令提示符窗口输入"pip install numpy"回车，下载和安装 numpy 包，提示成功安装后，即可使用 numpy 包中的相关函数，如图 16.2-6 所示。

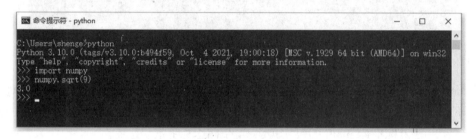

(a) 未安装 numpy 导入失败

(b) 命令提示符安装 numpy 包

(c) 导入 numpy 包并应用

图 16.2-6　导入第三方库

16.2.2　基于 Anaconda 的 Python 环境安装

Anaconda 是一个开源的 Python 发行版本，它将 Python 和许多常用的工具包（package）打包直接来使用，免去了人工安装 Python 包的过程。Anaconda 可直接在官网下载安装（https://anaconda.org.cn/），安装过程如图 16.2-7 所示。

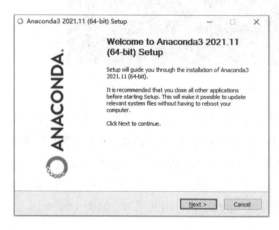
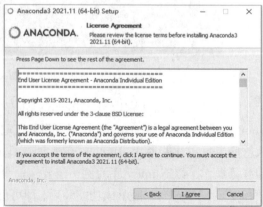

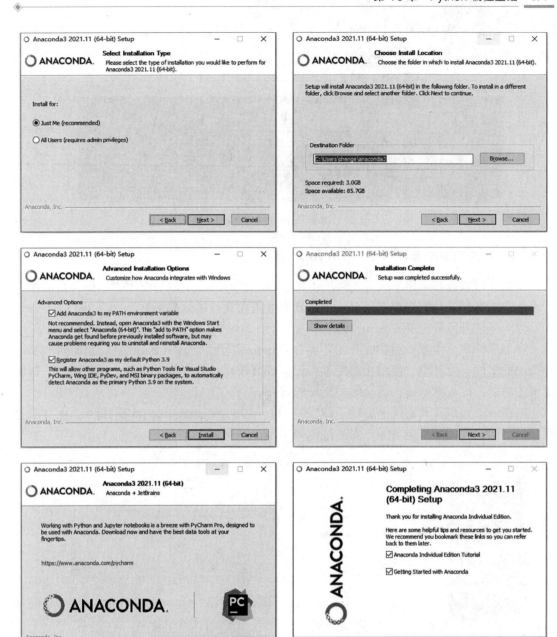

图 16.2-7　Anaconda 安装过程

Anaconda 安装完成后，可在开始菜单看到相关目录，其中 Anaconda Prompt 类似电脑的命令提示符窗口，可在里面输入代码进行相关操作，以计算 9 的平方根为例，操作如下：打开 Anaconda Prompt 窗口，输入"python"回车，输入"import numpy"导入 numpy 包，输入"numpy.sqrt(9)"回车，窗口中给出 9 的开方结果 3.0，上述操作过程如图 16.2-8 所示。可以看到，安装完 Anaconda 后，可直接在 Anaconda Prompt 中导入 numpy 包，而不用再通过 pip install numpy 来安装它。注意这里的 Python 版本是 3.9.7，而不是上面安装的 3.10.0，因为 Anaconda 是一个开源的 Python 发行版本，本身就是包含 Python 的，上面安装的 Anaconda 对应的 Python 版本就是 3.9.7。

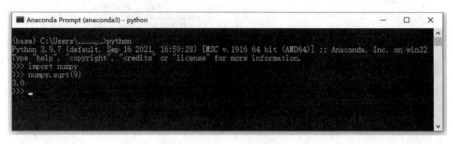

图 16.2-8 命令提示符窗口

16.2.3 PyCharm 配置 Anaconda 环境

我们还可以选择采用集成开发环境（IDE）进行 Python 学习与应用，选择合适的集成开发环境，有利于我们快速上手 Python，提高学习与工作的效率。

（1）集成开发环境 PyCharm

本书后续章节主要采用集成开发环境 PyCharm 编写代码。PyCharm 是一款面向 Python 的全功能集成开发环境，使用相对简单，但集成度较高，具有项目管理、代码高亮、智能提示等功能，编程效率高，适合编写复杂的程序。

PyCharm 可以在其官网上直接下载安装（https://www.jetbrains.com/pycharm/），分专业版和社区版，社区版是免费的。安装过程如图 16.2-9 所示。

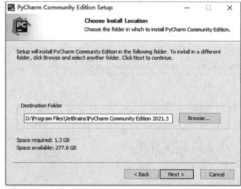
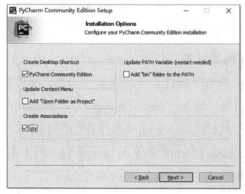

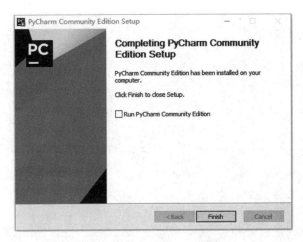

图 16.2-9 PyCharm 安装过程

启动 PyCharm，见图 16.2-10。

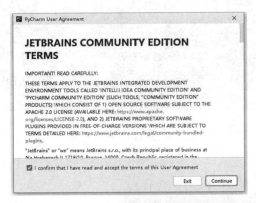

图 16.2-10 启动 PyCharm

下面通过一个简单的例子介绍在 PyCharm 中新建项目并进行环境配置的完整过程。

首先进入 File-New Projects 菜单，新建一个项目，项目名称改为 Test1，其余暂按默认，如图 16.2-11 所示。

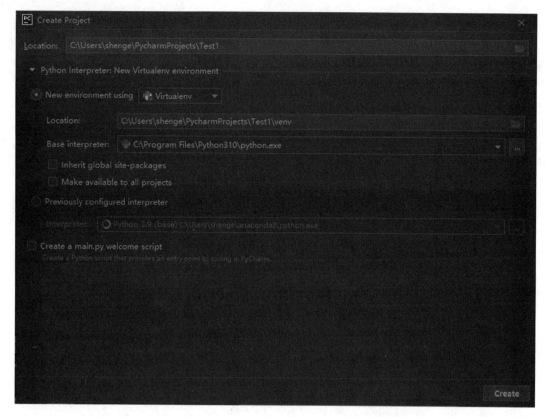

图 16.2-11

右击左侧 Project 树形菜单下的项目名称，依次点击 New-Python File，新建一个 Python 文件，命名为 test1，回车打开 test1.py 文件。如图 16.2-12 所示。

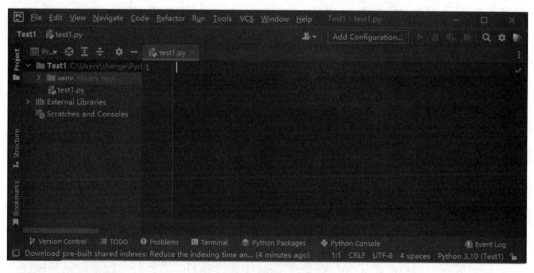

图 16.2-12

在文本窗口中输入如图 16.2-13 所示代码。

```
a = 1
b = 2
c = a + b
print(c)
```

图 16.2-13

点击 Run-Run 菜单运行文件，可以看到界面下方输出了 c 的结果，如图 16.2-14 所示。

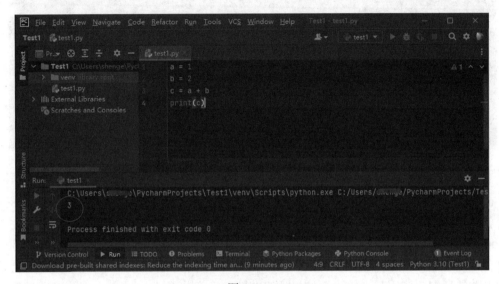

图 16.2-14

但当我们输入代码 sqrt(9)时，代码无法正常运行，并提示 sqrt 没有定义（图 16.2-15）。即便导入 import numpy 包，也无法运行，并提示没有 numpy 模块，这是因为 PyCharm 中没有安装 numpy 包（图 16.2-16）。

图 16.2-15

图 16.2-16

在 PyCharm 的 File-Settings 菜单下查看项目的配置情况，打开左侧树形菜单"Project: 项目名称"下的 Python Interpreter，可以看到右侧的 Python Interpreter 默认是上面安装的 Python 3.10.0，右侧的 package 栏中列出了当前环境配置下所安装的工具包。可以看到里面并没有计算所需的 numpy 包。通过点击"+"可以搜索和安装新的工具包，但可能会遇到下载失败的情况，使用起来较为不便。既然上面已经安装好 Anaconda，则可以通过配置将工具包集合 Anaconda 集成到 PyCharm 中（图 16.2-17）。

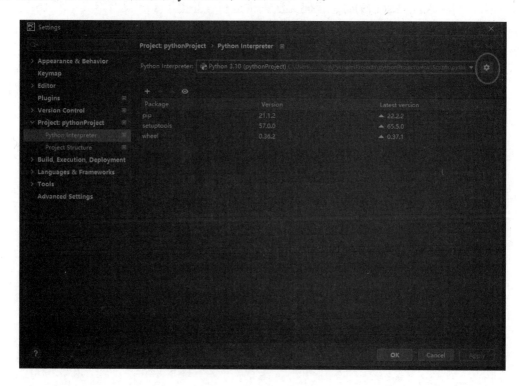

第 16 章　Python 编程基础　203

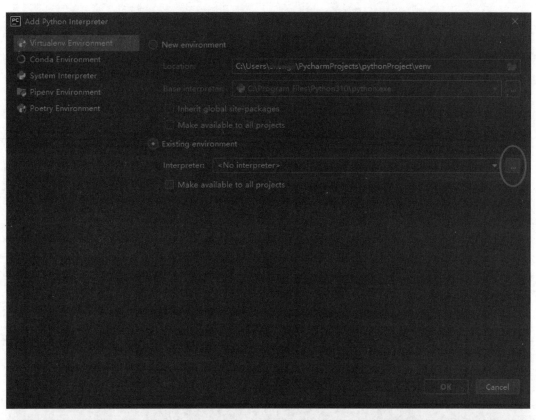

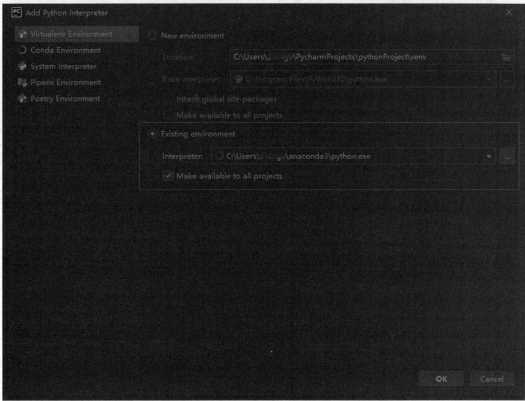

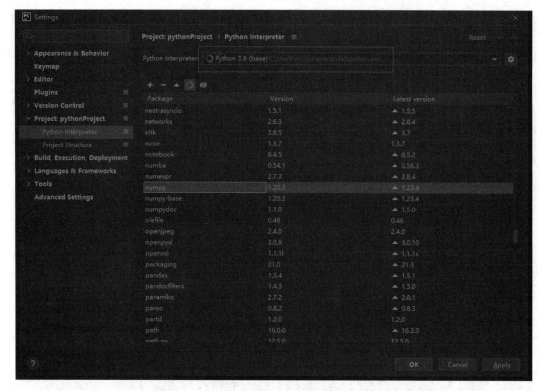

图 16.2-17

这样就完成了在 PyCharm 中集成 Anaconda 的过程，在 PyCharm 中编写代码时就可以直接导入 Anaconda 中的各种工具包了（图 16.2-18）。

图 16.2-18

（2）其他集成开发环境

Python 自带了一个通用类型的 IDE——IDLE，在开始菜单的 Python 安装目录下可以找到并打开。IDLE 适用于 Python 入门，功能简单，适用于代码较少的小型程序。图 16.2-19 是 IDLE 的一个简单应用。

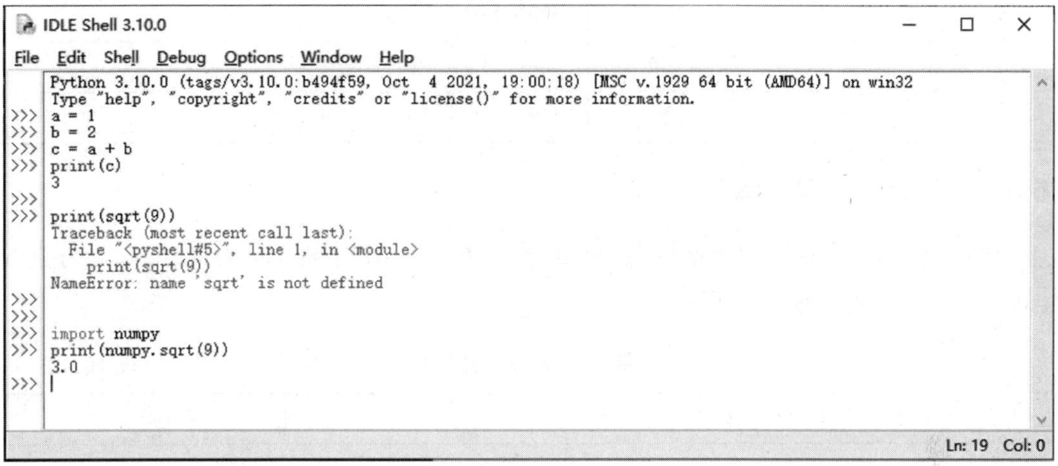

图 16.2-19

16.3 Python 语法基础

16.3.1 Python 数据类型

Python 中有六个标准的数据类型：

（1）Number（数字）：int（整型），long（长整型），complex（复数），float（浮点型），bool（布尔型）；

（2）String（字符串）：'123', 'abc'；

（3）List（列表）：[1, 2, 1, 2]，[1, 2, [1, 2]]

（4）Tuple（元组）：(1, 2, 1, 2)，(1, 2, (1, 2))

（5）Dictionary（字典）：{1:'a', 2:'b'}

其中不可修改的数据类型有数字、字符串、元组三种，可以修改的有列表和字典两种。

16.3.2 Number（数字）

数字常用的计算符号以及意义详见表 16.3-1。

数字常用运算符号及意义　　　　　　　　　表 16.3-1

序号	运算符号	文字注释	案例
1	+	加	代码：1+1　输出：2
2	−	减	代码：1-1　输出：0
3	*	乘	代码：1*2　输出：2

续表

序号	运算符号	文字注释	案例
4	/	除	代码：2/1　输出：2
5	//	整除	代码：11//2　输出：2
6	%	取余数	代码：11%2　输出：1
7	**	乘方	代码：2**3　输出：8，即2*2*2

16.3.3　String（字符串）

Python 中内置大量实用的字符串操作的函数和方法，如字符串的替换、删除、分割等，表 16.3-2 列举了常用的函数和方法。

字符串常用操作的函数和方法　　　　表 16.3-2

序号	操作名称	案例
1	按索引访问	s='abcdefg' print(s[0])　输出：a print(s[-1])　输出：g
2	切片	s='abcdefg' print(s[0:2])　输出：ab print(s[-3:-1])　输出：fg print(s[:3])　输出：abc
3	跳取	s='abcdefg' print(s[0:6:2])　输出：ace print(s[6:0:-2])　输出：gec
4	首字母大写	s='abc' print(s.capitalize())　输出：Abc
5	全部大写	s='abc' print(s.upper())　输出：ABC
6	全部小写	s='aBC' print(s.lower())　输出：abc
7	大小写互换	s='aBC' print(s.swapcase())　输出：Abc
8	删除字符串空格或字符	s='%ab%　' print(s.strip())　输出：%ab% print(s.strip('%'))　输出：ab%
9	计算字符串中某字符/字符串的个数	s='aabcdefg' print(s.count('a'))　输出：2
10	分割字符串	s='ab cd ef g' print(s.split(' '))　输出：['ab', 'cd', 'ef', 'g']
11	替换字符串	s='aabcdefg' print(s.replace('a','A'))　输出：AAbcdefg

16.3.4　List（列表）

列表由一系列按特定顺序排列的元素组成，这些元素可以是字符串、数字、字符或者是列表（列表嵌套）。列表中每个元素都有其特定序列，即它的索引。从左到右，列表的第一个索引是 0，第二个是 1，以此类推。从右向左，第一个为-1，第二个为-2，以此类推。

列表常用的操作和方法详见表 16.3-3。

列表常用操作和方法　　　　　表 16.3-3

序号	操作名称	案例
1	按索引访问	s=[1, 2, 3, 4, 5] print(s[0]) 输出：1 print(s[-1]) 输出：5
2	切片	s=[1, 2, 3, 4, 5] print(s[0:2]) 输出：[1, 2] print(s[2:-1]) 输出：[3, 4]
3	计算列表元素个数	s=[1, 2, 3, 4, 5] print(len(s)) 输出：5
4	判断元素是否存在于列表中	s=[1, 2, 3, 4, 5] print(1 in s) 输出：True print(6 in s) 输出：False
5	拼接列表	print([1, 2, 3] + [4, 5, 6]) 输出：[1, 2, 3, 4, 5, 6]
6	重复列表	print([1, 2] * 2) 输出：[1, 2, 1, 2]
7	获取列表中元素的最大值与最小值	s=[1, 2, 3, 4, 5] print(max(s)) 输出：5 print(min(s)) 输出：1
8	统计元素在列表中出现的次数	s=[1, 2, 2, 3, 4, 5] print(s.count(2)) 输出：2 print(s.count(3)) 输出：1
9	查找列表指定值第一次出现的索引	s=[1, 2, 2, 3, 4, 5] print(s.index(2)) 输出：1 print(s.index(3)) 输出：3
10	逆向排序列表元素	s=[1, 2, 3, 4, 5] s.reverse() print(s) 输出：[5, 4, 3, 2, 1]
11	将某对象插入列表指定对象	s=[1, 2, 3, 4, 5] s.insert(2, 'a') print(s) 输出：[1, 2, 'a', 3, 4, 5]
12	在列表尾添加单个新的元素	s=[1, 2, 3, 4, 5] s.append(6) print(s) 输出：[1, 2, 3, 4, 5, 6]
13	在列表尾添加多个新的元素	s=[1, 2, 3, 4, 5] s.extend([6, 7]) print(s) 输出：[1, 2, 3, 4, 5, 6, 7]
14	删除列表中指定索引的元素	s=[1, 2, 3, 4, 5] del s[2] print(s) 输出：[1, 2, 4, 5]
15	删除列表中某个值的第一个匹配项	s=[1, 2, 'a', 4, 5] s.remove('a') print(s) 输出：[1, 2, 4, 5]
16	列表排序	s=[1, 3, 2, 5, 4] s.sort() print(s) 输出：[1, 2, 3, 4, 5]

16.3.5　Tuple（元组）

元组的操作和方法类似于列表，但是元组不可修改。元组常用的操作和方法见

表 16.3-4。

元组常用操作和方法　　　　　　　　　　　　　　　表 16.3-4

序号	操作名称	案例
1	按索引访问	s=(1, 2, 3, 4, 5) print(s[0]) 输出：1 print(s[-1]) 输出：5
2	切片	s=(1, 2, 3, 4, 5) print(s[0:2]) 输出：(1, 2) print(s[2:-1]) 输出：(3, 4)
3	计算元组元素个数	s=(1, 2, 3, 4, 5) print(len(s)) 输出：5
4	判断元素是否存在于元组中	s=(1, 2, 3, 4, 5) print(1 in s) 输出：True print(6 in s) 输出：False
5	拼接元组	print((1, 2, 3) + (4, 5, 6)) 输出：(1, 2, 3, 4, 5, 6)
6	重复元组	print((1, 2) * 2) 输出：(1, 2, 1, 2)
7	获取元组中元素的最大值与最小值	s=(1, 2, 3, 4, 5) print(max(s)) 输出：5 print(min(s)) 输出：1
8	统计元素在元组中出现的次数	s=(1, 2, 2, 3, 4, 5) print(s.count(2)) 输出：2 print(s.count(3)) 输出：1

16.3.6　Dictionary（字典）

字典是一系列键值对，每一个键都与一个值对应，可以通过键来访问相关的值。值可以是数字、字符串、列表或字典。字典常用操作和方法详见表 16.3-5。

字典常用操作和方法　　　　　　　　　　　　　　　表 16.3-5

序号	操作名称	案例
1	按 key 访问	s={'a':1, 'b':2, 'c':3} print(s['a']) 输出：1
2	添加键值对	s={'a':1, 'b':2, 'c':3} s['d'] = 4 print(s) 输出：s={'a':1, 'b':2, 'c':3, 'd':4}
3	修改字典中的值	s={'a':1, 'b':2, 'c':3} s['a'] = 4 print(s) 输出：s={'a':4, 'b':2, 'c':3}
4	删除键值对	s={'a':1, 'b':2, 'c':3} del s['a'] print(s) 输出：s={'b':2, 'c':3}
5	个数典元素	s={'a':1, 'b':2, 'c':3} print(len(s)) 输出：3
6	以列表形式返回可遍历（键，值）元组数组	s={'a':1, 'b':2, 'c':3} print(s.items()) 输出：dict_items([('a', 1), ('b', 2), ('c', 3)])
7	以列表形式返回一个字典中所有的键	s={'a':1, 'b':2, 'c':3} print(s.keys()) 输出：dict_keys(['a', 'b', 'c'])
8	以列表形式返回一个字典中所有的值	s={'a':1, 'b':2, 'c':3} print(s.values()) 输出：dict_values([1, 2, 3])

16.3.7 数据类型转换

Python 存在一些内置函数，能将不同类型的数据类型进行转换。表 16.3-6 列举了这些常用的数据类型转换函数以及使用案例。

常用数据类型转换函数　　　　表 16.3-6

序号	操作名称	案例
1	转换为整数	s=1.05 print(int(s)) 输出：1
2	转换为浮点数	s=1 print(float(s)) 输出：1.0
3	转换为字符串	s=1 print(str(s)) 输出：'1'
4	转换为元组	s1='123' s2=[1, 2, 3] print(tuple(s1)) 输出：('1', '2', '3') print(tuple(s2)) 输出：(1, 2, 3)
5	计算绝对值	s=-1 print(abs(s)) 输出：1
6	计算浮点数四舍五入值 round(x, n)如给出 n 值，则代表舍入到小数点后的位数	s=1.75 print(round(s)) 输出：2 print(round(s,1)) 输出：1.8

16.3.8 控制语句

常用控制语句见表 16.3-7。

常用控制语句　　　　表 16.3-7

序号	控制语句名称	案例
1	if 语句	s=10 if s < 20: 　　print(s) 输出：10

2	if-else 语句	s=25
		if s < 20:
		　　print(s)
		else:
		　　print('s 大于 20')
		输出：'s 大于 20'

3	if-elif-else 语句
	（该语句只执行一个代码块；如果要执行多个代码块，需使用一系列独立的 if 语句）
		s=25
		if s < 20:
		　　print('s 小于 20')
		elif s < 30:
		　　print('s 小于 30')
		else:
		　　print('s 大于等于 30')
		输出：'s 小于 30'

4	while 循环语句	s=1 while s < 5: 　　s = s + 1 print(s) 输出：5（即 1+1+1+1+1=5）

序号	控制语句名称	案例

5	break 语句
	（语句可用于 while 和 for 循环，用于结束整个循环。当有嵌套时，break 语句只能跳出最近一层的循环）
		s=1
		while True:
		　if s > 3:
		　　print(s)
		　　break
		　else:
		　　s = s + 1
		输出：4

6	continue 语句 （用于结束本次循环继续下一次，嵌套的时候也是应用于最近的一次循环）	s=1 while s < 3: 　s = s + 1 　continue print(s) 输出：3

16.3.9　自定义函数

Python 中可以将常用的代码以固定的格式封装（包装）成一个独立的模块，这个模块称为函数（Function）。函数的本质就是一段有特定功能、可以重复使用的代码，在后续编写程序过程中，如果需要同样的功能，直接调用这段代码即可。下面以一段代码说明自定义函数的使用。定义函数，也就是创建一个函数，可以理解为创建一个具有某些用途的工具。定义函数需要用 def 关键字实现，语法格式如下：

```
def 函数名(参数列表):
    //实现特定功能的多行代码
    return [返回值]
```

其中，用[]括起来的为可选择部分，即可以使用，也可以省略。

此格式中，各部分参数的含义如下：

函数名：其实就是一个符合 Python 语法的标识符，函数名最好能够体现出该函数的功能。

形参列表：设置该函数可以接收多少个参数，多个参数之间用逗号（,）分隔。

[return [返回值]]：整体作为函数的可选参数，用于设置该函数的返回值。也就是说，一个函数，可以用返回值，也可以没有返回值，根据实际情况而定。下面以一个案例说明函数的定义以及引用：

```
def test(x, y, z):
    x1,y1,z1 = 1*x,2*y,3*z
    return x1,y1,z1
print(test(1, 2, 3))
输出：(1,4,9)
```

其中，"test"为函数名；x，y，z 为函数形参；1，2，3 为调用函数时的实参；(1,4,9)是将实参代入函数中实现计算功能的代码，计算后返回的结果。

16.3.10　类（Class）

16.3.10.1　创建并使用类

使用类几乎可以用来描述任何东西，比如车、花、狗等。下面编写一个表示车的类来说明 Python 中类的应用。对于如何形容一辆车，它有很多不同的特征。如商标，有：奔驰、宝马、法拉利、丰田、本田等；如车龄，1年、2年、3年等。车还有其他很多信息。我们可以创建一个车的类，然后定义类中各种描述车特征的函数（类中称为方法）。然后通过实例类来表示某辆特定车的实例。

首先创建一个Car类，描述车商标和车龄两个特征：

```
class Car:
    def __init__(self,name,year):
        '''初始化 brand 和 age'''
        self.name = name
        self.year= year
    def brand(self):
        '''描述车的商标'''
        print(f'This car is a {self.name}.')
    def age(self):
        '''描述车的车龄'''
        print(f'This car has been used for {self.year} years.')
my_car = Car('Benz',2)
print(f'My car is a {my_car.name}.')
my_car.age()
输出：
My car is a Benz.
This car has been used for 2 years.
```

这段代码中：（1）Car为类名，根据Python约定，首字母大写的名称为类名称。（2）_init_()是一个比较特殊的方法。每次根据Car类创建实例时，程序都会先自动运行它。该方法左右两侧均有一个下划线，用来表示和普通方法的区别。如果缺漏这两个下划线，则会导致使用该类创建实例时，程序将不会自动调用这个方法，从而导致发生错误。方法_init_()中存在三个形参，分别为self、brand、age，其中self是必须存在的，并且需要位于其他形参之前。创建Car实例时，程序会自动传入实参self，只需给其余形参brand和age提供值。（3）变量self.brand和self.age都带有前缀self，带有self前缀的变量可以用于类中的所有方法。（4）my_car为使用实参'Benz'和2创建的实例；my_car.name为通过句点表示法来访问my_car的属性name；my_car.age()为通过句点表示法来应用my_car实例中的方法age()。

16.3.10.2　继承类

Python在编写一个类（子类）时允许从另外一个类（父类）中继承相应的属性和方法，即类的继承。父类是继承的类，也称为基类，子类是从另一个类继承的类，也称为派生类。下面以几个案例说明类的继承。

案例1（继承类，不添加新的方法和属性）：

```
class ElectricCar(Car):
    pass
my_car = ElectricCar('Audi',2)
my_car.brand()
输出： This car is a Audi.
```

上述代码中：（1）创建了一个名为ElectricCar的子类，它的属性和方法全部继承于父类Car。（2）关键词pass表示不向子类ElectricCar添加任何新的属性和方法。

案例2（继承类，添加新的方法和属性）：

```
class ElectricCar(Car):
    def __init__(self,name,year):
        //添加新的属性等
```

上述代码中：子类中添加了__init__()函数，子类将不再继承父类的__init__()函数，子类的__init__()函数会覆盖对父类的__init__()函数的继承。如需保持父类的__init__()函数的继承，需添加对父类的__init__()函数的调用，如以下代码：

```
class ElectricCar(Car):
    def __init__(self,name,year):
        Car.__init__(self,name,year):
        //添加新的属性等
```

上述代码在子类中添加了__init__()函数，并保留了父类的继承，可以在新的子类中添加新的方法和属性。

Python 还有一个 super()函数，它会使子类从其父类继承所有方法和属性，通过使用 super()函数，不必使用父类的名称，它将自动从其父类继承方法和属性。如以下代码：

```
class ElectricCar(Car):
    def __init__(self,name,year):
        super().__init__(name,year):
        //添加新的属性等
```

16.4 NumPy 基础

16.4.1 NumPy 简介

NumPy 是一个功能强大的 Python 库，主要用于对多维数组执行计算，是一个数组计算、矩阵运算和科学计算的核心库。NumPy 提供了大量的库函数和操作，可以轻松地进行数值计算。这类数值计算广泛用于以下任务：

机器学习模型：在编写机器学习算法时，需要对矩阵进行各种数值计算。例如矩阵乘法、换位、加法等。NumPy 提供了一个非常好的库，用于简单（在编写代码方面）和快速（在速度方面）计算。NumPy 数组用于存储训练数据和机器学习模型的参数。

图像处理和计算机图形学：计算机中的图像表示为多维数字数组。NumPy 成为同样情况下最自然的选择。实际上，NumPy 提供了一些优秀的库函数来快速处理图像。例如，镜像图像、按特定角度旋转图像等。

数学任务：NumPy 对于执行各种数学任务非常有用，如数值积分、微分、内插、外推等。因此，当涉及数学任务时，它形成了一种基于 Python 的 MATLAB 的快速替代。

NumPy 是一个功能强大的 Python 库，由于篇幅有限，本章仅对本书出现的 NumPy 操作进行介绍。

16.4.2 安装 NumPy

16.4.2.1 通过 PyCharm 安装

打开运行 PyCharm，点击"文件"<"设置"菜单项，选择"Python 解释器"选项，然后单击"+"选项，如图 16.4-1 所示。

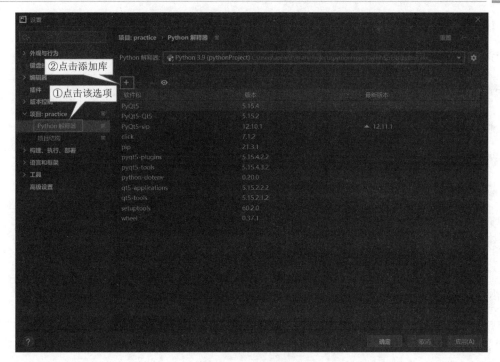

图 16.4-1　设置窗口

在打开的"可用软件包"窗口中的搜索文本框输入需要添加的库名"numpy",然后在列表中选择需要安装的 NumPy 模块,最后单击"安装软件包"进行安装,如图 16.4-2 所示。

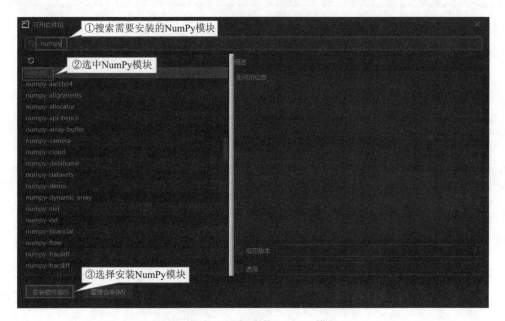

图 16.4-2　选择安装 NumPy 模块

16.4.2.2　通过 pip 安装

打开 cmd,在命令提示符后输入安装命令:"pip install numpy"。

16.4.3 创建数组

案例 1：zeros(shape)创建一个用指定形状用 0 填充的数组。

```
import numpy as np
n1 = np.zeros((2, 3))
print(n1)
输出：
[[0. 0. 0.]
 [0. 0. 0.]]
```

案例 2：arange()创建具有有规律递增值的数组。

```
import numpy as np
n1 = np.arange(10)
n2 = np.arange(2, 10, dtype=np.float)
print(n1)
print(n2)
输出：
[0 1 2 3 4 5 6 7 8 9]
[2. 3. 4. 5. 6. 7. 8. 9.]
```

案例 3：linspace()：创建具有指定数量元素的数组。

```
import numpy as np
n1 = np.linspace(1., 4., 6)
print(n1)
输出：
[1.  1.6 2.2 2.8 3.4 4. ]
```

16.4.4 数组的索引和切片

案例 1：一维数组的索引和切片

```
import numpy as np
n1 = np.arange(10)
print(n1[2])
print(n1[2:5])
print(n1[2:8:2])
print(n1[[2,3,2]])

输出：
2
[2 3 4]
[2 4 6]
[2 3 2]
```

案例 2：多维数组的索引和切片

```
import numpy as np
n1 = np.arange(20).reshape(4,5)
print(n1[1][1])
print(n1[np.array([0,1,2])])
print(n1[np.array([0,1,2]),np.array([0,1,2])]),
输出：
6
[[ 0  1  2  3  4]
```

```
[5  6  7  8  9]
[10 11 12 13 14]]
[ 0  6 12]
```

16.4.5 数组的修改

案例 1：数组的重塑

```
import numpy as np
n1 = np.array([[1,2,3],
               [4,5,6]])
n2 = n1.ravel()          #将二维数组转成一维数组
n3 = n1.reshape(3,2)     #将数组形状由 2×3 改为 3×2
print(n2)
print(n3)
输出：
 [1 2 3 4 5 6]
 [[1 2]
  [3 4]
  [5 6]]
```

案例 2：数组增加数据

```
import numpy as np
n1 = np.array([[1,2,3],
               [4,5,6]])
n2 = np.array([[7,8,9],
               [10,11,12]])
print(np.hstack((n1,n2)))   #水平方向增加数据
print(np.vstack((n1,n2)))   #垂直方向增加数据
输出：
[[ 1  2  3  7  8  9]
 [ 4  5  6 10 11 12]]
[[ 1  2  3]
 [ 4  5  6]
 [ 7  8  9]
 [10 11 12]]
```

案例 3：数组删除数据

```
import numpy as np
n1 = np.array([[1,2,3],
               [4,5,6],
               [7,8,9]])
n2 = np.delete(n1,1,axis = 0)       #删除第 2 行
n3 = np.delete(n1,1,axis = 1)       #删除第 2 列
n4 = np.delete(n1,(1,2),axis = 0)   #删除第 2 行和第 3 行
print(n2)
print(n3)
print(n4)
输出：
[[1 2 3]
 [7 8 9]]
[[1 3]
 [4 6]
 [7 9]]
[[1 2 3]]
```

案例 4：数组的修改

```
import numpy as np
n1 = np.array([[1,2,3],
               [4,5,6],
               [7,8,9]])
n1[1] = [10,20,30]
n1[2][2] = 100
print(n1)
输出：
[[  1   2   3]
 [ 10  20  30]
 [  7   8 100]]
```

16.4.6 数组的运算

案例 1：矩阵相乘

```
import numpy as np
n1 = np.array([[1,2,3],
               [4,5,6],
               [7,8,9]])
n2 = np.array([1,2,3])
n3 = n1@n2
print(n3)
输出：
[14 32 50]
```

案例 2：数组元素相乘

```
import numpy as np
n1 = np.array([[1,2,3],
               [4,5,6],
               [7,8,9]])
n2 = np.array([1,2,3])
n3 = n1*n2
print(n3)
输出：
[[ 1  4  9]
 [ 4 10 18]
 [ 7 16 27]]
```

案例 3：数组元素除法

```
import numpy as np
n1 = np.array([[1,2,3],
               [4,5,6],
               [7,8,9]])
n2 = np.array([1,2,3])
n3 = n1/n2
print(n3)
输出：
[[1.  1.  1. ]
 [4.  2.5 2. ]
 [7.  4.  3. ]]
```

案例 4：数组转换为向量

```
import numpy as np
n1 = np.array([[1,2,3],
               [4,5,6],
               [7,8,9]])
n1 = n1.flatten()
print(n1)
输出：
[1 2 3 4 5 6 7 8 9]
```

案例 5：方阵的逆

```
import numpy as np
n1 = np.array([[1,2,3],
               [4,5,6],
               [1,4,6]])
n2 = np.linalg.inv(n1)
print(n2)
输出：
[[ 2.00000000e+00   2.22044605e-16 -1.00000000e+00]
 [-6.00000000e+00   1.00000000e+00  2.00000000e+00]
 [ 3.66666667e+00 -6.66666667e-01 -1.00000000e+00]]
```

案例 6：二维数组的秩

```
import numpy as np
n1 = np.array([[1,2,3],
               [4,5,6],
               [1,4,6]])
n2 = np.linalg.matrix_rank(n1)
print(n2)
输出：
3
```

案例 7：数组的转置

```
import numpy as np
n1 = np.array([[1,2,3],
               [4,5,6],
               [7,8,9]])
n2 = n1.T
print(n2)
输出：
[[1 4 7]
 [2 5 8]
 [3 6 9]]
```

16.5 Matplotlib 基础

16.5.1 Matplotlib 简介

Matplotlib 是 Python 中最受欢迎的数据可视化软件包之一，支持跨平台运行，它是 Python 常用的 2D 绘图库，同时它也提供了一部分 3D 绘图接口。Matplotlib 可以画散点图、曲线图、热力云图等多种图形，通常与 NumPy、Pandas 一起使用，是数据分析中不可或缺的重要工具之一。

Matplotlib 是一个功能强大的 Python 绘图库，由于篇幅有限，本章仅对本书出现的图表以及几个常用的图表类型进行介绍。

16.5.2 安装 Matplotlib

16.5.2.1 通过 PyCharm 安装

打开运行 PyCharm，点击"文件"＜"设置"菜单项，选择"Python 解释器"选项，然后单击"+"选项，如图 16.5-1 所示。

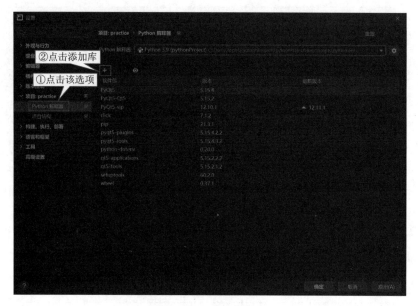

图 16.5-1 设置窗口

在打开的"可用软件包"窗口中的搜索文本框输入需要添加的库名"matplotlib"，然后在列表中选择需要安装的 Matplotlib 模块，最后单击"安装软件包"进行安装，如图 16.5-2 所示。

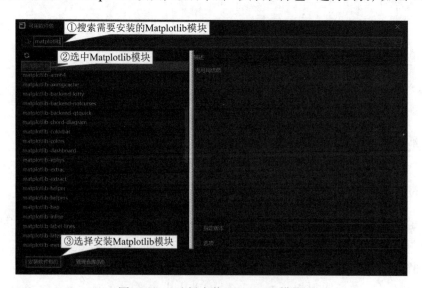

图 16.5-2 选择安装 Matplotlib 模块

16.5.2.2 通过 pip 安装

打开 cmd,在命令提示符后输入安装命令:"pip install matplotlib"。

16.5.3 Matlibplot 图形组成

Matplotlib 图形有很多种类型,但每一种图形的组成部分基本一致,主要有以下几个部分:

Figure(画布):图中最大的白色区域,是图表所有的元素,比如标题(Title)、轴线(Axis)的容器。

Axes(绘图区):绘制 2D 图像的实际区域,即显示绘制图形的矩形区域,可以改变其位置以及填充颜色。

Title(图形标题):旨在概括图形所表现内容的文本标签,可以设置其字体大小、颜色等。

Axis 与 Axis label(坐标轴与坐标轴标题):坐标轴(xlabel 及 ylabel)指坐标系中的垂直轴与水平轴,包含轴的长度大小(图 16.5-3 中轴长为 4)、刻度标签;坐标轴标题(如图 16.5-3 中 x Axis label 及 y Axis label)旨在说明坐标轴的分类和内容。

Legend(图例):旨在说明图形中系列区域的线条、颜色或者符号等所代表的内容。图例由图形标识和系列名称两部分组成。图形标识指代表系列数据的符号或线条等,如图 16.5-3 中的蓝色及橙色线条;系列名称指和图形标识对应的数据系列的名称,如图 16.5-3 中的"Blue signal"及"Orange signal"。

Makers(文本标签):为数据系列添加另外说明的文本标签。

Grid(网格线):类似于标尺,用于辅助衡量数据系列数值的标准,为横跨绘图区的线条,可以设置其网格线宽度、颜色、样式等。

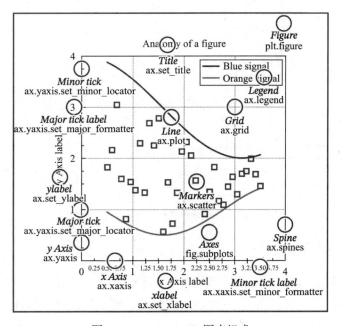

图 16.5-3　Matplotlib 图表组成

16.5.4 用 Matplotlib 绘制第一个图表

（1）导入 Matplotlib 包中的 Pyplot 模块，并以 as 形式简化模块的名称为 plt。
（2）使用 NumPy 库中的函数 arange() 创建一组绘制图表的数组。
（3）运用 plot 方法绘制图表。
（4）显示绘制的图表。

完整程序代码如下：

```python
import matplotlib.pyplot as plt
import numpy as np
x = np.arange(0, 10, 0.01)
y = x*x
plt.plot(x, y)
plt.show()    #使用 show 展现图
```

代码运行效果如图 16.5-4 所示。

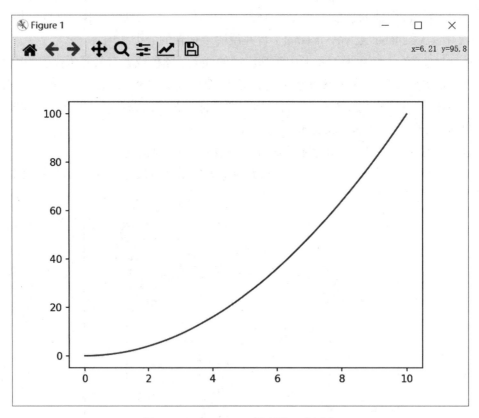

图 16.5-4　Matplotlib 绘制第一个图表

16.5.5 图表常用设置

图表一般由画布、标题、图例、坐标轴等元素组成，为了使图表更加美观，常常需要对图表的这些组成元素进行设置。下面通过图表的绘制代码，介绍 Matplotlib 中图表的设置。完整程序代码如下：

```python
import matplotlib.pyplot as plt
import numpy as np
# 设置画布尺寸为800×400（单位英寸）；画布背景为红色
fig = plt.figure(figsize=(8, 4), facecolor="red")
# 解决中文无法显示，出现乱码问题
plt.rcParams["font.sans-serif"] = ["SimHei"]
# 解决负号无法显示问题
plt.rcParams["axes.unicode_minus"] = False
# 调整图表和画布的距离，left、bottom、right、top 四个参数用来调整左、右、上、下的空白，取值0~1。Left
#  和bottom 值越小，空白越小；right 和top 则是值越大，空白越小。
plt.subplots_adjust(left=0.1,bottom=0.1,right=0.9,top=0.9,)
x = np.arange(0, 10, 1)
y = x*x
#绘制抛物线曲线，并将曲线颜色设置为蓝色，线型为虚线，标记样式为倒三角形标记
plt.plot(x, y,color="blue", linestyle=":", marker="v")
# 为数据点添加文本标签，其中：a+0.03 和b+5 分别代表水平轴和垂直轴的值，描述文本标签在图表中
#  的位置；b 为文本标签'color='r'表示文本标签颜色为红色；ha='center', va='center'分别表示水平对齐和
#  中心对齐。
for a, b in zip(x,y):
    plt.text(a+0.03, b+5, b, color='r', ha='center', va='center')
#将x 轴的刻度设置为0~9，间距为1 的连续数字
plt.xticks(range(0,10,1))
#将y 轴的刻度设置为0~10，间距为10 的连续数字
plt.yticks(range(0,100,10))
#设置x 轴、y 轴标签
plt.xlabel("x-aixs")
plt.ylabel("y-aixs")
#设置图表标题
plt.title('para-curve')
#设置图例及其位置、字体大小
plt.legend(("y=x^2",), loc="lower right",fontsize=10)
#使用show 展现图表
plt.show()
```

代码运行效果如图 16.5-5 所示。

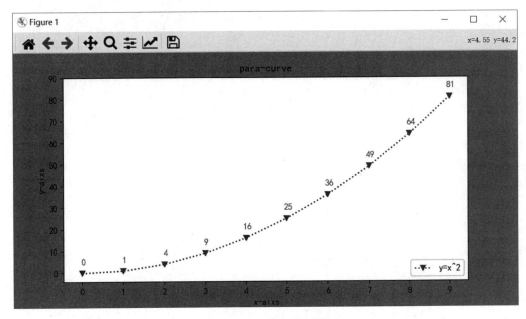

图 16.5-5　代码运行效果

16.6 本章小结

本章首先介绍了 Python 语言的特点，并以 PyCharm 及 Anaconda 为列，对其安装使用和开发环境的配置进行了介绍。其次，介绍了 Python 中的数据类型及其常用的基础语法，并对本书用到较多的 NumPy 库及 Matplotlib 库的安装和使用进行了介绍。

参 考 文 献

[1] 王勖成. 有限单元法[M]. 北京: 清华大学出版社, 2003.
[2] 朱伯芳. 有限单元法原理与应用[M]. 北京: 中国水利水电出版社, 2018.
[3] 徐芝纶. 弹性力学简明教程[M]. 北京: 高等教育出版社, 2013.
[4] 曾攀. 有限元分析及应用[M]. 北京: 清华大学出版社, 2004.
[5] 曾攀. 有限元基础教程[M]. 北京: 高等教育出版社, 2009.
[6] 崔济东, 沈雪龙. 有限单元法——编程与软件应用[M]. 北京: 中国建筑工业出版社, 2019.
[7] Chopra A K. 结构动力学: 理论及其在地震工程中的应用[M]. 4 版. 谢礼立, 吕大刚, 等, 译. 北京: 高等教育出版社, 2016.
[8] Huang X, Xie Y M. EEvolutionary Topology Optimization of Continuum Structures: Methods and Applications[M]. John Wiley & Sons, 2010.
[9] Richard S Wright, Jr Nicholas Haemel, Graham Sellers, et al. OpenGL 超级宝典[M]. 5 版. 付飞, 李艳辉, 译. 北京: 人民邮电出版社, 2020.
[10] 埃里克·马瑟斯. Python 编程从入门到实践[M]. 3 版. 袁国忠, 译. 北京: 人民邮电出版社, 2023.
[11] 胡洁. Python 绘图指南: 分形与数据可视化[M]. 北京: 电子工业出版社, 2021.